T0224859

Elemente einer analytischen Hydrologie

Gunnar Nützmann • Hans Moser

Elemente einer analytischen Hydrologie

Prozesse – Wechselwirkungen – Modelle

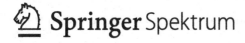

Gunnar Nützmann
Leibniz-Institut für Gewässerökologie
und Binnenfischerei und
Humboldt-Universität zu Berlin
Berlin, Deutschland

Hans Moser
Bundesanstalt für Gewässerkunde
und Technische Universität Berlin
Berlin, Deutschland

ISBN 978-3-658-00310-4   ISBN 978-3-658-00311-1   (eBook)
DOI 10.1007/978-3-658-00311-1

Die Deutsche Nationalbibliothek verzeichnet diese Publikation in der Deutschen Nationalbibliografie; detaillierte bibliografische Daten sind im Internet über http://dnb.d-nb.de abrufbar.

Springer Spektrum
© Springer Fachmedien Wiesbaden 2016

Gedruckt auf säurefreiem und chlorfrei gebleichtem Papier

Springer Fachmedien Wiesbaden GmbH ist Teil der Fachverlagsgruppe Springer Science+Business Media (www.springer.com)

Vorwort

Das Volumen des Wassers auf der Erde ist begrenzt und vergleichsweise gering im Verhältnis zur Größe und Masse unseres Planeten. Und von diesem geringen Volumen ist nur ein kleiner Rest in Seen, Sümpfen und Flüssen direkt zugänglich. Alles verfügbare Wasser in einem Gewässereinzugsgebiet wird durch die naturräumlichen Gegebenheiten bestimmt, welche den Ansprüchen des Menschen nur bedingt entsprechen. Diese Diskrepanz betrifft sowohl die verschiedenen Nutzungen des Wassers (z. B. Schifffahrt, Fischfang, Freizeit) als auch die negativen Auswirkungen des Wassers mit den daraus resultierenden Gefahren für den Menschen (Hochwasser, Trockenheit).

Die planmäßige und nachhaltige Bewirtschaftung der Wasserressourcen ist deshalb eine wesentliche Grundlage der Zivilisation. Die Hydrologie als Lehre vom Wasser und seinen Erscheinungsformen über, auf und unter der Erdoberfläche stellt dafür die notwendigen Kenntnisse über die Quantität und Qualität der Wasservolumina sowie deren räumlicher und zeitlicher Verteilung bereit.

Die klassische Hydrologie gliedert sich nach Teilen des Wasserkreislaufs in die Hydrologie der Meere (Ozeanologie) und die Hydrologie des Festlands (Gewässerkunde). Wir verstehen heute unter Hydrologie im engeren Sinne die Hydrologie des Festlandes. Sie kann weiter unterteilt werden in Fließgewässerkunde (Potamologie), die sich mit der Hydrologie der fließenden oberirdischen Gewässer befasst, Seenkunde (Limnologie), die die Hydrologie der stehenden oberirdischen Gewässer behandelt, die Hydrogeologie als Wissenschaft von den Erscheinungen des Wassers in der Erdrinde (Boden- und Grundwasser), die Glaziologie, die sich mit der Entstehung, den Formen, der Wirkung und der Verbreitung des Eises auf der festen Erde befasst, und die Hydrometrie, das hydrologische Messwesen. An die Stelle dieser Unterteilung nach Sachgebieten tritt jedoch immer mehr eine den komplexen Charakter der hydrologischen Prozesse berücksichtigende, von den Methoden und Zielstellungen ausgehende Gliederung in den Vordergrund, welche Physikalische (Theoretische) Hydrologie und Angewandte Hydrologie unterscheidet, wobei zur letzteren u. a. die Ingenieurhydrologie und die Regionale Hydrologie zählen. Alle Gliederungsversuche weisen naturgemäß Mängel auf.

Wir können drei gleichwertige, eng miteinander verflochtene Hauptarbeitsgebiete der Hydrologie unterscheiden:

- Beobachtung und Messung der hydrologischen Kenngrößen
- systematische Analyse der hydrologischen Prozesse als Grundlage für die Entwicklung und Erweiterung von Theorien und Verfahren
- Anwendung dieser Theorien und Verfahren zur Lösung vielfältiger praktischer Aufgaben.

Somit beschreibt die Hydrologie nicht nur die einzelnen Phasen des Wasserkreislaufs und die Prozesse der Ausschöpfung und Erneuerung der Wasserressourcen der Erde, sondern sie versucht auch zu erklären, wie die Prozesse ablaufen und warum sie so ablaufen. Dazu gehören die Entwicklung von Theorien und die mathematische Modellbildung.

Das vorliegende Fachbuch geht aus den Materialien verschiedener Lehrveranstaltungen zur Hydrologie hervor, die in den letzten 20 Jahren an der Humboldt Universität zu Berlin und der Technischen Universität Berlin stattfanden. Aus der Fülle dieses Materials sowie vieler Beiträge aus Büchern, Skripten und Veröffentlichungen aus der nationalen und internationalen Gemeinschaft der Hydrologen entstand eine Auswahl, die sich überwiegend den physikalischen Grundlagen und Prozessen widmet. Sie hat dabei keinen Anspruch auf Vollständigkeit, sondern der dargestellte Stoff soll neben der mechanistischen Beschreibung hydrologischer Prozesse und damit ihres analytischen Verständnisses auch dazu beitragen, die Kritikfähigkeit und das Urteilsvermögen zu gewässerkundlichen Methoden und Konzepten während des Studiums und in der hydrologischen Praxis zu unterstützen. In diesem Sinne stellen die Verfasser fest:

Die Zukunft der Hydrologie basiert auf der kritischen Reflexion des früheren Wissens.

Die Autoren bedanken sich für die Unterstützung und Diskussionen, die für die Entstehung dieses Buches wertvoll waren. Frau Barbara Kobisch sei für die sachkundige graphische Umsetzung der zahlreichen Abbildungen gedankt. Der Verlag hat durch die gewährte gute Zusammenarbeit die Fertigstellung des Manuskripts beträchtlich erleichtert.

Berlin und Bonn
Juni 2015

Inhaltsverzeichnis

Komponenten des Wasserkreislaufs

1.1 Wasserkreislauf und Skalen

Die Hydrologie ist die Wissenschaft vom Wasser, von seinen Eigenschaften und seinen Erscheinungsformen auf und unter der Landoberfläche. Sie befasst sich mit den Wechselwirkungen des Wassers z. B. mit der Atmosphäre und der umgebenden Landschaft und der Verteilung auf und unter der Landoberfläche. Als zentrales Konzept der Hydrologie gilt der Wasserkreislauf, der die Bewegung des Wassers auf der Erde beschreibt (Abb. 1.1).

Dieser Kreislauf ist ein komplexes System von Wasserflüssen zwischen den wichtigsten Reservoiren. Wie in Tab. 1.1 gezeigt wird, befinden sich ca. 96.5 % des Wassers auf der Erde in den Weltmeeren in Form von Salzwasser. Eis und Schnee und das Grundwasser machen 1.76 % und 1.69 % der Süßwasservorräte aus, die verbleibenden 0.015 % verteilen sich auf die Oberflächengewässer (Flüsse und Seen), die Bodenfeuchte und das Wasser in der Atmosphäre. Insgesamt sind damit nur 3.46 % der gesamten Wasservorräte der Erde Süßwasser (Baumgartner und Liebscher 1990).

Die wichtigsten Eigenschaften des globalen Wasserkreislaufs lassen sich folgendermaßen zusammenfassen:

- die Ozeane verlieren durch Evaporation (Verdunstung) mehr Wasser als sie durch Niederschlag gewinnen
- die Landflächen der Kontinente erhalten mehr Niederschläge als sie durch die Evapotranspiration (Verdunstung von Landflächen und Pflanzen) verlieren

© Springer Fachmedien Wiesbaden 2016
G. Nützmann, H. Moser, *Elemente einer analytischen Hydrologie*,
DOI 10.1007/978-3-658-00311-1_1

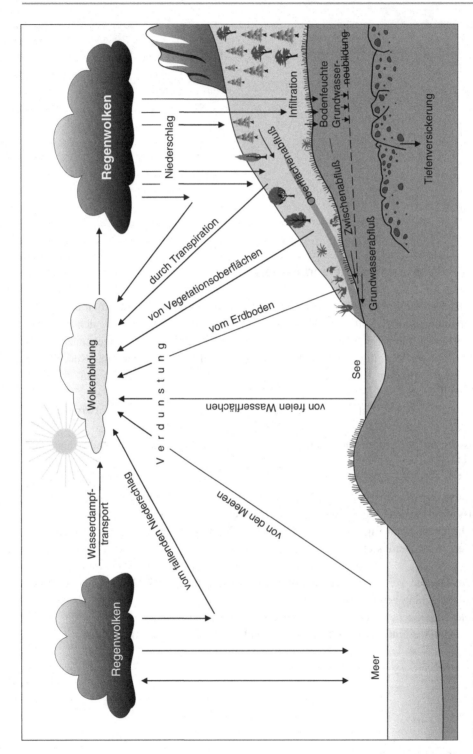

Abb. 1.1   Schema des globalen Wasserkreislaufs

Tab. 1.1 Die Wasservorräte der Erde

| Teil der Hydrosphäre | Areal 10^6 km^2 | Wasservolumen km^3 | Schichtdicke in m auf | | Anteil % |
			Areale verteilt	Globus verteilt	
Total	510	1 385 984 610	2 718	2 718	100
davon Süßwasser	149	35 029 210	235	68	3.46
Weltmeer	361	1 338 000 000	3 705	2 635	96.54
Eis und Schnee	16	24 364 100	1 460	48	1.76
Grundwasser	135	23 400 000	174	46	1.69
Oberflächengewässer	149	189 990	1.3	0.4	0.013
Bodenfeuchte	82	16 500	0.2	0.03	0.001
Atmosphäre	510	12 900	0.025		0.001
Organismen	510	1 120	0.002		0.001

- der Überschuss aus Niederschlag und Evapotranspiration von ca. 40.000 km^3 wird als Abfluss der Kontinente den Ozeanen wieder zugeführt, so dass die Bilanz insgesamt ausgeglichen ist (Dingman 2008).

Unter stationären Bedingungen, d. h. über sehr lange Zeiträume betrachtet, kann der so beschriebene globale Wasserhaushalt durch folgende Gleichung gefasst werden

$$R = P - ET, \tag{1.1}$$

in der R den Abfluss, P den Niederschlag und ET die Gesamtverdunstung von Land- und Wasserflächen inklusive der Pflanzenverdunstung darstellt. Für kürzere Perioden stellt sich diese Gleichung folgendermaßen dar

$$P = ET + R + \Delta S, \tag{1.2}$$

und der Term ΔS steht für die kurzzeitige Speicherung im betrachteten Zeitraum.

Die Schätzung der unterirdischen Wasservorräte ist relativ unsicher. Auf die obere, ca. 100 m mächtige Schicht der Landflächen entfallen ungefähr 15 %, auf die darunter liegenden 800 m rund 45 % der Grundwasservorkommen (Baumgartner und Liebscher 1990). Das Grundwasser ist ein wichtiger Faktor im Wasserhaushalt der Erde. Insbesondere die oberflächennahen Vorkommen stehen oftmals in Verbindung mit dem Bodenwasser und den Oberflächengewässern, welche stark von den Witterungs- und Klimazuständen abhängig sind (DWA 2013). Über diese Verbindung werden sowohl die Neubildung als auch die Zehrung der Grundwasserressourcen hergestellt.

Die zeitunabhängige Betrachtung der Wasservorräte reicht zur Beurteilung des Wasserhaushaltes der Erde nicht aus, denn das Wasser ist in ständiger Bewegung. Es wechselt die Zustandsform und zirkuliert zwischen den verschiedenen Reservoiren:

- Im Verdunstungsprozess geht es an den Erdoberflächen von der flüssigen oder festen Phase in Wasserdampf über und steigt zur Atmosphäre auf. Bei der Niederschlagsbildung wird das in der Dampfphase befindliche Wasser in die flüssige oder feste Aggregatsform überführt und kehrt als Regen, Hagel, Nebel oder Schnee wieder zu den Erdoberflächen zurück. Als Schmelzwasser verlässt das Eis der Erde ihre polaren oder Hochgebirgsspeicher.
- Die Wasservorräte fließen zwischen den Reservoiren. Diese sind im geschlossenen hydrologischen Zirkulationssystem gekoppelt. In der Abb. 1.1 sind die Flussrichtungen der Austauschströme angegeben.
- Die Wasservorräte der Erde sind inhomogen verteilt, die beiden Hemisphären haben verschiedene Land- oder Meeresflächenanteile. Die Nordhemisphäre besitzt 100.3×10^6 km^2 Land und 154.6×10^6 km^2 offene Meerwasserflächen. Die Südhemisphäre hat hingegen 206.5×10^6 km^2 Meeresflächen, aber nur 48.6×10^6 km^2 Landflächen. Daraus resultieren die Bezeichnungen „Landhalbkugel" und „Meereshalbkugel". Das Ungleichgewicht der Erdoberflächen führt zu großräumigen Wasserumsätzen innerhalb der Atmosphäre und den Ozeanen und zwischen den Hemisphären. Innerhalb der Kontinente bestehen Wasserüberschuss- oder Mangelgebiete, d. h. die einzelnen Landoberflächen haben den Charakter von Quellen oder Senken. Die Dynamik des Wasseraustausches in den einzelnen Reservoiren durch Abfluss und Zufluss ist ebenfalls sehr unterschiedlich und kann durch die jährlichen Wasserumsätze abgeschätzt werden (Baumgartner und Liebscher 1990; Dingman 2008).

Das durch Verdunstung von den Erdoberflächen weggeführte und durch den Niederschlag wieder ersetzte Wasser beträgt jährlich global rund 5×10^5 Mio. km^3, dies sind 0.0358 % des globalen Wasservorrates. Daraus ergibt sich die Umlaufzeit von 2800 Jahren. Die größte Beständigkeit haben die Eisschichten der Dauerfrostböden und das polare Eis. Es folgen die Weltmeere mit 3150 Jahren und das tiefe Grundwasser meist fossilen Ursprungs mit 1400 Jahren. Die Ozeane werden durch die internen Meeresströme rein rechnerisch innerhalb von 63 Jahren vollständig umgewälzt. Sehr sensibel sind die Seen mit Austauschraten von 17 Jahren. Das Bodenwasser hat eine Verweildauer von 1 Jahr, während die Flüsse, die Atmosphäre und die Wasserinhalte biologischer Systeme innerhalb von Tagen umgesetzt werden (Baumgartner und Liebscher 1990).

Der durch Verdunstung entstehende Wasserdampf ist ein im Überfluss vorhandenes Treibhausgas, welches das Klima auf der Erde außerordentlich beeinflusst. Zusammen mit anderen klimarelevanten Gasen wie z. B. Kohlendioxid (CO_2) lässt der Wasserdampf in der Atmosphäre die kurzwellige Strahlung der Sonne bis auf die Landoberfläche hindurch, und unterbindet die Emission der langwelligen, infraroten Strahlung von der Erdoberfläche zurück in die Atmosphäre. Dadurch entsteht die mittlere Erdoberflächentemperatur von zurzeit etwa 15 °C, die ansonsten bei frostigen −18 °C läge (Hendriks 2010).

Es ist ein Ziel hydrologischer Forschungen, den Austausch zwischen den verschiedenen Reservoiren auch auf räumlich kleineren als der globalen Skala zu erfassen und zu quantifizieren. Die Klassifikation der für die Hydrologie relevanten räumlichen Skalen reicht von „mikro" über „meso" bis „makro", wobei die Angaben der jeweils zugehörigen Längeneinheiten variieren. Man spricht daher auch besser von der „lokalen" Skala, die von cm bis wenige m reicht, der „Feld"-Skala, die im Sinne einer Beobachtungsstation oder eines Beobachtungsgebietes bis auf mehrere 100 m ausgedehnt sein kann, und schließlich von der Flusseinzugsgebietsskala, die tausende von km^2 umfassen kann. Zwischen dieser und der globalen Skala steht dann noch die „kontinentale" Skala. Zusammen mit den zeitlichen Skalen und den wesentlichen hydrologischen Prozessen ist dies in der folgenden Abb. 1.2 dargestellt (Brutsaert 2005).

Je nachdem, auf welche Betrachtungsebene man sich begibt, werden die zu quantifizierenden Größen (Wasservolumina und -flüsse) in Relation zu eben dieser räumlichen und zeitlichen Skala definiert, und ein Austausch mit benachbarten Regionen weitgehend vernachlässigt. So führt beispielsweise ein „regionaler" Ansatz dazu, dass Defizite oder Überschüsse in der Wasserbilanz sowohl auf den Land- als auch auf den Wasserflächen ebenfalls nur regional in die Bilanz Eingang finden. Die Bedeutung solcher internen Zyklen wächst mit der Distanz der Landflächen zu den Meeren.

Drei grundlegende physikalische Gesetze sind für die Menge und Verteilung des Wassers auf der Erde maßgebend, nämlich die Gesetze

- zur Erhaltung der Masse,
- zur Impulserhaltung, und
- zur Erhaltung der Energie.

Diese Prinzipien bilden die Grundlage für die mathematischen Beschreibungen hydrologischer Prozesse, wobei dafür verschiedene Strategien eingeschlagen werden können. Zum einen lassen sich bei Vorhandensein verlässlicher Datensätze hydrologischer Größen (z. B. Niederschlags- oder Abflusszeitreihen) statistische Analysen nutzen, um die Charakteristika dieser Größen zu erkennen und beispielsweise für Planungszwecke zu verwenden. Des Weiteren stehen der „physikalische Ansatz" und der „Systemansatz" zur Verfügung. Bei ersterem wird die hydrologische Bilanz ermittelt, indem man die Lösung einer aus thermodynamischen Prinzipien abgeleiteten konservativen Gleichung für die Strömung und den Transport des Wassers unter Annahme bestimmter Anfangs- und Randbedingungen konstruiert. Diese theoretisch sehr gut begründete Methode hat Nachteile, weil die physikalischen und geomorphologischen Eigenschaften der meisten hydrologischen Systeme sehr kompliziert und komplex sind, so dass sie sich nur unter entsprechenden vereinfachenden Annahmen beschreiben lassen. Der sogenannte Systemansatz (auch als operationaler oder empirischer Ansatz bezeichnet) verfolgt eine entgegengesetzte Philosophie. Die

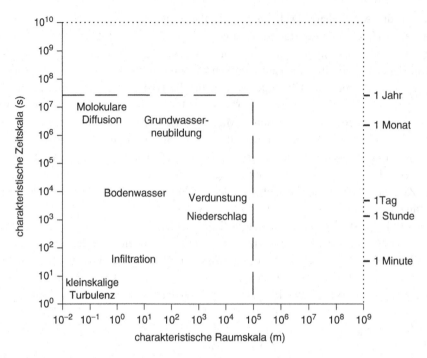

Abb. 1.2 Hydrologische Prozesse mit den zugehörigen zeitlichen und räumlichen Skalen

verschiedenen hydrologischen Komponenten werden als eine Art „black box" angesehen (d. h. ohne nähere Betrachtung ihrer physikalischen Eigenschaften), und die mathematische Analyse ist auf die Aufdeckung der Zusammenhänge zwischen dem externen Input (z. B. Niederschlag, Lufttemperatur) und der Systemantwort (z. B. Abfluss, Verdunstung) gerichtet. Der fehlende Zusammenhang zwischen den inneren physikalischen Mechanismen und dem postulierten Formalismus der Funktion des Systems erlaubt es, dass diese Methode allgemein anwendbar ist, solange es funktionierende mathematische Algorithmen und objektive Kriterien zur Identifikation und Vorhersage des Systemverhaltens gibt. Herrmann (1977) interpretiert in seiner Einführung in die Hydrologie diesen systemanalytischen Ansatz in besonderer Weise, indem er zwei Systeme unterscheidet, nämlich das räumlich kleinste System Wasser – Pflanze – Boden, und das des Flusseinzugsgebietes. Um das Verhalten dieser hydrologischen Systeme verstehen und vorhersagen zu können, führt der Weg über die Anwendung zweier weiterer Systeme, dem Mess- und dem Modellsystem.

Die Erhaltungssätze von Masse, Impuls und Energie als Grundlage zur Beschreibung natürlicher Strömungs- und Transportphänomene können durch eine Reihe von Gleichungen mathematisch formuliert werden, in der meistens mehr Variablen enthalten sind als die Zahl der Gleichungen. Daraus folgt, dass für die Lösung dieser Gleichungen zusätzliche Beziehungen zwischen den gesuchten Unbekannten und den Variablen und aufgestellt werden müssen, etwa durch konstitutive Relationen. In der Hydrologie ist diese Methode auch als Parametrisierung bekannt, und die sogenannten Parameter der Gleichungen müssen durch Labor- oder Feldexperimente bestimmt werden. Ähnlich wie sich Wasserkreisläufe nur in Abhängigkeit von der jeweiligen Betrachtungsskala definieren lassen, sind auch diese Parameter skalenabhängig. Ein Beispiel ist die hydraulische Leitfähigkeit (siehe Kap. 3), welche nur auf der sogenannten Darcy-Skala Gültigkeit hat.

1.2 Abflussbildung

Unter dem Abfluss R (bzw. Q) versteht man in der Hydrologie das Wasservolumen, das pro Zeiteinheit einen definierten oberirdischen Fließquerschnitt durchfließt (DIN 1992, 1994; Wilson und Moore 1998). Dieser Abfluss setzt sich von seiner Entstehung her aus verschiedenen Komponenten zusammen, die sowohl atmosphärischen als auch terrestrischen Ursprungs sind. Die Bildung des Abflusses für einen Flussquerschnitt, d. h. die Entstehung und Zusammenführung der verschiedenen hydrologischen Komponenten ist an eine Fläche gebunden, die als Einzugsgebiet bezeichnet und ober- wie unterirdisch von sogenannten Wasserscheiden begrenzt wird. Das Einzugsgebiet ist die zentrale räumliche Einheit in der Hydrologie, und der Abfluss ist die zentrale Größe, die räumlich und zeitlich an das Einzugsgebiet gebunden ist. Veranschaulichen lässt sich dies z. B. durch ein digitales Höhenmodell, in dem die Wasserscheiden als eine verbundene Linie der topographisch höchsten Punkte des Gebietes dargestellt sind, und der Gebietsauslass am topographisch tiefsten Punkt liegt.

In der Abb. 1.3 ist ein oberirdisches Einzugsgebiet flächenhaft dargestellt, wobei die einzelnen Bezeichnungen bedeuten: l_F Flusslänge, l_T Tallänge, l_L Luftlinie, l_E Länge des Einzugsgebietes, l_B Breite des Einzugsgebietes, l_W Länge der oberirdischen Wasserscheide, A_{EO} Fläche des oberirdischen Einzugsgebietes (Dyck und Peschke 1995). Mit Hilfe dieser Größen lassen sich gewisse Eigenschaften des Einzugsgebietes in Hinblick auf die Abflussbildung qualitativ beschreiben.

Der auf die Landoberfläche fallende Niederschlag fließt zum Teil oberirdisch als Landoberflächenabfluss ab, oder er versickert durch den Boden und die wasserungesättigte Zone in den oberflächennahen Grundwasserleiter. Die in Abb. 1.3 gezeigte Wasserscheide begrenzt nur das oberirdische Einzugsgebiet, während für den unterirdischen Abfluss das unterirdische Einzugsgebiet maßgebend ist. Beide Gebiete können sich voneinander unterscheiden, siehe Abb. 1.4, wobei die Unterschiede sowohl vom Betrachtungsmaßstab als auch von den geografischen und vor allem hydrogeologischen Gegebenheiten abhängen.

Aufgrund unterschiedlicher hydraulischer Eigenschaften der Grundwasserleiter und ihrer Mächtigkeit und Lage (siehe Kap. 3) können die Ausdehnungen der unterirdischen Einzugsgebiete bis zu 50 % von den oberirdischen abweichen, was zu erheblichen Fehlern bei der Abschätzung der Wasservolumina und Austauschraten führen kann (Kirchhefer 1973; Nützman und Mey 2007).

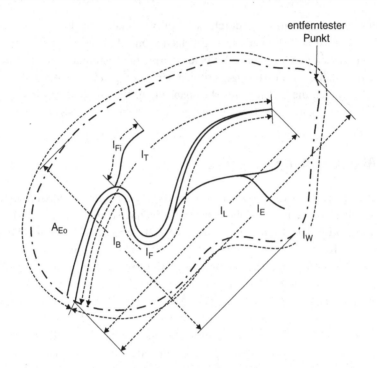

Abb. 1.3 Schema eines Einzugsgebietes

Das durch einen Abflussquerschnitt fließende Wasservolumen, welches sowohl dem ober- als auch dem unterirdischen Einzugsgebiet entstammt, durchläuft in seiner zeitlichen Entwicklung mehrere Stadien, die als Abflussbildung, Abflusskonzentration und Abflussentwicklung bezeichnet werden. In der Vertikalen unterscheiden sich die Systeme Oberflächen-, Boden- und Grundwasser mit den zugeordneten wesentlichen Abflusskomponenten Landoberflächenabfluss, lateraler oder Zwischenabfluss und Grundwasserabfluss.

Die Dimension des Abflusses wird entweder mit $[\mathrm{m^3s^{-1}}]$ oder $[\mathrm{ls^{-1}}]$ angegeben. Wird der Abfluss auf die zugehörige Einzugsgebietsfläche bezogen, wird er als Abflussspende q $[\mathrm{l\,(s\,km^2)^{-1}}]$ bezeichnet. Die Berechnung der Abflussspende aus dem Abfluss erfolgt nach der Formel

$$q = \frac{Q}{A_{EO}}, \tag{1.3}$$

und ermöglicht so die Vergleichbarkeit von Flusseinzugsgebieten mit ganz unterschiedlich großen Einzugsgebietsflächen.

In einem Einzugsgebiet sammelt sich das Wasser zumeist in den oberirdisch fließenden mehr oder weniger' großen Gewässern, wobei die Ausdehnung des Gewässernetzes

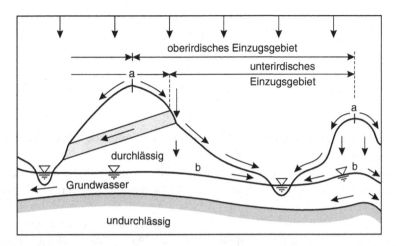

Abb. 1.4 Ober- und unterirdisches Einzugsgebiet in 2D-Darstellung

nicht als zeitlich konstant anzusehen ist. Oftmals führen die kleineren Bäche und Fließe nur zeitweise Wasser, und es kommt in niederschlagsreichen Zeiträumen zu einer beträchtlichen Ausweitung des Gewässernetzes. Hiernach kann in

- ständig wasserführende Gewässer,
- zeitweise trockenfallende Gewässer, und
- Abflussrinnen, die nur nach Starkniederschlägen Wasser führen,

unterschieden werden (Baumgartner und Liebscher 1990).

Das von einer Anzahl von unterschiedlich großen Wasserläufen gebildete Entwässerungssystem eines Flussgebietes wird auch als Flussnetz bezeichnet. Es wird in Fließstrecken eingeteilt, wobei darunter Flussbereiche verstanden werden, die von der Quelle bis zum ersten Zufluss, zwischen zwei Zuflüssen, oder vom letzten Zufluss bis zur Mündung reichen. Nach einem bestimmten Ordnungssystem (Flussordnungskonzept) können die verschiedenen Fließstrecken in Flussabschnitte zusammengefasst werden, und diesen Abschnitten werden sogenannte Flussordnungen in Form von dimensionslosen Parametern zugewiesen. Das wohl bekannteste und in der Praxis häufig angewandte Flussordnungssystem ist das von Strahler, welches von den Quellflüssen mit der Ordnung 1 ausgeht (Strahler 1957). Vereinigen sich zwei Flüsse mit einer gleichen Ordnung (z. B. 1), dann erhält der neue Abschnitt eine um eins höhere Ordnung (im speziellen Fall also 2). Fließt dagegen in einen Abschnitt höherer Ordnung ein Fluss mit niedrigerer Ordnungszahl, dann bleibt die höhere Zahl bestehen. Für Einzugsgebiete mit geringen geologischen Unregelmäßigkeiten können nun für ein Gewässernetz empirische Beziehungen abgeleitet werden. Wird die Anzahl der Flussabschnitte der Ordnung u nach Strahler mit N_u bezeichnet, dann bilden die Zahlen $N_1, N_2, \ldots$ im Mittel eine geometrische Reihe der Form

$$N_{u+1} = \alpha N_u \qquad\qquad (1.4)$$

und die Zahl

$$R_b = \frac{1}{\alpha} \qquad\qquad (1.5)$$

wird als Verzweigungsverhältnis bezeichnet. Das nachfolgende Beispiel in Abb. 1.5 illustriert die Systematik von Strahler.

Für das gezeigte Beispiel ergeben sich diese Größen wie in Tab. 1.2 angegeben, es ist $\alpha = 0.356$, also folgt daraus $R_b = 2.81 \approx 3$, d. h. es handelt sich um ein Flussgebiet 3. Ordnung.

Weitere geomorphologische Parameter zur Charakterisierung eines Einzugsgebietes sind die Flussdichte und die Flusshäufigkeit. Unter der Flussdichte d_F wird das Verhältnis

Abb. 1.5 Beispiel für das Flussordnungssystem nach Strahler

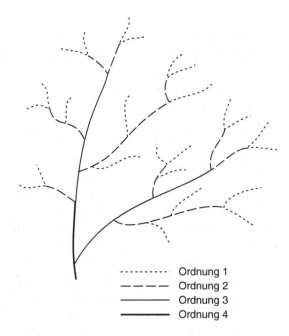

```
·········  Ordnung 1
- - - - -  Ordnung 2
————————  Ordnung 3
━━━━━━━━  Ordnung 4
```

Tab. 1.2 Beispiel zur Berechnung der Flussgebietsordnung nach Strahler

Ordnung i	N_i	α
1	23	–
2	10	0.435
3	3	0.3
4	1	0.333

der Gesamtlänge aller Flussabschnitte l_{Fi} aller Ordnungen zur Einzugsgebietsfläche verstanden,

$$d_F = \frac{1}{A_{EO}} \sum_{i=1}^{N} l_{Fi}, \quad \left[\mathrm{km}^{-1} \right] \tag{1.6}$$

und diese Zahl charakterisiert die Entwässerungsfähigkeit eines Einzugsgebietes. Je undurchlässiger der Untergrund (Boden, Grundwasserleiter) und je größer die Niederschlagshöhe sind, desto größer wird die Flussdichte. Die Flusshäufigkeit h_F wird definiert durch

$$h_F = \frac{n}{A_{EO}}, \quad \left[\mathrm{km}^{-2} \right] \tag{1.7}$$

und ist das Verhältnis der Anzahl der im Einzugsgebiet vorhandenen Flussstrecken n zur Einzugsgebietsfläche A_{EO}.

Der Abflussprozess beruht im Wesentlichen auf drei unterschiedlichen zumeist aber gleichzeitig ablaufenden Vorgängen, nämlich

- der Abflussbildung aus dem Niederschlag (Bildung des zum Abfluss gelangenden Niederschlages)
- der Konzentration des zum Abfluss gelangenden Niederschlages
- dem Fließprozess im offenen Gerinne.

Diese lassen sich in weitere Unterprozesse gliedern, welche verschiedenen Gesetzen und Abhängigkeiten folgen. In der Abb. 1.6 sind diese Prozesse schematisch dargestellt.

Bei der Abflussbildung wird der Anteil des Niederschlages, der den Erdboden erreicht (auch als abflusswirksamer oder effektiver Niederschlag bezeichnet), entweder auf der Oberfläche in die nächstgelegenen Fließgewässer transportiert, oder aber zur Versickerung im Boden und der wasserungesättigten Zone gebracht. Die Aufnahme- und Wasserleitfähigkeit des Untergrundes hängt von den jeweiligen Wasserverhältnissen und den Eigenschaften der geologischen Schichten ab (siehe Kap. 3). Ist die Niederschlagsintensität größer als die Infiltrationsrate, kommt es zum Oberflächenabfluss. Dieser kann sich wiederum aufgliedern in einen Teil, der direkt in die Gewässer gelangt, und einen Teil, der sich in Mulden auf der Oberfläche sammelt und verzögert infiltriert bzw. der Verdunstung unterliegt. Bei Fortsetzung der Infiltration gelangt das nunmehr unterirdisch fließende Wasser aus den oberen Bodenhorizonten durch die ungesättigte Zone ins Grundwasser. Dort sorgt es für die Grundwasserneubildung und gelangt mit dem Grundwasserfluss mit erheblicher Verzögerung wieder in die oberirdischen Gewässer. Ein geringer Teil kann auch in tiefere Schichten versickern.

Der Prozess der Abflusskonzentration besteht darin, dass der flächenmäßig sehr unterschiedlich verteilte effektive Niederschlag durch ober- und unterirdisch stattfindende Fließvorgänge zum nächstgelegenen Graben, Bach oder Fluss abgeleitet wird. Diese

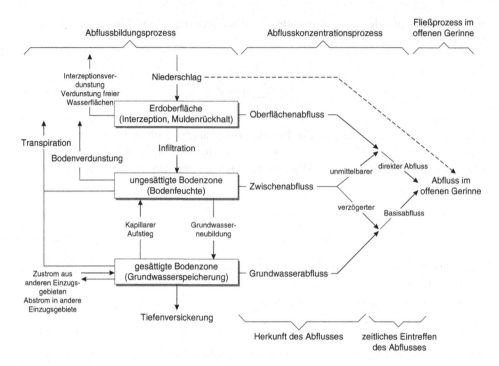

Abb. 1.6 Schematische Darstellung des Abflussprozesses (nach Baumgartner und Liebscher 1990)

Fließvorgänge hängen in ihrem zeitlichen Verlauf und in ihrer quantitativen Ausprägung sehr von der Beschaffenheit der Landoberfläche und des Untergrundes ab. Die Abflusskonzentration wird wesentlich bestimmt durch:

- die Größe des Einzugsgebietes A_{EO},
- das Gefälle J, und
- den längsten Laufweg l im Einzugsgebiet,

sowie weiteren morphometrischen und hydraulischen Parametern. Die Fließzeiten des Zwischenabflusses sind wesentlich länger als die des Landoberflächenabflusses, währenddessen der Basisabfluss über das Grundwasser im Allgemeinen die meiste Zeit beansprucht. In der Abb. 1.7 sind die Abflussganglinien eines Gebietes nach einem Starkniederschlag dargestellt.

Bereits während des Niederschlages, wenn er länger anhaltend ist, kann mit einem Ansteigen des Gesamtabflusses gerechnet werden. Der direkte Abfluss kennzeichnet die zusätzlich zu der schon vorher vorhandenen Wasserführung abfließende Wassermenge, welche mit nur geringer Zeitverzögerung den Fluss erreicht. Sie setzt sich aus dem direkt auf das Gewässer fallenden Niederschlag, dem Oberflächenabfluss und Teilen des Zwischenabflusses zusammen. Der Basisabfluss besteht im Wesentlichen aus dem verzögerten Zwischenabfluss, dem Grundwasserabfluss und dem zeitweise in der Flussaue gespeicherten Wasservolumen. In Hoch- und Mittelgebirgsgebieten bildet er die kleinste Abflusskomponente, im Tiefland dagegen kann er die anderen Komponenten übertreffen.

Nach Erreichen des höchsten Abflusswertes in der Ganglinie (Scheitel) erfolgt ein langsames Abklingen der Kurve, welches so lange anhält, bis das nächste den Abfluss auslösende Niederschlagsereignis auftritt. Dieser Teil der Ganglinie wird auch als Trockenwetterauslauflinie bzw. Rückgangslinie bezeichnet. Sie kann häufig durch eine Exponentialfunktion der Gestalt

$$Q(t) = Q_0 k_r^t \tag{1.8}$$

mit k_r als dem dimensionslosen Rezessionskoeffizient und Q_0 als dem Abfluss zum Zeitpunkt $t = t_s$ (Scheitel) angenähert werden. Für verschiedene Speicherräume werden von Dyck (1976) die folgenden Rezessionskoeffizienten angegeben (Tab. 1.3).

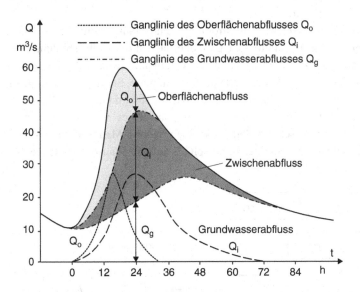

Abb. 1.7 Zusammensetzung einer Abflussganglinie aus den Komponenten Landoberflächen-abfluss, Zwischenabfluss und Basisabfluss (nach Baumgartner und Liebscher 1990)

Tab. 1.3 Rezessionskoeffizienten für hydrologische Speicher (Dyck 1976)

Speicher	k_r
Landoberflächenabfluss und Flussbettspeicher	0.05–0.03
oberer Bodenspeicher (unmittelbarer Zwischenabfluss)	0.50–0.80
unterer Boden- und Grundwasserspeicher (verzögerter Zwischenabfluss und Grundwasserabfluss)	0.85–0.97
Grundwasserspeicher (regionaler Grundwasserfluss)	0.97–0.99

1.3   Gewässer und Landschaften

In der nachfolgenden Abb. 1.8 werden auf etwas andere Weise als zuvor in Abb. 1.6 die hydrologischen Teilprozesse der Abflussbildung in einem Einzugsgebiet schematisiert.

Die ovalen Kästen repräsentieren Prozesse hydrologischer Zu- bzw. Abflüsse (Niederschlag, Verdunstung, Tiefenversickerung und Oberflächenabfluss), die Rechtecke stehen für verschiedene Arten von Wasserspeicherungen (in der Vegetation, auf der Landoberfläche, im Boden, im Grundwasser und im Oberflächenwasser). Die etwas willkürlich gezogene gestrichelte Linie trennt symbolisch die Gewässer (Flüsse und Seen) von der sie umgebenden Landschaft. Es ist einerseits offenkundig, dass eine solche Trennung hydrologischer Komponenten für die Betrachtung des Wasserkreislaufs wenig Sinn ergibt, da, wie die verschiedenen Pfeile in der Abbildung auch zeigen, sie über die Wasserflüsse miteinander verbunden sind. Andererseits kann eine künstliche Trennung von Gewässern und Landschaften zumindest von konzeptioneller Bedeutung sein, um die Einflüsse zu verdeutlichen, die ausgehend von den terrestrischen Einzugsgebieten auf die Flüsse und Seen einwirken.

Lässt man die atmosphärischen Strömungs- und Transportprozesse einmal außer Acht, dann beeinflusst die Vegetation der Landoberflächen die Abflussbildung in erheblichem Maße. Sie reduziert zunächst den Niederschlag, indem sie das auftreffende Wasser in ihre vegetativen Teile (z. B. Blätter, Nadeln, Äste, Stämme, Stängel) aufnimmt, speichert und zum Teil wieder aktiv verdunstet. Dieses Wasser steht dann der Abflussbildung auf der Landoberfläche nicht mehr zur Verfügung, außer, es wird durch den sogenannten Stammabfluss relativ schnell dem Boden zugeführt. Man spricht deshalb auch vom Bruttoniederschlag (der aus der Atmosphäre auf die Pflanzen treffende Niederschlag)

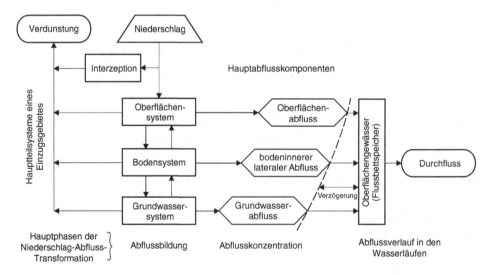

Abb. 1.8 Hydrologische Prozesse der Abflussbildung (nach Baumgartner und Liebscher 1990)

und dem effektiven Niederschlag (der letztendlich wirklich die Erdoberfläche erreichende Teil des Bruttoniederschlages).

Das auf und in die Pflanzen gelangte Wasser wird gespeichert und teilweise wieder verdunstet siehe Abb. 1.9. In der Tab. 1.4 sind die prozentuale Aufteilung der Evapotranspiration von verschiedenen Vegetationsarten nach Bodenverdunstung, Transpiration (Verdunstung der Pflanzenteile) und Interzeption (Zwischenspeicherung in der Pflanze) aufgeführt.

Die Bedeutung der jeweiligen Pflanzenart für das Verhältnis von Bruttoniederschlag zu effektivem Niederschlag zeigt die nachfolgende Tab. 1.5 anhand von zwei für unsere Breiten typischen Baumarten, Fichte und Buche.

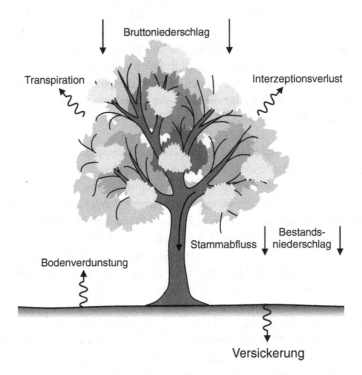

Abb. 1.9 Vereinfachtes Schema der Reduktion des Niederschlages durch Pflanzen

Tab. 1.4 Aufteilung (in %) der Evapotranspiration ET von Beständen in: Bodenverdunstung E_B, Transpiration E_T und Interzeption E_I (Baumgartner und Liebscher 1990)

	E_B	E_I	E_T
Wald	1	23	–
Grünland	2	10	0.435
Ackerkulturen	3	3	0.3
Brachland	4	1	0.333

Tab. 1.5 Niederschlag und Interzeptionsverdunstung von Fichten- und Buchenbeständen in mma^{-1} (Baumgartner und Liebscher 1990)

	P	Fichten		Buchen	
		E_I	P_0^*	E_I	P_0^*
Winter	587	118	469	25	562
Sommer	629	196	433	68	561
Jahr	1216	314	902	93	1123

$^*P_0 =$ an der Bodenoberfläche ankommender Niederschlag (Deposition)

Das durch den effektiven Niederschlag auf die Landoberflächen gelangte Wasser kann nun an dem bereits oben beschriebenen Abflussprozess teilnehmen. Die hydrologischen Prozesse der Versickerung (Infiltration), des lateralen Abflusses, der Grundwasserneubildung und der Grundwasserströmung bis hin zur Exfiltration in die Oberflächengewässer werden in den Kap. 3, 4 und 5 ausführlich beschrieben.

Bei unversiegelten, bewachsenen Böden ist die Transpirationsleistung des Pflanzenbestandes von großer Bedeutung für die Höhe der Grundwasserneubildung. Dabei spielt die Verdunstung als Verbindungsglied zwischen Bodenwasser- und Bodenwärmehaushalt eine wesentliche Rolle.

Rückkopplungseffekte im System Boden-Pflanze-Atmosphäre erschweren zusätzlich das Verständnis der ablaufenden Prozesse und Wirkungen. So hängt einerseits die Pflanzenentwicklung von den maßgeblichen Standortfaktoren ab, andererseits wirken Bestände auf die Standortbedingungen modifizierend zurück. Dies betrifft u. a. den Bodenwärmehaushalt, das Standort- bzw. Bestandsklima und das Infiltrationsvermögen. Vor allem bei landwirtschaftlich genutzten Böden kommen noch weitere bewirtschaftungsbedingte Einwirkungen hinzu, dazu gehören die Bodenverdichtung durch Einsatz schwerer Technik, die Einwirkung auf die Gefügestabilität von Böden und die Bodenverschlämmung bei brach liegenden Flächen (DWA 2013).

Wenn die Pflanzenbestände aufgrund eines geringen Grundwasserflurabstandes durchgehend gut wasserversorgt sind, wirken sich die unterschiedlichen Transpirationsleistungen der einzelnen Pflanzenarten sehr auf den Wasserhaushalt aus. Bei Standorten mit sehr geringen Grundwasserflurabständen und organischen Böden, die überwiegend in Flussauen und Niederungsgebieten anzutreffen sind, ist die Nutzungsvielfalt jedoch stark eingeschränkt. Wenn solche Flächen nicht naturbelassen sind, dominieren hier meist Formen der Grünlandwirtschaft. Bei naturbelassenen Standorten besteht zur Transpirationsleistung angepasster Pflanzenarten wie Schilf, Weiden oder Erlen und zu den bodenhydraulischen Besonderheiten der anstehenden organischen Böden insgesamt noch Forschungsbedarf (DWA 2013).

Zu ergänzen ist an dieser Stelle, dass nicht nur die Vegetation einen großen Einfluss auf die Abflussbildung und damit auf den Wasserhaushalt von Einzugsgebieten ausübt, sondern dass neben dem Einfluss des Klimas die Landnutzung insgesamt (Land- und Forstwirtschaft, Naturschutz, Hochwasserschutz, Siedlungstätigkeit, Städtebau usw.) als wesentliche anthropogene Einflussnahme auf lokale und regionale Wasserkreisläufe anzusehen ist (Gerten et al. 2005; Lucht et al. 2006). Unter Landnutzung versteht man die Art und Weise der Inanspruchnahme von Böden und Landoberflächen durch den Menschen. Man spricht in diesem Zusammenhang auch von Bodenbedeckung, wobei bei der EU-weit einheitlichen Typisierung der Bodenbedeckung 13 Hauptklassen unterschieden werden (http://de.wikipedia.org/wiki/Landnutzung). In Bezug auf die Grundwasser-Oberflächenwasser-Interaktionen haben die landwirtschaftlichen (Ackerflächen, Dauerkulturen, Grünland) und forstlichen (Laub- und Mischwald, Nadelwald) Hauptklassen sowie Siedlungsflächen, Feuchtflächen und Wasserflächen maßgebliche Bedeutung. Insofern stellt auch das Gewässermanagement eine Form der Landnutzung dar. Die Einflüsse der Landnutzung auf den Landschaftswasserhaushalt sind vielfältig. Zu den Landnutzungseingriffen gehören beispielsweise die Regulierung des Bodenwasserhaushalts durch Be- und Entwässerungsmaßnahmen und der Waldumbau (Wittenberg 2002; Natkhin et al. 2010). Zu den gravierendsten Veränderungen gehört die Bodenversiegelung durch Baumaßnahmen, durch die die Grundwasserneubildung vollständig unterbunden werden kann (DWA 2013).

1.4 Anthropogene Beeinflussungen des Wasserhaushalts

Anthropogen bedingte Veränderungen des Wasserhaushalts werden kurz- und mittelfristig vor allem durch Landnutzungsänderungen und durch Maßnahmen des Gewässermanagements hervorgerufen. Sie führen einerseits zur Veränderungen der hydrologischen Bilanzgrößen und der verbindenden Wasserflüsse, bewirken aber dadurch auch die Regulation des Systemzustands (Wasserstände). Maßnahmen des Gewässermanagements, meist verbunden mit wasserbaulichen Maßnahmen, sind z. T. drastische Eingriffe in die Oberflächengewässer, und lassen sich bis in frühe Stadien menschlicher Entwicklung zurückverfolgen (Garbrecht 1985). In der Region Berlin–Brandenburg sind erste Zeichen von anthropogenen Eingriffen ca. 3000 Jahre alt; schon damals versuchte man, durch Wasserbauten regulierend auf die Havel einzuwirken. Erste Zeugnisse für die Nutzung der Havel als Wasserstraße gehen auf das Jahr 789 n. Chr. zurück. Der Beginn fischereilicher Nutzung dieser Gewässer dagegen wird auf 5000 v. Chr. datiert. Während zu Beginn menschlicher Einflussnahme neben dem Fischfang die Ausnutzung der Strömung zum Betrieb von Mühlen stand, rückte bereits im frühen Mittelalter die Durchgängigkeit der Gewässer für eine möglichst ungehinderte Schiffbarkeit in den Vordergrund. Aus dieser Zeit stammen auch die ersten Gewässerverbauungen. Großflächige Trockenlegungen und Flussbegradigungen fanden schon vor der Industrialisierung im ehemaligen Preußen statt, danach allerdings spielten aus gewässerökologischer Sicht der massive Ausbau der Flüsse, die Abwasserbeseitigung und später die infolge intensiver Landwirtschaft entstehenden diffusen Nährstoffeinträge in die Gewässer eine vorrangige Rolle. Mit zunehmender Veränderung der Gewässerlandschaft gingen die Fischbestände zurück und die kommerzielle Fischerei nahm an Bedeutung ab (Merz und Pekdeger 2011; Nützmann et al. 2011a).

Buhnen und Längswerke sind flussbauliche Maßnahmen zur Stützung der Wasserstände in Flussabschnitten. Reichte deren Wirkung nicht aus, so wurden in der Vergangenheit Stauanlagen errichtet. Bei Stauanlagen ist zwischen Speichern und Talsperren, bei denen ganze Täler durch Sperrbauwerke abgeriegelt werden, Staustufen, Wehren an Seeauslässen und staubewirtschafteten Niederungsgebieten zu unterscheiden. Durch Staustufen kommt es zur Wasserspeicherung im Fließgewässerabschnitt selbst, teilweise verstärkt durch Längsbauwerke wie Deiche, durch die eine Erhöhung des Wasserspiegels erreicht werden kann. Als Sperrbauwerke fungieren hierbei meist Wehre. Polder im Seitenschluss zu einem Fließgewässer, die dem Hochwasserschutz dienen, werden nur bei Hochwässern und über gesteuerte Wehre aktiviert.

Kanäle sind gänzlich künstliche Gewässer, bei denen größere Höhenunterschiede durch Schleusen überwunden werden müssen, was auch für Staustufen an „natürlichen" Wasserstraßen gilt. Kanäle dienen auch der Entwässerung von größeren Landflächen. Deshalb ist die Wasserbewirtschaftung zur Abführung überschüssigen Wassers bzw. zum Ausgleich von Wasserverlusten u. a. durch Schleusenbetrieb, Versickerungsverluste und Verdunstung erforderlich. Zu den wichtigsten Zweckbestimmungen von Stauanlagen gehören Energiegewinnung, Ausgleich von Durchflussschwankungen, die Bereitstellungen von Trink- und Brauchwasser, Dämpfung von Hochwasserscheiteln, die Einhaltung von Mindestwasserabgaben und nicht zuletzt die Verbesserung der Schiffbarkeit (Merz et al. 2011). Bei ihrer Steuerung spielen zunehmend ökologische Gesichtspunkte eine wichtige Rolle.

Talsperren stellen aus wasserbaulicher, hydromorphologischer, hydrologischer, thermischer und ökologischer Sicht einen schwerwiegenden Eingriff in ein Fließgewässersystem dar. Nicht unerheblich sind auch die Veränderungen durch Staustufen. Sie bewirken die Vergrößerung des Gewässerquerschnitts (Wassertiefe, Querschnittsfläche, benetzter Umfang), der Gewässeroberfläche und des Speichervolumens, die Verringerung der Fließgeschwindigkeiten im Staubereich, erhöhte Aufenthaltszeiten, und nicht zuletzt den Geschieberückhalt. Die Veränderungen betreffen nicht nur den Staubereich, sondern auch das Abflussregime flussabwärts, d. h. dort findet meist ein Ausgleich und eine Dämpfung von Extremsituationen (Hoch- und Niedrigwasser) statt, welche mit einer reduzierten Überschwemmungshäufigkeit in den Flussaue verbunden ist. Durch derartige Regulierungsmaßnahmen konnten in den vergangenen Jahrhunderten die Grundlagen dafür geschaffen werden, dass die an Flussufern gelegenen menschlichen Ansiedlungen sich zu großräumigen und zum Teil auch stark verdichteten Siedlungsstrukturen entwickelt haben (Seyer 1982; Bork et al. 1998). Sowohl im Staubereich als auch flussabwärts sind hydraulisch-morphologische Veränderungen (hydraulischer Radius, Durchlässigkeit der Sohle) die Folge. Während im Staubereich der Wasserspiegel von Oberflächengewässer und angrenzendem Grundwasser angehoben wird, kommt es hinter dem Staubauwerk bei Tiefenerosion zu Eintiefung des Flusslaufes, wobei tiefere Grundwasserstände auch Auswirkungen auf die Flussauen haben können.

Eine äußerst konzentrierte anthropogene Beeinflussung des Wasserhaushalts ober- und unterirdischer Gewässer findet in urbanen Systemen statt (Nützmann et al. 2011b). Aus historischer Perspektive führten stetiges Bevölkerungswachstum und industrielle Entwicklung insbesondere vom 19. bis zur Mitte des 20. Jahrhunderts in Europa zu einer umfassenden Degradation städtischer Gewässer (kanalisiert und reduziert auf die Aufnahme und Ableitung von Abwässern) und daraus folgend zu einer katastrophalen Verschlechterung ihrer Qualität (Ellis 1999; Zaadnoordijk et al. 2004). Allein der in dieser Zeit geprägte Begriff „Vorfluter" zeigt die Distanz zur naturräumlichen Gegebenheit.

Diese Folgen eines ungebremsten und wenig kontrollierten Wachstums mit verheerenden Auswirkungen auf die Wasserressourcen und die menschliche Gesundheit lassen sich auch heute bei der Entwicklung von riesigen urbanen Agglomerationen vor allem in Asien oder Lateinamerika beobachten (Endlicher et al. 2006). In Europa werden nicht zuletzt durch die Einführung und Umsetzung der Europäische Wasserrahmenrichtlinie (WRRL 2001) Maßnahmen zur Verbesserung (Restaurierung, Renaturierung, Revitalisierung) urbaner Wasserkreisläufe geplant und umgesetzt, wobei insbesondere die Wechselwirkungen zwischen ober- und unterirdischen Wasserressourcen sowohl in Bezug auf die Wasservolumina als auch bezogen auf die Wasserqualität Berücksichtigung finden, da diese in urbanen Systemen wesentlich intensiver sind als in ländlichen Räumen (Landgraf und Krone 2002; Zhang et al. 2004; Nützmann et al. 2011).

Abflussbildung und Fließgewässer

2

2.1 Landoberflächenabfluss

Der Oberflächenabfluss ist in den gemäßigten und feuchten Zonen der Erde mit einem entsprechenden Relief der Landoberfläche eine wichtige Komponente des hydrologischen Kreislaufs. In Regionen des Tieflandes spielt er dagegen eine eher untergeordnete Rolle. Wieder von Bedeutung ist er in urbanen Räumen, in denen auf Grund hoher Versiegelungsgrade das Niederschlagswasser oftmals lange Strecken auf der Oberfläche zurücklegt, bevor es in die Vorflut oder die Kanalisation gelangt. Das Verhältnis Abfluss zu Niederschlag, auch als Abflussbeiwert bezeichnet, ist unter klimatischen und meteorologisch ähnlichen Bedingungen abhängig von den Eigenschaften des Einzugsgebiets. Stark geneigte Einzugsgebiete mit geringem Rückhaltevermögen begünstigen hohe Abflussbeiwerte. Tabelle 2.1 zeigt eine Übersicht mittlerer jährlicher Niederschläge P, der Abflusshöhe Q, der Verdunstungshöhe E und des mittleren Abflussbeiwerts für geographisch unterschiedliche Einzugsgebiete.

Die Bedeutung der Hangneigung für die Bildung des Oberflächenabfluss ist deutlich am Verhältnis zwischen Abfluss und Niederschlag abzulesen. Während im Tiefland diese Zahlen etwa um die 20 % streuen, können sie für Mittelgebirgs- und Hochgebirgsregionen schon auf 40 % bis 70 % steigen. Die Bildung von Landoberflächenabfluss als schnellste Abflusskomponente geschieht folgendermaßen: Ist die Niederschlagsintensität größer als die augenblickliche Infiltrationsrate, bleibt der nicht versickernde Anteil des Niederschlags an der Oberfläche. Die Entstehung von Oberflächenabfluss lässt sich dann in drei Phasen einteilen. In der ersten Phase, die alle Vorgänge umfasst, die unmittelbar nach dem Auftreffen der Regentropfen auf der Erdoberfläche zu beobachten sind, werden alle Oberflächen, seien es natürliche Geländeflächen oder befestigte Flächen wie Wege, Straßen oder Dächer, benetzt, wobei bereits die Ausbildung eines zusammenhängenden Wasserfilms stattfindet; zugleich mit der Benetzung beginnt auch die Auffüllung kleiner Bodenvertiefungen und

© Springer Fachmedien Wiesbaden 2016
G. Nützmann, H. Moser, *Elemente einer analytischen Hydrologie*,
DOI 10.1007/978-3-658-00311-1_2

Tab. 2.1 Abflüsse ausgewählter Einzugsgebiete

Flussgebiet	$\bar{P}$ mm	$\bar{Q}$ mm	$\bar{E}$ mm	$\bar{Q}/\bar{P}$ %
TIEFLANDGEBIETE				
Obere Netze (poln. Noteç)	460	94	366	20,5
Warthe (poln. Warta)	512	130	382	25,4
Untere Netze (poln. Noteç)	535	182	353	34,0
Havel, Rathenow	558	108	450	19,4
GEMISCHTE GEBIETE				
Mittlere Oder, Pollenzig (poln. Poleçko)	665	175	490	26,3
Aller, Mündung	669	226	443	33,7
Mittlere Weser, Hoya	744	263	481	35,3
Mulde, Düben	753	306	447	40,6
GEBIRGSGEBIETE				
Untere Saale,	613	168	445	27,5
Main, Miltenberg	657	187	470	28,5
Werra, Mündung	730	289	441	39,6
Fulda, Münden	760	231	529	30,4
Obere Saale, Remschütz	813	364	449	44,7
ALPENFLUSSGEBIETE				
Isar, Mündung	986	580	406	58,8
Lech, Mündung	1169	780	389	66,7
Iller, Mündung	1239	885	354	71,5
Inn, Innsbruck	1241	990	251	79,8

Mulden. Mit zunehmender Höhe des Wasserfilms setzt der Fließvorgang auf der Gelände-oberfläche unter Ausbildung eines astförmigen Netzes von offenen Fließrillen ein, der die zweite Phase des Abflussvorganges darstellt. Die dritte Phase ist schließlich durch den Abfluss im offenen Gerinne gekennzeichnet, in den der Gelände- und Rillenabfluss aufgenommen wird (Sorooshian et al. 1992). Neben diesen Vorgängen an der Oberfläche bildet sich infolge Infiltration in der Regel noch ein Abfluss-Teilprozess im Untergrund aus. Das eingesickerte Wasser, das je nach Art des Bodens schon in den obersten Bodenschichten relativ rasch zum Abfluss gelangt, bezeichnet man als Zwischenabfluss, oberflächennaher unterirdischer Abfluss oder als Interflow. Das weiter in die Tiefe sickernde Wasser speist das Grundwasser und tritt – stark verzögert – als sog. Basisabfluss wieder an die Oberfläche. Diese hydrologischen Prozesse sind in der Abb. 2.1 schematisch dargestellt.

Die Abflussganglinie setzt sich im Regelfall aus mehreren Abflussteilen zusammen (siehe Abb. 1.5), wobei diese zeitlich gegeneinander verschoben sind. Diese in ihrem Aufbau sehr heterogene Welle erfährt beim Ablauf durch das Gerinne des Flusslaufes infolge der Retentionswirkung des Flussbettes noch eine weitere Verformung.

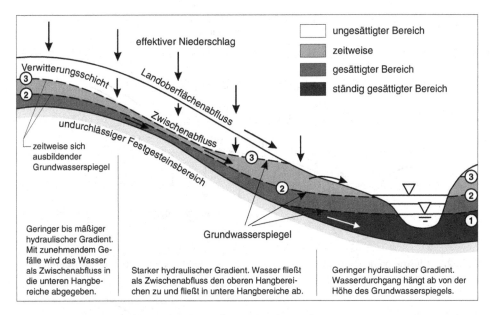

Abb. 2.1 Schema der Abflussbildung am Hang (Baumgartner und Liebscher 1990)

Ganglinien in steilen Einzugsgebieten sind bei gleichem Niederschlag spitzer als in flachen Einzugsgebieten. Und nicht zuletzt sind die Orientierung und Höhe des Einzugsgebiets wichtige Faktoren, da der Niederschlag im Allgemeinen mit der Höhe zunimmt, und das vorzugsweise an windexponierten Flächen. Betrachtet man insbesondere die flussnahen Gebiete (Auen, im Englischen „riparian areas" genannt), dann entsteht der Landoberflächenabfluss nach einem Niederschlagsereignis in Abhängigkeit von verschiedenen anderen Faktoren oder naturräumlichen Gegebenheiten, wie in den nachfolgenden drei Abb. 2.2 und 2.3 gezeigt wird.

Dieser Abflusstyp wird durch ein Niederschlagsereignis generiert, bei dem das auf die Oberfläche gelangende Wasservolumen die Infiltrationskapazität des Bodens überschreitet, so dass dieser Überschuss oberirdisch abfließen muss. Die durch den Boden bzw. die oberflächennah anstehenden Sedimente vorgegebenen hydraulischen Eigenschaften steuern also das Volumen und die Rate des Landoberflächenabfluss in erheblichem Maße. Beim Abflusstyp „Sättigungsüberschuss" gestaltet sich die Steuerung wie in Abb. 2.3 gezeigt.

Hierbei ist die Niederschlagsrate geringer als die Infiltrationskapazität des Bodens (der Sedimente), was zunächst zur nahezu ungehinderten Infiltration des Niederschlages führt. Der Grundwasserstand liegt deutlich unterhalb des Gewässerquerschnitts. In der Folge steigt der Grundwasserstand bis in Höhe des Wasserspiegels im Gewässer und ausgehend von diesem weiter an (Abb. 2.3b), so dass der Niederschlag nur noch entfernt vom Fluss versickern kann, während sich auf den wassergesättigten Flächen ein Oberflächenabfluss ausbildet. Abschließend ist darauf hinzuweisen, dass die in Abb. 2.2 und 2.3 dargestellten

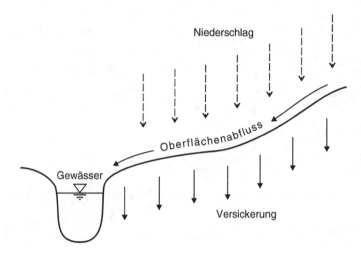

Abb. 2.2 Illustration der Entstehung eines Landoberflächenabfluss bei Sättigungsüberschuss

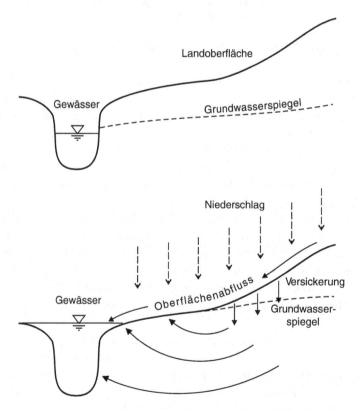

Abb. 2.3 Illustration der Entstehung eines Landoberflächenabfluss bei Sättigungsüberschuss: (a) Position der Grundwasseroberfläche vor Beginn des Niederschlages, (b) während des Niederschlages

Abb. 2.4 2D-Schema zur
Veranschaulichung der
prozessbeschreibenden
Gleichungen für den
Landoberflächenabfluss

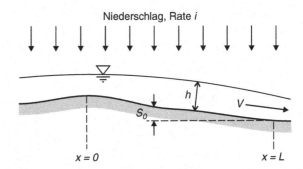

Abflussverhältnisse sehr stark vereinfacht, d. h. in der Natur wesentlich komplexer ausgeprägt und von vielen weiteren Einflussfaktoren abhängig sind.

Die Strömung eines flachen Wasserkörpers mit freier Oberfläche, wie er beim
Landoberflächenabfluss entsteht, ist in der Abb. 2.4 schematisch dargestellt.

Auslöser der Abflussbildung ist ein Niederschlag mit der Rate i [−], die Landoberfläche hat eine konstante Neigung S_0 [L], die betrachtete Länge ist L, die Höhe des
Wasserstandes auf der Landoberfläche h [L], und die vertikal gemittelte Fließgeschwindigkeit des Wassers sei v [LT^{-1}]. Die sich daraus ergebenden Erhaltungsgleichungen für Masse und Impuls lauten

$$\frac{\partial h}{\partial t} + \frac{\partial}{\partial x}(vh) - i = 0, \tag{2.1}$$

$$\frac{\partial v}{\partial t} + v\frac{\partial v}{\partial x} + g\left(\frac{\partial h}{\partial x} + S_f - S_0\right) + \frac{iv}{h} = 0. \tag{2.2}$$

In Gl. (2.2) bedeuten g die Gravitation und S_f die Hangreibung. Die gesuchten Unbekannten zur Beschreibung der hangparallelen Strömung sind die Fließgeschwindigkeit
v und die Wasserhöhe h (Brutsaert 2005). Es gibt für die Gl. (2.1) und (2.2) für bestimmte
einschränkende Bedingungen analytische Lösungen, im Allgemeinen jedoch sind sie nur
numerisch berechenbar. Woolhiser und Liggett schlagen zur Lösung dieser Gleichungen
verschiedene Methoden vor, z. B. die Überführung in eine dimensionslose Form durch
Normierung oder die Transformation von (2.2) in die Gleichung der kinematischen Welle
(Dingman 2008). Physikalisch bedeutet dies, dass die Wasseroberfläche als parallel zur
Landoberfläche angenommen wird, so dass man eine Relation zwischen den Größen
q (bzw. v) und h erhält

$$q = K_r h^{a+1}, \tag{2.3}$$

in der $q = v/h$ die Strömungsrate pro Flächeneinheit [L^{2}T^{-1}] und K_r ein Parameter ist, der
sich unter verschiedenen Strömungsbedingungen (laminar, turbulent) auch verschiedenen
formulieren lässt (Brutsaert 2005).

Außerdem hat Gl. (2.1) die Form eines totalen Differentials, nämlich

$$\frac{\partial h}{\partial t} + \frac{dx}{dt}\frac{\partial h}{\partial x} = \frac{dh}{dt},$$ (2.4)

mit den folgenden Ausdrücken

$$\frac{dx}{dt} = \frac{dq}{dh} \quad \text{und} \quad \frac{dh}{dt} = i.$$ (2.5)

Der Term dx/dt definiert die kinematische Wellengeschwindigkeit, welche sich unter Verwendung von (2.3) auch so parametrisieren lässt:

$$\frac{dx}{dt} = (a+1)K_r \; h^a = (a+1)K_r^{1/(a+1)} q^{a/(a+1)}.$$ (2.6)

Mit Hilfe dieser abgeleiteten Beziehungen können jetzt unter verschiedenen Bedingungen (stationärer bzw. instationärer Niederschlag, Abflussrückgang nach dem Ende des Niederschlags etc.) die Abflussgeschwindigkeiten, dargestellt als Hydrographen, mathematisch beschrieben und analytisch gelöst werden.

2.2 Wellenablauf und Flussrouting

2.2.1 Wellenablaufmodelle

Der Abfluss im offenen Gerinne ähnelt dem auf der Landoberfläche insofern, als dass auch er eine Strömung mit einer so genannten „freien Oberfläche" darstellt, d. h. der Wasserspiegel im Fließgewässer ist variabel und abhängig von der Niederschlagshöhe, dem Gefälle des Gerinnes, der Gerinnegeometrie und weiteren Faktoren. Die resultierenden Geschwindigkeiten (die kinetische Energie spielt dabei eine wesentliche Rolle) können sehr stark variieren und reichen von turbulent bis zu laminar. Turbulenz bedeutet anschaulich, dass Wirbel auftreten können und die Strömung unregelmäßig verläuft, während sich eine laminare Strömung langsam und parallel zu den Begrenzungen des Gewässers ausbildet. Als Maß für diese Eigenschaft von freien Gerinneströmungen gilt die Reynoldszahl (Re)

$$Re = \frac{vL\rho}{\mu},$$ (2.7)

mit v als die Strömungsgeschwindigkeit [ms^{-1}], L als eine charakteristischen Länge [m], ρ die Dichte des Wassers [kgm^{-3}] und μ als die dynamische Viskosität [kgm^{-1} s^{-1}]. In offenen Gerinnen wird meist der hydraulische Radius R_h [m]

$$R_h = \frac{A}{P_w} \qquad (2.8)$$

als charakteristische Länge angenommen, A ist dabei die Querschnittsfläche des Gewässers [m²] und P_w die Benetzungslinie [m], d. h. die Strecke entlang des Querschnitts von Ufer zu Ufer, die vom Wasser benetzt wird. Eine Strömung im Fließgewässer wird als laminar bezeichnet, wenn die Reynoldszahl kleiner als 500 ist, und als turbulent bei Reynoldszahlen größer als 2000 (Hendriks 2010). Bei Reynoldszahlen zwischen beiden Werten kann die Strömung nicht genau klassifiziert werden, und ohnehin kann diese Einteilung als nicht besonders trennscharf bezeichnet werden, denn unter bestimmten Bedingungen (z. B. variierende Strömungsquerschnitte, Strömung durch eine Röhre) sind verschiedene kritische Reynoldszahlen gebräuchlich.

Zur mathematischen Beschreibung der Strömung in einem offenen Gerinne kann die Bernoulli-Gleichung für eine Stromlinie verwendet werden (Hendriks 2010)

$$\frac{v^2}{2g} + \frac{p}{\rho g} + z = H, \qquad (2.9)$$

mit p als dem Druck der Wassersäule [Nm^{-2}] und H als der Gesamtenergie pro Gewichtseinheit [m]. In Abb. 2.5 werden diese Zusammenhänge veranschaulicht, und die Größe z lässt sich als Summe folgendermaßen darstellen: $z = z_b + h - d$.

Eine ausführliche Ableitung der Erhaltungsgleichungen für Masse, Energie und Impuls, die zur Beschreibung der Strömung in einem offenen Gerinne führen, findet sich in Dingman (2008). In ihrer allgemeinen eindimensionalen Form werden sie oft auch als die St. Venant-Gleichungen bezeichnet, die sich nur mit erheblichem Aufwand numerisch lösen lassen. Um dies zu umgehen, wurden für die praktischen Anwendungen vereinfachte Gleichungen entwickelt, wie nachfolgend in Anlehnung an Dingman (2008) gezeigt werden soll.

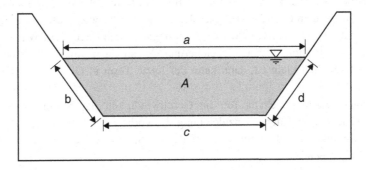

Abb. 2.5 Horizontale Strömung in einem kurzen Gerinneabschnitt (die Strömung wird dabei als gleichmäßig angenommen)

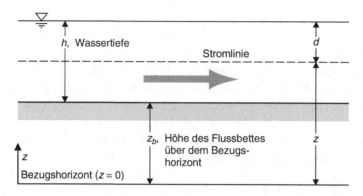

Abb. 2.6 Fließgewässerquerschnitt in Trapezform ($A =$ Querschnittsfläche, die Benetzungslinie ergibt sich aus $P_w = b + c + d$)

Der einen trapezförmigen Flussquerschnitt passierende Abfluss Q [m^{3}s^{-1}] ist das Produkt der mittleren Fließgeschwindigkeit v [ms^{-1}], der mittleren Tiefe des Wasserkörpers z [m] und der Breite der Wasseroberfläche a [L], siehe Abb. 2.6.

$$Q = v \cdot z \cdot a, \text{oder} \tag{2.10}$$

$$Q = v \cdot A \tag{2.11}$$

wobei A[m^2] die Fließquerschnittfläche sei (siehe Abb. 2.6). Die allgemeine Kontinuitätsgleichung für die eindimensionale Gerinneströmung kann dann in der folgenden Form geschrieben werden

$$q_L = -\frac{\partial Q}{\partial x} - \frac{\partial A}{\partial t}, \tag{2.12}$$

und q_L bedeutet die Rate der lateralen Einströmung pro Einheit Gerinnelänge [m^{2}s^{-1}], x die flussabwärts gerichtete Ortskoordinate [m] und t die Zeit [s]. Der laterale Zufluss kann sich z. B. aus dem Grundwasser oder dem Landoberflächenabfluss zusammensetzen und ist normalerweise positiv, er wird jedoch negativ, wenn der Fluss Wasser verliert, z. B. durch Uferfiltration oder Uferspeicherung. Wenn die zeitliche Veränderung der Strömung unerheblich klein ist, dann kann der letzte Term in Gl. (2.12) vernachlässigt werden.

Die grundlegende Beziehung für die Geschwindigkeit der Strömung im offenen Gerinne basiert dann auf der Bilanzgleichung der vorherrschenden Kräfte. Die mittlere Fließgeschwindigkeit v im Gerinne lässt sich dann z. B. durch die Gleichungen von Chézy oder Manning berechnen

$$v = v_c C R^{\frac{1}{2}} S^{\frac{1}{2}} \approx v_c C Y^{\frac{1}{2}} S^{\frac{1}{2}}, \tag{2.13}$$

$$v = \frac{v_m R^{2/3} S^{1/2}}{n} \approx \frac{v_m Y^{2/3} S^{1/2}}{n}, \tag{2.14}$$

in denen die einzelnen Größen folgendes bedeuten: für die meisten vereinfachten Querschnitte kann angenommen werden, dass der hydraulische Radius R (bzw. R_h) etwa gleich der mittleren Gewässertiefe Y [m] istund in den Formeln durch sie ersetzt werden kann; die Größen C und n sind Koeffizienten, die sich auf den Gerinnewiderstand bzw. die Gerinnerauhigkeit beziehen, v_c bzw. v_m sind Faktoren zur Konvertierung der Einheiten. Aus den Gl. (2.13) und (2.14) erhält man die Beziehung

$$C = \frac{v_m R^{1/6}}{v_c n} = \frac{v_m Y^{1/6}}{v_c n}, \tag{2.15}$$

anhand der sich der Zusammenhang zwischen C und n darstellen lässt. Beide Koeffizienten sind von der Rauigkeit des Gewässerbetts und der Irregularität des Flusslaufes abhängig und lassen sich durch empirische Formeln näherungsweise berechnen (Dyck und Peschke 1995; Brutsaert 2005; Dingman 2008). Ebenso kann man diese Beziehungen zur Berechnung der Geschwindigkeit von Wellenabläufen benutzen, um beispielsweise den Durchgang einer Hochwasserwelle und dabei gleichzeitig die Reduzierung der Welle infolge der Uferspeicherung abzuschätzen.

2.2.2 Flussrouting

Die Kenntnis des Ablaufes von Hochwasserwellen, sei es in Flüssen, durchflossenen Seen oder Speicherbecken, ist zur Beantwortung zahlreicher wasserwirtschaftlicher Fragestellungen von großer Bedeutung. Beim Ablauf einer Hochwasserwelle stromabwärts tritt eine Verformung dieser Welle ein, die sich aus zwei Komponenten zusammensetzt. Zum einen tritt eine reine Verschiebung der Welle ohne jegliche Verformung entlang der Zeitachse auf (Translation), zum anderen wird eine Formänderung durch Speichereffekte erreicht (Retention), bei der die Welle im Allgemeinen abflacht.Um den Verlauf der Hochwasserwelle zu berechnen, stehen verschiedene Methoden zur Verfügung, die in der Literatur als Flood-Routing bzw. als Routing-Methoden bekannt sind (Hornberger et al. 1998). Die mathematische Basis aller Routing-Verfahren sind die St. Venant-Gleichungen für langsam variierende instationäre Fließvorgänge im offenen Gerinne. Sie bestehen in der räumlich eindimensionalen Form aus der Kontinuitätsgleichung (2.12) und der Energiegleichung

$$\frac{\partial v}{\partial t} + v \frac{\partial v}{\partial x} + g \frac{\partial h}{\partial x} + gI = 0, \tag{2.16}$$

mit den unabhängigen Variablen h (x, t) und v (x, t), I ist der Zufluss zum betrachteten Flussabschnitt am Pegel P1 in $[m^3s^{-1}]$. Da eine analytische Lösung der Kontinuitätsgleichung (2.12) und der Energiegleichung (2.16) im Allgemeinen nicht oder nur in Sonderfällen möglich ist, müssen numerische Verfahren eingesetzt werden (siehe Kap. 6).

Ein vereinfachtes Routing-Verfahren basiert auf einer der Gl. (2.12) ähnlichen Massenbilanz

$$QI(t) - QO(t) = \frac{dV(t)}{dt},\qquad(2.17)$$

bei der QI(t) und QO(t) die dem Flussabschnitt zu- bzw. abströmenden Wasservolumen sind, und V(t) die Speicheränderung im Flussabschnitt bedeutet. Das Ausfluss-Speicher-Verhältnis kann in der Form

$$QO(t) = \frac{1}{T^*}V(t)\qquad(2.18)$$

geschrieben werden, wobei T^* die Zeit bedeutet, die der Ablauf einer Hochwasserwelle vom Pegel P1 zu P2 dauert. Mit Gl. (2.18) wird vorausgesetzt, dass der Flussabschnitt als ein lineares Reservoir angesehen werden kann, bei dem der Ausfluss zur Speicherung proportional ist (Hendriks 2010). Die Finite-Differenzen-Form der Gl. (2.17) lautet

$$QI_i - QO_i = \frac{V_{i+1} - V_i}{\Delta t},\qquad(2.19)$$

die Indizes i und i + 1 stehen dabei für die durch den Zeitschritt Δt begrenzten Zeitpunkte. Wichtig ist dabei, dass der jeweilige Zeitschritt kleiner als die Zeit T* ist.

Nach Gl. (2.18) gilt

$$V_i = T^* QO_i,\qquad(2.20)$$

was eingesetzt in Gl. (2.19) die folgende Beziehung ergibt

$$QI_i - QO_i = \frac{T^*(QO_{i+1} - QO_i)}{\Delta t},\qquad(2.21)$$

und durch Umstellung erhält man

$$QO_{i+1} = CX QI_i + (1 - CX) QO_i,\qquad(2.22)$$

mit $CX = \frac{\Delta t}{T^*}$ als dem so genannten „routing" Koeffizienten, der im Intervall $0 \leq CX \leq 1$ liegen muss (Dingman 2008).

Als eine besondere Form der allgemeinen Routing-Gl. (2.17) gilt das Muskingum-Verfahren (McCarthy 1938). Es basiert auf der Annahme, dass die in der Kontinuitäts-gleichung (2.17) stehenden In- und Output Terme als Potenzfunktionen der jeweiligen Flussquerschnitte A_{cI} und A_{cO} geschrieben werden können,

$$QI = \alpha_I A_{cI}^{\beta} \text{ und } QO = \alpha_O A_{cO}^{\beta}, \tag{2.23}$$

wobei die Parameter α und β aus Abflussmessungen zu bestimmende Konstanten sind. Unter vereinfachenden Annahmen, z. B. dass der Fluss ein Trapezprofil aufweist, ist das in dem Flussabschnitt gespeicherte Wasservolumen V proportional zur Länge des Abschnitts Δx, und es kann dann durch die folgende Gleichung berechnet werden

$$V = [XA_{cI} + (1 - X)A_{cO}]\Delta x \tag{2.24}$$

und X ist eine Konstante, welche die Abweichung der Querschnitte am Beginn und am Ende des Gewässerabschnitts im Verhältnis zum mittleren Querschnitt darstellt (siehe Abb. 2.7, vereinfacht für ein lineares System).

Wenn sich also die Querschnitte nicht wesentlich ändern und das System linear ist, d. h. $\beta = 1$, dann lässt sich auch Gl. (2.24) in der folgenden Form schreiben, der klassischen Muskingum-Speicherfunktion,

$$V = K[XQI + (1 - X)QO], \tag{2.25}$$

in die K als zeitabhängiger Speicherkoeffizient und der Ausdruck in den eckigen Klammern als „gewichteter" Abfluss eingehen. Durch Einsetzen dieser Beziehung in die Gl. (2.18) ergibt sich die Differentialgleichung

$$QO + K(1 - X)\frac{dQO}{dt} = QI - KX\frac{dQI}{dt}. \tag{2.26}$$

Der Speicherkoeffizient K bestimmt in der linearen Beziehung zwischen dem „gewichteten" Abfluss und dem Speichervolumen V die Steigung der Geraden. Für den Faktor X muss seiner physikalischen Bedeutung nach gelten $0 \le X \le 1$. Bei steigendem Wasserstand wird zum Wasservolumen im trapezförmigen Gerinne das des Keils addiert, bei fallendem Wasser wird dieses subtrahiert. Ist der Speicherinhalt des Gerinneabschnitts nur eine Funktion des Abflusses, d. h. es wird nur Wasser im trapezförmigen Profil gespeichert, dann ist $X = 0$ und $V = K\,O$. Für einen gegebenen Abflusszuwachs drückt der dimensionslose Wichtungsfaktor X also die Beziehung zwischen der Speicherung im Keil und im Prisma aus (siehe Abb. 2.7). Für natürliche Flüsse liegt dieser Faktor zwischen 0.2 und 0.4.

Die Bedeutung des Parameters K kann anhand der folgenden Abb. 2.8 veranschaulicht werden, die den Durchgang und die Verformung einer Hochwasserwelle im Gerinne beschreibt.

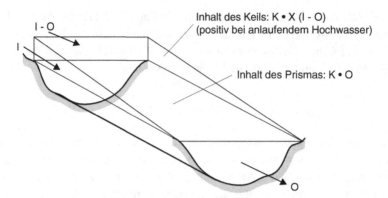

Abb. 2.7 Graphische Darstellung der geometrischen Verhältnisse für das Muskingum-Verfahren im linearen Fall: das im Flussabschnitt mit der Länge Δx gespeicherte Wasser setzt sich aus dem Volumen des Trapezgerinnes und des darauf liegenden Keils zusammen, der die Hochwasserwelle repräsentiert

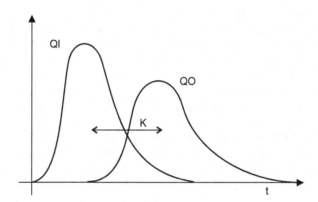

Abb. 2.8 Laufzeit einer Hochwasserwelle gemessen als Zeit zwischen den Scheitelpunkten des Input QI(t) und Output QO(t) Hydrographen

Die Differenz zwischen den Scheitelpunkten der einströmenden Welle QI(t) und der ausströmenden Welle QO(t) lässt sich durch die folgende Gleichung berechnen

$$t_t = \frac{\int_0^\infty tQO(t)dt}{\int_0^\infty QO(t)dt} - \frac{\int_0^\infty tQI(t)dt}{\int_0^\infty QI(t)dt}, \tag{2.27}$$

bei der die im Nenner stehenden Integrale idealerweise identisch sein sollten, wenn es keine zusätzlichen Zu- oder Abflüsse innerhalb des betrachteten Flussabschnitts gibt.

Substituiert man die Größen QO und QI aus Gl. (2.26), dann ergibt sich für t_t die Beziehung

$$t_t = -K \frac{\int_0^\infty t \frac{d}{dt}[XQI + (1 - X)QO]dt}{\int_0^\infty QIdt} \qquad (2.28)$$

aus der man durch partielle Integration sowie der Annahme, dass für $t \to 0$ die Zu- und Abflüsse ebenfalls gegen Null gehen, die Beziehung

$$t_t = K \qquad (2.29)$$

erhält (Brutsaert 2005). Der Parameter K kann also als ein Maß für die Laufzeit der Hochwasserwelle im jeweilig betrachteten Gewässerabschnitt angesehen werden. Die Geschwindigkeit der ablaufenden Welle ergibt sich demnach aus

$$v_m = \frac{\Delta x}{K}. \qquad (2.30)$$

In der Praxis sind für die Anwendung dieses Verfahrens mindestens Startwerte für die Zu- und Abflüsse je Gewässerabschnitt aus Messungen notwendig, die Berechnung erfolgt dann iterativ, bis eine Abflussfunktion (Verhältnis der gewichteten Differenz zwischen In- und Output zur Speicherung nach Gl. 2.25) mit Hilfe einer Geraden angenähert werden kann.

Beim Durchlauf einer Wasserwelle ist der Abfluss Q im Allgemeinen nicht nur vom Wasserstand h im Gewässer, sondern auch vom Gefälle S des Flussabschnitts abhängig, d. h. Q ist eine Funktion beider Größen, $Q = f(h, S)$. Das Verfahren von Kalinin und Miljukov (Rosemann und Vedral 1971) geht von einer eindeutigen Relation zwischen dem Abfluss Q aus einem Gewässerabschnitt und dem zugehörigen Speichervolumen V aus, $V = f(Q)$. Unter der Annahme einer linearen Beziehung zwischen V und Q kann die Steigung τ [t] als Laufzeit der Hochwasserwelle interpretiert werden (siehe Parameter K), und es gilt für den instationären Fall die Beziehung

$$dV = \tau dQ, \qquad (2.31)$$

der so genannte Linearspeicheransatz. Voraussetzung für die Ermittlung des Parameters τ in Abhängigkeit vom Durchfluss Q sind vermessene Gewässerprofile, die den (auch im Hochwasserfall) durchflossenen Bereich beschreiben. Im Allgemeinen wird τ als konstant in dem jeweilig betrachteten Gewässerabschnitt angenommen. Da bei großräumigen Modellanwendungen meistens nicht das gesamte Gewässersystem vermessen vorliegt, kann Kalinin-Miljukov beliebig mit anderen Berechnungsmodellen kombiniert werden,

z. B. können nicht vermessene Gewässerabschnitte mit dem Speicherkaskadenansatz, vermessene nach Kalinin-Miljukov berechnet werden .In diesem Fall wird der klassische Kalinin-Miljukov-Ansatz angewendet, bei dem die τ-Werte über das Sohlgefälle parametrisiert werden. Für jeden Gewässerabschnitt wird in Abhängigkeit vom aktuellen Zufluss ein τ-Wert abgeleitet und daraus der aktuelle Abfluss, d. h. die Weitergabe an den Unterlieger ermittelt. Für Tieflandflüsse mit meist gefällearmen Gewässern sollten Rückstaueffekte berücksichtigt werden, insbesondere dann, wenn eine korrekte Abbildung der Wasserstände als Randbedingung für die Grundwassermodellierung erforderlich wird.

Sowohl das Muskingum- als auch das Kalinin-Miljukov-Verfahren gehen von einer eindeutigen Volumen-Abfluss-Relation aus, die durch die Einführung eines charakteristischen Abschnittes ermöglicht wird. Der daraus resultierende Parameter kann über die morphologische Beschaffenheit des Gewässerabschnitts berechnet werden. Beim Kalinin-Miljukov-Verfahren ist es zudem möglich, die Auswirkungen zukünftiger Flussbaumaßnahmen sowie seitliche Zuflüsse zu berücksichtigen. Berechnungsbeispiele zu den Routing Verfahren können unter den Link „Hydrologie Übungen TU Berlin" http://www.wahyd.tu-berlin.de/menue/studium_und_lehre/lehrangebot/lehrveranstaltung en/large_scale_hydrological_modeling/ gefunden werden.

2.3   Konzeptionelle Niederschlags-Abfluss-Modelle

2.3.1   Isochronenverfahren

Konzeptionelle Niederschlags-Abfluss-Modelle nutzen in der Regel einfache physikalische Zusammenhänge zwischen den zu beobachtenden Niederschlagsereignissen und dem daraus im Flusslauf entstehenden Abfluss. Diese Relationen basieren z. B. auf der Annahme, dass jedem Punkt innerhalb des Einzugsgebietes eine mittlere Fließzeit zum Vorfluter zuzuordnen ist, wobei jegliche Form des Wasserrückhalts (Retention, Zwischenspeicherung) auf und unter der Landoberfläche vernachlässigt wird.

Als eines der einfachsten Verfahren dieser Art gilt das Isochronenverfahren, im englischen Sprachbereich wird es auch gelegentlich als „time-area"-Modell oder „rational method" bezeichnet (Hendriks 2010). Als Isochrone wird der geometrische Ort für alle Punkte im Einzugsgebiet bezeichnet, für welche die Fließzeit eines Wasserpartikels bis zum Gebietsauslass bzw. zum interessierenden Flussabschnitt gleich groß ist. Verbindet man die Punkte gleicher Fließzeit miteinander, dann erhält man die entsprechenden Linien (siehe Abb. 2.9).

Fällt zum Zeitpunkt t_0 ein abflusswirksamer Niederschlag N, so bilden die Teilflächen ΔA_m, die zwischen den Isochronen t_m und $t_m + \Delta t$ gebildet werden, den im Zeitintervall Δt entwässernden Einzugsgebietsanteil. Dabei wird vorausgesetzt, dass der Niederschlag homogen verteilt im Einzugsgebiet fällt. Trägt man jetzt in einem Diagramm die Zeitpunkte $t_m, m = 0,\ 1,\ 2, \ldots$ auf der Abszisse auf, und auf der Ordinate die für

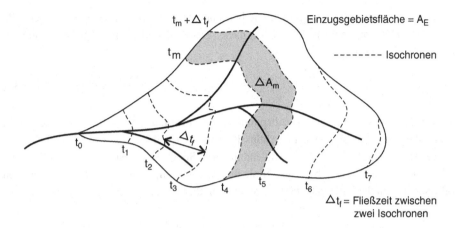

Abb. 2.9 Einzugsgebiet mit Isochronen

die einzelnen Zeitintervalle resultierenden Teilflächen ΔA_m, so erhält man ein
Zeit-Flächendiagramm und die Summe aller dieser Teilflächen ergibt die Einzugsgebietsfläche. Teilt man die auf der Ordinate aufgetragenen Teilflächen durch Δt, so gewinnt
man die Abflussganglinie, die aus einem Einheitsniederschlag ($N = 1$) entsteht,

$$Q_E = \frac{\Delta A_m}{\Delta t},$$ (2.32)

und fällt im Zeitintervall ein Niederschlag mit der Höhe N, so lautet der entstehende Abfluss

$$Q_m = N \frac{\Delta A_m}{\Delta t}.$$ (2.33)

Im Grunde genommen handelt es sich bei dieser Art von Abflussberechnung um die
schnellen Komponenten des Abflusses, die auf der Landoberfläche entstehen. Das von
Hendriks (2010) als „rational method" bezeichnete Verfahren zur Abflussberechnung
basiert auf einer einfachen linearen Relation zwischen Gebietsabfluss und Niederschlagsintensität,

$$Q_q = cAI,$$ (2.34)

wobei Q_q [m³s⁻¹] der schnelle Abfluss, c ein empirischer Abflusskoeffizient [–], A [m²]
die Fläche des Einzugsgebietes und I [ms⁻¹] die Niederschlagsintensität bedeuten. Für
den Abflusskoeffizienten gilt $0 < c < 1$, und diese Zahlen repräsentieren Verluste und
Speicherungen im Einzugsgebiet, z. B. ist $c \approx 0.01$ in Einzugsgebieten mit sehr gut
durchlässigen Sedimenten, während $c \approx 0.9$ für nahezu impermeable Oberflächen (z. B.
in urbanen Gebieten) angenommen werden kann.

Wenn man annimmt, dass, ähnlich wie beim obigen Isochronenverfahren, der schnelle Abfluss im ersten Zeitschritt $\Delta t = t_1 - t_0$ nach (2.34) folgendermaßen zu berechnen ist, dann ergibt sich daraus

$$Q_{q,t+\Delta t} = c_1 A_1 I_{t \to t+\Delta t}, \tag{2.35}$$

d. h. der Abfluss während dieser Zeitspanne ist proportional zum Gebietsniederschlag in diesem Zeitraum, c_1 ist dabei der Abflusskoeffizient für diese Zeitzone und A_1 ist die entsprechende Teilfläche. Durch Anwendung des Superpositionsprinzips lässt sich die Abflussentwicklung bzw. Abflussganglinie durch Aufsummieren der zeitlich abfolgenden Abflüsse aus den Teileinzugsgebieten folgendermaßen berechnen,

$$Q_{q,t+\Delta t} = c_1 A_1 I_{t \to t+\Delta t} + c_2 A_2 I_{t-\Delta t \to t} + \ldots + c_n A_n I_{t-(n-1)\Delta t \to t-(n-2)\Delta t} \tag{2.36}$$

(z. B. mit n = 7 in Abb. 2.9). Mit Hilfe dieser Gleichung kann man auch die Auswirkungen verschiedener Abflusskoeffizienten c_i, i = 1,...,n verschiedener Verteilungen der Niederschlagsintensitäten und verschieden großer und unterschiedlich geformter Teileinzugsgebiete auf den Gebietsabfluss quantifizieren (Hendriks 2010).

2.3.2   Einheitsganglinienverfahren (Unit Hydrograph)

Das weltweit sehr häufig angewendete Verfahren zur Berechnung von Abflussganglinien aus Niederschlagszeitreihen ist das so genannte Einheitsganglinienverfahren, im englischen Sprachbereich auch „Unit-Hydrograph"-Methode genannt. Bei diesem Verfahren gelten als wesentliche Voraussetzungen, dass der Abflussprozess zeitunabhängig ist, und dass die dem direkten Oberflächenabfluss unterliegenden physikalischen Gesetze durch lineare Relationen wiedergegeben werden können. Es werden also zwei wichtige Annahmen getroffen:

- Die Relationen zwischen dem Effektivniederschlag P und dem Direktabfluss (Oberflächenabfluss) Q_D sind linear.
- Die Abflussbildungsprozesse sind zeitinvariant.

Die Einheitsganglinie ist dann die charakteristische Abflussganglinie eines oberirdischen Einzugsgebietes, die aus einer Einheit des räumlichen und zeitlich gleich verteilten Effektivniederschlags einer bestimmten Dauer resultiert. Sie beschreibt den Abfluss, der bei einem effektiven Niederschlag von 1 mm (bzw. lm^{-2}) auftritt und ist somit eine für ein Einzugsgebiet typische Übertragungsfunktion zwischen abflusswirksamem Niederschlag und Oberflächenabfluss. Als eine Art „black-box-Modell" transformiert sie den für die Abflussbildung notwendigen Effektivniederschlag in den Oberflächenabfluss in immer der gleichen Art und Weise, $Q_D = f(P)$. Sie gilt nur für das Einzugsgebiet, für das sie unter den zu dieser Zeit herrschenden naturräumlichen Verhältnissen abgeleitet wurde. Werden im Einzugsgebiet oder im Gewässer selbst größere, den Abfluss beeinflussende Veränderungen vorgenommen, verliert die Einheitsganglinie ihre Gültigkeit und muss neu bestimmt werden. Das Verfahren ist umso besser anwendbar, desto homogener das Einzugsgebiet und sein Abflussverhalten ist.

Mit dem „Unit Hydrograph" U und dem gemessenen Effektivniederschlag P kann der Direktabfluss für jeden Zeitpunkt n nach der folgenden Gleichung bestimmt werden

$$Q_{Dn} = \sum_{m=1}^{n} P_m U_{n-m+1},$$

(2.37)

wofür aber zunächst die Werte des „Unit Hydrographen" U bestimmt werden müssen. Diese Bestimmung erfolgt empirisch durch den Vergleich eines gemessenen Direktabflusses Q_D und des auslösenden Einheitsniederschlages P nach

$$Q_{D1} = P_1 U_{1-1+1}, \quad \text{bzw. } U_1 = \frac{Q_{D1}}{P_1}$$
$$Q_{D2} = P_1 U_{2-1+1} + P_2 U_{2-2+1}, \quad \text{bzw. } U_2 = \frac{(Q_{D2} - P_2 U_1)}{P_1}$$

(2.38)

Wird nur ein Niederschlagsereignis berücksichtigt, d. h. $P_2, P_3, \ldots, P_n = 0$, dann wird die Berechnung vereinfacht, und ergibt sich

$$U_n = \frac{Q_{Dn}}{P_1}.$$

(2.39)

Ein praktisches Beispiel zur Berechnung der Einheitsganglinie kann unter dem Link http://www.wahyd.tu-berlin.de/menue/studium_und_lehre/lehrangebot/ lehrveranstaltungen/large-scale_hydrological_modeling/ gefunden werden. Die Berechnung der Direktabflusswerte Q_{Dn} für eine Niederschlagszeitreihe P_m erfolgt durch schrittweise Berechnung der einzelnen Abflüsse mit den „Unit Hydrograph"-Werten und anschließender Superposition der resultierenden Abflüsse.

Die Einheitsganglinie kann auch graphisch bestimmt werden, indem zunächst beobachtete Extremniederschläge der ungefähr gleichen Dauer Δt und die zugehörigen Abflussganglinien aus allen beobachteten Ereignissen herausgefiltert werden, wobei die Abflussganglinien auch eine ungefähr gleiche Verteilung aufweisen sollten. Nach Separation des Basisabflusses werden diese Abflussganglinien durch Division durch den jeweiligen Maximalabfluss normiert. Vereinheitlicht man nun auch den zeitlichen Verlauf, indem man die Ganglinien beginnend mit dem jeweiligen Niederschlagsereignis neudarstellt, dann erhält man eine Kurvenschar, wie sie exemplarisch in Abb. 2.10 dargestellt ist.

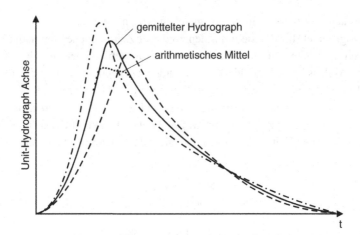

Abb. 2.10 Mittlere Einheitsganglinie, berechnet aus mehreren Einzelganglinien

Der gemittelte Hydrograph wird dann durch das arithmetische Mittel dieser Ganglinien bestimmt, und der Maximalwert der gemittelten Ganglinie wird in seiner zeitlichen Position so positioniert, dass er auch in der in der Mitte des zeitlichen Auftretens aller berücksichtigten Maximalwerte liegt. Verschiebt man jetzt die gemittelte Ganglinie entsprechend auf der Zeitachse und passt sie solange an, bis die durch sie umschlossene Fläche etwa einer Einheit des Abflusses entspricht (z. B. in m^3s^{-1}), dann erhält man die Einheitsganglinie für das Einzugsgebiet (Dingman 2008).

Oftmals ist die Kenntnis der Einheitsganglinie für Gebiete gefragt, in denen keine oder nur ungenügende Aufzeichnungen des Niederschlags und des Abflusses vorliegen. In solchen Fällen können Einheitsganglinien mit Hilfe empirischer Gleichungen nach verschiedenen Verfahren synthetisch erzeugt werden. So entwickelte z. B. Snyder Gleichungen für die Berechnung der Verzögerungszeit (t_p), der Basiszeit (T) und des Spitzenabflusses (Q_p), nach denen die Einheitsganglinie definiert werden kann (siehe Abb. 2.11).

Diese Gleichungen lauten

$$t_p = C_t L L_c$$
$$T = 3 + 3\left(\frac{t_p}{24}\right) \qquad (2.40)$$
$$Q_p = C_p\left(\frac{A_e}{t_p}\right),$$

mit den Koeffizienten C_t (berücksichtigt Topographie, Gerinnegefälle, Gerinnedichte und Gerinnespeicherkapazität und variiert je nach Region und Einzugsgebiet zwischen 0.23 und 10), L (Länge des Hauptgerinnes vom Messquerschnitt bis zur Wasserscheide), L_c (Länge des Hauptgerinnes bis zum Punkt, der dem Flächenschwerpunkt des

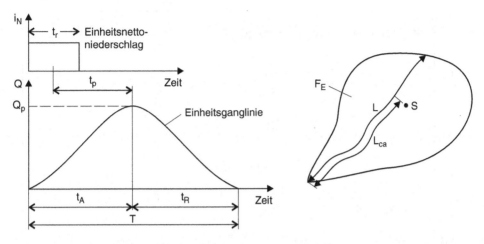

Abb. 2.11 Bestimmung einer synthetischen Einheitsganglinie

Einzugsgebiets am nächsten liegt), C_p (eine gebietsspezifische Konstante, variiert zwischen 2.18 und 8.56) und A_e (Einzugsgebietsfläche).

Da diese Gleichungen nur für größere Einzugsgebiete Gültigkeit haben, schlug der US Soil Conservation Service für kleine Gebiete zur Berechnung der Basiszeit T die folgende Beziehung vor

$$T = 5t_p. \tag{2.41}$$

Weitere Methoden zur Konstruktion von synthetischen Einheitsganglinien werden u. a. in Dingman (2008) diskutiert, von denen das SCS-Verfahren zu erwähnen ist. Mit Hilfe dieses Verfahrens werden dimensionslose Einheitsganglinien mit den Koordinaten Q/Q_p und t/t_p konstruiert, so dass für den Fall, dass Spitzenabflüsse Q_p und Verzögerungszeiten t_p gemessen oder abgeschätzt werden können, daraus die Einheitsganglinien zu konstruieren sind (siehe Abb. 2.12).

Wird die Reaktion des Einzugsgebietes auf ein Niederschlagsereignis als Impulsantwort aufgefasst (in Analogie zur Reaktion eines elektrischen Schaltkreises auf einen Stromstoß), dann lässt sich mittels so genannter Impulsantwortfunktionen eine Momentan-Einheitsganglinie berechnen (Dyck 1976). Angenommen wird dabei, dass der Impuls als Momentanimpuls erfolgt, und damit in Gestalt der Dirac-Deltafunktion mathematisch beschrieben werden kann

$$\begin{aligned}
\delta(t) &= 0, \quad \text{für } t < 0 \text{ und } t > 0 \\
\delta(t) &\to \infty, \quad \text{fü } t = 0 \\
\int_{-\infty}^{+\infty} \delta(t)dt &= 1.
\end{aligned} \tag{2.42}$$

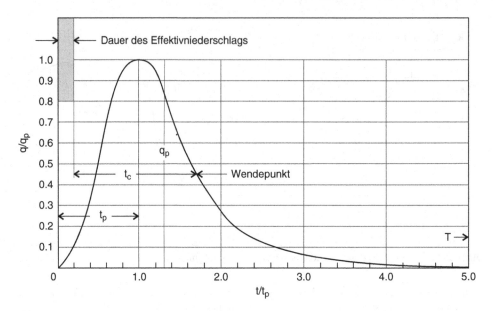

Abb. 2.12 Dimensionslose SCS-Einheitsganglinie

Für die Impulsantwort gilt aus Kontinuitätsgründen die Gleichung

$$\int_{-\infty}^{+\infty} h(t)dt = 1, \tag{2.43}$$

wenn man mit $h(t)$ die Impulsantwortfunktion, d. h. die Abflusskurve bezeichnet.

Ist eine solche Kurve bekannt, dann kann zu jeder beliebigen Eingangsfunktion $I(t)$, also einer Niederschlagsganglinie, die dazugehörige Abflussganglinie $Q(t)$ mit Hilfe des Faltungsintegrals berechnet werden. Dazu wird die Eingangsfunktion in infinitesimal schmale Streifen der Breite $d\tau$ zerlegt, deren Inhalt sich zu $I(\tau)d\tau$ ergibt. Die Systemantwort auf diesen Impuls berechnet sich dann zu $I(\tau)d\tau \cdot h(t-\tau)$. Addiert man nun alle so berechneten Antworten der Einzelstreifen, dann erhält man die Abflusskurve in der folgenden Form

$$Q(t) = \int_0^t I(\tau)d\tau \cdot h(t-\tau)d\tau, \tag{2.44}$$

das auch das Faltungs- bzw. Duhamel-Integral der Impulsantwortfunktion bezeichnet werden kann. Da in der Praxis die Eingangsfunktion meist nicht als mathematische Funktion sondern in Form von diskreten Werten vorliegt, wird statt mit $d\tau$ mit endlichen

Zeitintervallen Δt operiert und statt des Integrals (2.44) wird eine Aufsummierung der einzelnen Systemantworten je Zeitintervall vorgenommen. Hat man eine endliche Anzahl $i = 1,\ldots,n$ von Rechteckimpulsen für Niederschlagsereignisse, so ergibt sich der zugehörige Abfluss nach dem Proportionalitätsprinzip zu

$$Q_i(t) = I_i h(\Delta t, t - t_i)\Delta t, \tag{2.45}$$

und die Summe über alle Ereignisse ergibt sich aus

$$Q(t) = \sum_i I_i h(\Delta t, t - t_i)\Delta t. \tag{2.46}$$

Eine weitere, der Einheitsimpulsantwort äquivalente Charakteristik eines linearen, zeitinvarianten Systems ist die so genannte S-Kurve. Sie geht von einem zum Zeitpunkt $t = 0$ einsetzenden Stufenimpuls unbegrenzter Dauer mit der Intensität 1 aus (Hendriks 2010).Weitere Verfahren zur Bestimmung der Abflusscharakteristik weitgehend unbeobachteter Gebiete finden sich in Blöschl et al. (2013).

2.3.3 Speichermodelle

Eine weitere Kategorie von Methoden zur Berechnung des Abflusses im Gerinne sind die Speichermodelle. Als elementarer Baustein dieser Methoden gilt der Einzellinearspeicher, bei dem davon ausgegangen wird, dass der Abfluss $Q(t)$ stets proportional des im Speicher befindlichen Wasservolumens $V(t)$ ist

$$V(t) = kQ(t), \tag{2.47}$$

mit der Proportionalitätskonstante k, welche die Dimension der Zeit hat und als ein Maß für die Aufenthaltszeit eines Wasserteilchens im Speicher angesehen werden kann. Die Kontinuitätsgleichung für einen Einzellinearspeicher lautet dann

$$\frac{dV(t)}{dt} = I(t) - Q(t), \tag{2.48}$$

welche auch durch Einsetzen von Gl. (2.47) in (2.48) als Differentialgleichung geschrieben werden kann

$$Q(t) + k\frac{dQ(t)}{dt} = I(t). \tag{2.49}$$

Für die Anfangsbedingung – zum Zeitpunkt t_0 sei $V(t_0) = kQ(t_0)$ – lässt sich diese Gleichung analytisch lösen und man erhält

$$Q(t) = Q(t_0)e^{-\frac{t-t_0}{k}} + \int\limits_{\tau=t_0}^{t} I(\tau)\frac{1}{k}e^{-\frac{t-\tau}{k}}\,d\tau \qquad (2.50)$$

bzw. für das Speichervolumen

$$V(t) = V(t_0)e^{-\frac{t-t_0}{k}} + \int\limits_{\tau=t_0}^{t} I(\tau)e^{-\frac{t-\tau}{k}}\,d\tau. \qquad (2.51)$$

Der erste Summand in beiden Gleichungen beschreibt das Leerlaufen des Speichers, der zweite den aus gegebenen Anfangsbedingungen sich ergebenden Abfluss. Setzt man $Q(t_0) = 0$ und $t_0 = 0$, dann lassen sichdie zweiten Summanden aus den Gl. (2.50) und (2.51) in die Form des Faltungsintegrals (2.44) überführen und man erhält die Impuls-antwort in der Form

$$h(t) = \frac{1}{ne^{-\frac{t}{k}}}, \qquad (2.52)$$

bzw. die S-Kurve des Einzellinearspeichers

$$V(t) = 1 - e^{-\frac{t}{k}}. \qquad (2.53)$$

Mit Hilfe der Gl. (2.52) kann für kleine Einzugsgebiete ($<5\ km^2$), bei denen keine großen Retentionszeiten zu erwarten sind, das Leerlaufen des Einzugsgebietsspeichers abgeschätzt werden. Reiht man eine Folge von Einzellinearspeichern aneinander, d. h. der Auslauf aus einem Speicher ist gleichzeitig der Zulauf zum nächsten, spricht man auch von einer Speicherkaskade (Nash-Kaskade). Im Allgemeinen müsste man für jeden einzelnen Speicher eine Konstante k ansetzen, was in der Praxis jedoch meist nicht getan wird. Gilt für alle Speicher dieselbe Konstant, dann hat die Leerlauffunktion die Gestalt

$$h(t) = \frac{1}{k\left(\dfrac{t}{k^{n-1}}\right)} \cdot \frac{1}{(n-1)!} \cdot e^{-\frac{t}{k}}. \qquad (2.54)$$

Diese Gleichung bildet für $n > 1$ ein brauchbares Modell für das Verhalten eines Einzugs-gebietes bei einem Niederschlagsereignis in Form eines momentanen Einheitsimpulses, es erfordert dabei aber auch die Bestimmung der zwei Parameter k und n. Neben diesen Konzepten gibt es z. B. auch das von linearen Parallel-Speicherkaskaden (Dooge 1973), mit Hilfe derer Einzugsgebiete besser beschrieben werden können, bei denen Flächenenteile mit stark abweichendem Abflußverhalten vorhanden sind (urbane Gebiete) oder verschiedene Abflusskomponenten gleichzeitig erfasst werden sollen (z. B. Ober-flächenabfluss und Zwischenabfluss im Boden).

2.4   Abflussmessungen

Der Abfluss Q $[\text{m}^3\text{s}^{-1}]$ in einem offenen Gerinne lässt sich nur in seltenen Fällen direkt messen, er wird in der Regel indirekt über die Messung des Wasserstandes oder der Fließgeschwindigkeiten im Gewässer ermittelt. Der Wasserstand ist nach DIN 4049 (1994) der „lotrechte Abstand eines Punktes des Wasserspiegels über oder unter einem jeweils festgelegten Bezugshorizont, z. B. dem Pegelnullpunkt. Er wird mit Pegeln gemessen, und die Durchführung sowie statistische Auswertung solcher Messungen ist durch verschiedene Vorschriften geregelt. Im Allgemeinen richtet sich die Wahl der Mess-verfahren nach den örtlichen Gegebenheiten, der Wasserführung (und Größe der Wasserstandschwankungen), der Breite und Tiefe des Gewässers, den Verkehrsver-hältnissen, der Zugänglichkeit der Messstelle, der gewünschten Genauigkeit und Häufigkeit der Messungen und weiteren morphologischen und hydraulischen Gegebenheiten. Grundlagen für die Abflussmessungen in Deutschland werden von der Bundesanstalt für Gewässerkunde und den Wasserwirtschaftsverwaltungen der Länder herausgegeben (LAWA 2016). Durch die Einführung der Europäischen Wasserrahmenrichtlinie (WRRL 2001) und der Hochwasserrisikomanagementrichtlinie wird eine weitere Harmonisierung der verschiedenen länderspezifischen Verfahren erreicht werden. Beispielhaft für die Beschreibung eines großen grenzüberschreitenden Flusseinzugsgebiets ist die Rheinmonographie zu nennen (CHR- KHR 1978).

Zwischen dem Abfluss Q und dem Wasserstand h eines Fließgewässers lassen sich für jeweils quasi-stationäre Zustände, d. h. über eine längere Zeit hinweg gemessene kon-stante Abflüsse, eindeutige Beziehungen $h = h\,(Q)$ aufstellen (Abb. 2.13), die so genannten Schlüsselkurven (engl. ratingcurve).

Eine solche Kurve ist im Grunde genommen nur gültig, wenn sich die Gerinnegeometrie an der Stelle nicht verändert, sich also durch Hoch- und Niedrigwasserereignisse, Erosion, Anlandung oder Verkrautung keinerlei Veränderungen des Gerinnequerschnitts ergeben. Wird das Fließgeschehen des Gewässers z. B. durch Rückstau oder gar Baumaßnahmen beeinflusst, dann muss die Schlüsselkurve neu ermittelt werden, gegebenenfalls werden

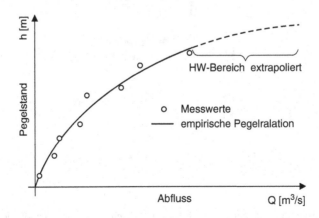

Abb. 2.13 Schema einer Schlüsselkurve

sogar für die hydrologischen Winter- und Sommerhalbjahre unterschiedliche Kurven erstellt. Für instationäre Fließbedingungen – etwa beim Durchgang einer Hochwasserwelle – gelten diese Kurven ebenfalls nicht mehr, da der ansteigende Ast einer solchen Welle ein größeres Gefälle aufweist als der abfallende, und sich damit die Abflusskurve nur mit einer Hystereseschleife darstellen lässt (Morgenschweis 2010).

Die einfachsten, nicht selbständig registrierenden Messgeräte zur Ermittlung des Wasserstandes sind verschiedene Arten von Lattenpegeln, die im Normalfall täglich zur selben Zeit abgelesen werden. Sie werden an Gewässern mit untergeordneter Bedeutung verwendet (kleine Zuflüsse, Bäche, Fließe o. ä.). In registrierenden Pegeln (siehe Abb. 2.14) wird der Wasserstand mit Hilfe von Schwimmern bzw. Drucksensoren gemessen, bei letzteren wird dann der Wasserdruck zur Höhe des Wasserspiegels über einem gewählten Bezugshorizont umgerechnet. Berührungslose Messverfahren zur Bestimmung des Wasserstandes (z. B. die Radartechnik) werden als ergänzende Einrichtungen der Pegel zunehmend eingesetzt (Barjenbruch 2001).

Während zur Aufstellung einer Abfluss- bzw. Schlüsselkurve die Messungen des Wasserstandes verhältnismäßig einfach durchzuführen sind, ist die Bestimmung des Abflusses nur mit Hilfe der innerhalb eines durchflossenen Querschnitts ermittelten Fließgeschwindigkeiten möglich. Der Abfluss ergibt sich dann aus der Beziehung

$$Q = vA, \tag{2.55}$$

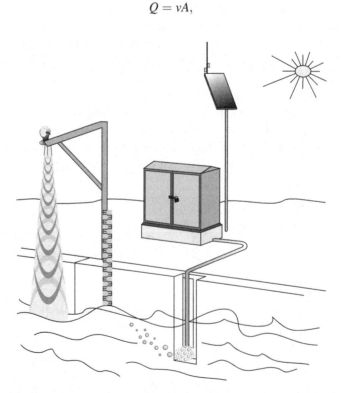

Abb. 2.14 Pegelstation mit Pegellatte, Radar und Drucksensor (Einperltechnologie)

in der v die entsprechend gemittelte Fließgeschwindigkeit $[\mathrm{ms}^{-1}]$ und A der Gerinnequerschnitt $[\mathrm{m}^2]$ sind. Die Bestimmung der Fließgeschwindigkeit erfolgt früher durch Flügelmessungen, deren Messprinzip auf einer definierten und im Labor geeichten Beziehung zwischen der Umdrehungszahl des Messflügelpropellers pro Zeiteinheit und der Geschwindigkeit am Messpunkt beruhte.

Eine nicht zu starke Geschiebeführung vorausgesetzt basiert die Flügelmessung auf der Annahme eines typischen nichtlinearen Geschwindigkeitsprofils (siehe Abb. 2.15).

An diesem Profil wird deutlich, dass die größten Fließgeschwindigkeiten in der Strommitte dicht unterhalb der Wasseroberfläche auftreten, die geringsten dagegen an der Flußsohle. Um eine möglichst repräsentative Geschwindigkeitsverteilung zu erhalten, werden je nach Tiefe des Gewässers an drei bis zehn Messpunkten auf einer Messlotrechten mittels des Flügels die aktuellen Geschwindigkeiten bestimmt. Dazu wird der Fließquerschnitt B wird in einzelne Lamellen unterschiedlicher Breite b_i, $i = 1$, ...n unterteilt, die die in Abb. 2.14 gezeigten unterschiedlichen Fließgeschwindigkeiten möglichst gut wiederspiegeln. Die Messlotrechten, an denen dann die Flügelmessungen vorgenommen werden, sind in der Lamellenmitte angeordnet, siehe Abb. 2.16.

Bei der Sechspunktmethode werden je Messlotrechte an sechs Punkten Flügelmessungen durchgeführt, und zwar in größtmöglicher Nähe zum Wasserspiegel und zur Gewässersohle und in $0.2\,h$, $0.4\,h$, $0.6\,h$ und $0.8\,h$, wobei h die Lamellentiefe der jeweiligen Messlotrechten sei. Dann gilt für die mittlere Fließgeschwindigkeit der i-ten Lamelle die Formel

$$v_i = 0.1\left(v_{i,0} + 2v_{i,0.8h} + 2v_{i,0.6h} + 2v_{i,0.4h} + 2v_{i,0.2h} + 2v_{i,s}\right) \text{ in ms}^{-1}, \qquad (2.56)$$

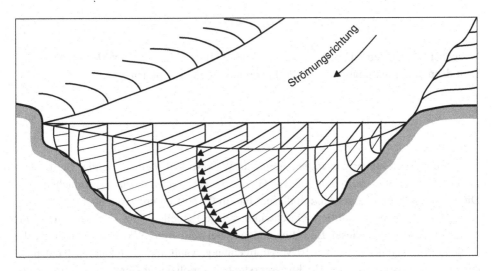

Abb. 2.15 Geschwindigkeitsprofile im Fließquerschnitt

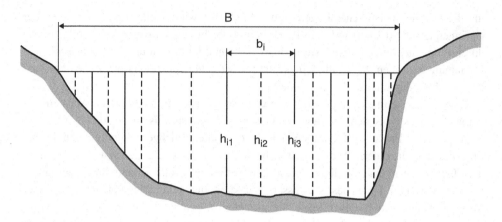

Abb. 2.16 Einteilung eines Fließquerschnitts in Lamellen

welche ein gewichtetes Mittel der einzelnen Fließgeschwindigkeiten darstellt, bei dem die
oberste und unterste Geschwindigkeit in einfacher und die restlichen Geschwindigkeiten
in doppelter Größe eingehen.
Die Querschnittsfläche der i-ten Lamelle ergibt sich aus

$$A_i = h_i \cdot b_i \tag{2.57}$$

mit der mittleren Lamellentiefe h_i als dem gewichteten Mittel aus den drei gemessenen
Tiefen (siehe Abb. 2.15) $h_i = 0.25(h_{i1} + 2h_{i2} + h_{i3})$, so dass der Durchfluss je Lamelle aus

$$Q_i = A_i v_i \tag{2.58}$$

berechnet werden kann. Der gesuchte Gesamtdurchfluss Q [m^{3}s^{-1}] des Messquerschnitts
wird dann durch Summation über alle Einzeldurchflüsse gewonnen.

$$Q = \sum_{i=1}^{n} Q_i \tag{2.59}$$

Bei kleineren Gewässern bzw. bei geringen Wassertiefen kann auch die Dreipunkt-
methode eingesetzt werden, wonach Gl. (2.56) entsprechend zu vereinfachen ist.
Die Fließgeschwindigkeiten sind in diesem Fall in $0.2\,h$, $0.4\,h$ und $0.8\,h$ über der Gewässersohle zu messen, die mittlere Geschwindigkeit je Lamelle ergibt sich dann aus dem
arithmetischen Mittel dieser Einzelmessungen. Bei mittlerem Wasserstand und regelmäßiger Profilgeometrie werden 10 Messlotrechten gewählt, ihre Zahl kann sich entsprechend der Gewässerbreite, bei Hochwasser oder bei komplizierter Gerinnegeometrie auch
erhöhen.

Wenn die Zeit für die Anwendung solcher Methoden nicht ausreicht (z. B. bei einem Hochwasssereignis), dann kann auch mittels einer bzw. zweier Messungen pro Lotrechten der Abfluss ermittelt werden, wobei der Fehler naturgemäß wächst.

Das heute in Mitteleuropa am weitesten verbreitete Messverfahren zur Bestimmung des Abflusses sind die Akustischen Doppler Systeme zur Strömungs- und Abflußmessung (ADCP-Messtechnik).Die Abkürzung ADCP bedeutet „Acoustic Doppler Current-Profiler". Die ADCP Messgeräte senden Ultraschallimpulse ins Wasser, diese werden an Schwebstoffen reflektiert und können vom ADCP wieder empfangen werden. Die wichtigste Leistung des ADCP ist damit die Bestimmung der Strömungsgeschwindigkeit nach dem Doppler-Prinzip (vgl. Abb. 2.17). Gemessen wird also die Geschwindigkeit der Schwebstoffe, von der man annimmt, daß sie gleich ist mit der Geschwindigkeit des Wassers (Adler 2014; Adler und Kleeberg 2005).

Eine weitere Methode zur Ermittlung der Abflüsse (zumeist kleinerer Fließgewässer) sind Messwehre. Wehre sind im Normalfall Stauanlagen, die zur Regulierung des Wasserspiegels dienen, und das Überströmen dieser Anlagen wird als Überfall bezeichnet. Wird der Abfluss über die Wehrkrone nicht vom unterhalb des Wehres befindlichen Wasser (Unterwasser) beeinflusst, spricht man vom vollkommenen Überfall. Letztere Eigenschaft zeichnen Messwehre aus. Je nach Gestaltung des Wehrkörpers lassen sich verschiedene Typen von Wehren unterscheiden, von denen sich nach der Form des Überfallquerschnitts Rechteck- und Dreieckswehre als die gebräuchlichsten herausgestellt haben. Sie werden auch nach ihren Entwicklern Rehbock- und Thomson-Wehr genannt. Beide Wehrformen sind in der Abb. 2.18 dargestellt (links: Rehbock-Wehr, rechts: Thomson-Wehr).

Ausgehend von der Berechnung des Abfluss über Wehre unter stationären Bedingungen können für die verschiedenen Wehrformen vereinfachte Beziehungen zur

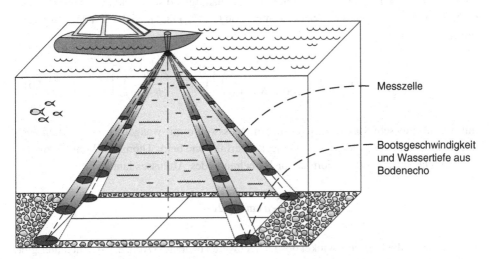

Abb. 2.17 Prinzip einer Abflußmessung nach dem Moving Boat Doppler Verfahren

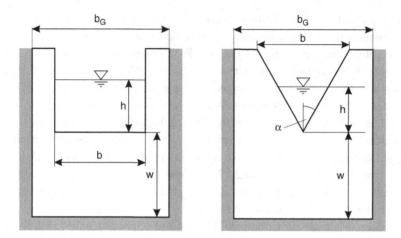

Abb. 2.18 Rechteck- und Dreieckswehr mit Seitenkontraktion

Durchflussberechnung eingesetzt werden. Bei Wehren mit rechteckigem Querschnitt gilt im Allgemeinen die Weisbachsche Überfallformel, die sich für das Rehbock-Wehr bei Vernachlässigung der Zuflussgeschwindigkeit in die in der Praxis sehr gebräuchliche Formel von Poleni überführen lässt,

$$Q = \frac{2}{3}\mu b \sqrt{2g} h^{3/2} \tag{2.60}$$

wobei Q den Durchfluss, h die Überfallhöhe, b die Überfallbreite, g die Erdbeschleunigung und μ den Überfallbeiwert bedeuten. Der Überfallbeiwert ist von dem Verhältnis zwischen Wehrbreite und Gerinnebreite (b/b_G) abhängig und schwankt zwischen 0.61 und 0.65. Für Rechteckwehre ohne Seitenkontraktion ($b = b_G$) läßt er sich nach der folgenden Formel berechnen

$$\mu = 0.615 \left(1 + \frac{1}{1000 \cdot h + 1.6} \right) \left[1 + 0.5 \left(\frac{h}{h+w} \right)^2 \right] \tag{2.61}$$

mit h in m. Für sehr kleine Abflüsse liefern Messwehre mit waagerechter Überfallkante ungenaue Ergebnisse, sodass dann Dreiecksüberfälle wie beim Thomson-Wehr bevorzugt werden. Die entsprechende Formel zur Berechnung des Abflusses lautet

$$Q = \frac{8}{15}\mu \tan\alpha \sqrt{2g}\, h^{5/2}, \tag{2.62}$$

wobei α der halbe Öffnungswinkel des Dreieckwehrs bedeutet (Abb. 2.16). Auch hier gibt es eine Abhängigkeit des Überfallbeiwertes μ von den Verhältnissen b/b_G und h/w, die in der Tab. 2.2 dargestellt sind.

b/b$_G$	μ
Tab. 2.2 Abhängigkeit des Überfallbeiwertes m von den Verhältnissen b/b$_G$ und h/w für das Thomson-Wehr	
1.0	0.602 + (0.075 h)/w
0.9	0.599 + (0.064 h)/w
0.8	0.597 + (0.045 h)/w
0.7	0.595 + (0.030 h)/w
0.6	0.593 + (0.018 h)/w
0.5	0.592 + (0.011 h)/w
0.4	0.591 + (0.0058 h)/w
0.3	0.590 + (0.0020 h)/w
0.2	0.589 − (0.0018 h)/w
0.1	0.588 − (0.0021 h)/w
0.0	0.587 − (0.0023 h)/w

Sie bilden hierbei eine wertvolle Ergänzung zu Flügelmessungen. Bei stark schwebstoffführenden Gewässern sollten sie jedoch nicht angewendet werden, da sich die als eindeutig angenommene Beziehung zwischen Abfluss Q und Wasserstand h durch Sedimentations- und Verlandungsprozesse zeitlich verändert. Kann das ausgeschlossen werden, dann ist für jeden Durchflussquerschnitt Q eine Funktion des Wasserstandes, $h = f(Q)$, und umgekehrt. Grundlage für die Aufstellung dieser Funktion sind die z. B. mit Flügel- oder Wehrmessungen gewonnenen Einzelwerte, die zumeist in tabellarischer Form für die Regel vorliegen (Dyck und Peschke 1995). Um zu einer analytischen Form dieser Durchfluss-Wasserstands-Beziehungen zu kommen, wird angenommen, dass sie sich grundsätzlich als Potenzfunktion darstellen lässt,

$$Q = a(h - \Delta h_s)^b, \qquad (2.63)$$

wobei Δh_s die Höhendifferenz zwischen Pegelnull und dem Sohlniveau ist, für das der Durchfluss zu Null wird, a und b sind die anzupassenden Parameter der Potenzfunktion. Die Abflusskurve als eindeutige Beziehung zwischen Wasserstand und Abfluss ist an die Voraussetzung stationären Fließens gebunden.

Weitere Möglichkeiten der Abflussmessungen bestehen in der Anwendung von Tracern, d. h. der Zugabe und Beobachtung von nicht in Gewässern vorkommenden chemischen Substanzen (Hötzel und Werner 1992). Durch die Messung der Konzentrationen dieser Stoffe in Form einer Zeitreihe können mit Hilfe mathematischer Modelle der Transport und das Verdünnungsverhalten bestimmt und daraus mittlere Abflüsse rekonstruiert werden (siehe die Abschn. 4.7.3 und 5.3.2 bzw. 5.3.3 zu Tracerversuchen und deren Auswertung).

Unterirdischer Abfluss

3

3.1 Der Untergrund als Mehrphasensystem

Der unterirdische Wasserkreislauf beinhaltet die wesentlichen Bewegungsvorgänge des Wassers unterhalb der Landoberflächen wie z. B. Versickerung, kapillarer Aufstieg, Wasseraufnahme durch Pflanzenwurzeln, Grundwasserneubildung, laterale Fließprozesse und die Grundwasserströmung, sowie die diesen Teilkreislauf beeinflussenden Quellen und Senken, z. B. Infiltration, Evaporation, Oberflächenabfluss, Grundwasserexfiltration und Uferfiltration. Darin eingeschlossen sind auch die anthropogenen Beeinflussungen wie z. B. die Grundwasserförderung zur Trinkwassergewinnung, für Beregnungszwecke und zum Trockenhalten von Baugruben, die Trockenlegung von Mooren und anderen vernässten Flächen. Anhand der geschätzten Wasservolumina der einzelnen Komponenten des hydrologischen Kreislaufs (siehe Kap. 1) wird deutlich, dass – die Weltmeere ausgenommen – keineswegs nur Flüsse und Seen den wesentlichen Teil dieses Kreislaufs ausmachen, sondern dass dem unterirdischen Wasser eine große Bedeutung zukommt. In den gemäßigten Klimazonen Mittel-, Nord- und Osteuropas tragen die unterirdischen Wasservorräte den Hauptteil der Trinkwasserversorgung und bedürfen des Schutzes vor Verschmutzung und Überbeanspruchung.

Es gibt in der Literatur verschiedene Unterteilungen und Bezeichnungen für das Wasser, welches sich unterhalb der Erdoberfläche befindet und bewegt. Geht man von den Komponenten des Abflusses aus, dann gehören dazu der so genannte Zwischenabfluss und der Basisabfluss. Beiden Komponenten ist gemein, dass es sich um unterirdische Abflüsse handelt; sie unterscheiden sich jedoch dadurch, dass mit dem Basisabfluss ausschließlich das Grundwasser gemeint ist, während der Zwischenabfluss vorwiegend im Boden bzw. in der ungesättigten Zone stattfindet, also oberhalb des jeweiligen Grundwasserspiegels. Nicht nur in der bodenhydrologischen Literatur (Kutilek und Nielsen 1994; Bohne 2005), sondern auch in hydrologischen Textbüchern (Dingman 2008; Hendriks 2010) werden Bodenwasser und Grundwasser stets in getrennten Abschnitten beschrieben, was den Leser auf den Gedanken bringen könnte, es handle sich auch um etwas deutlich Verschiedenes.

Das Wasser im Boden und in der so genannten ungesättigten Zone (auch als Boden- oder Sickerwasser bezeichnet) befindet sich in enger Wechselwirkung mit den Pflanzen und der Atmosphäre, und hat somit großen Einfluss auf deren Wachstumsbedingungen und Verdunstungsleistungen. Das hydrologische Teilsystem Atmosphäre – Pflanze – Boden bestimmt zuerst, in welcher Form das durch den Niederschlag auf die Erdoberfläche treffende Wasser am hydrologischen Kreislauf teilnimmt, ob es gleich wieder verdunstet, durch die Pflanzen aufgenommen wird, oder aber in tiefere Bodenschichten versickern kann (Herrmann 1977). Aufgrund seiner Nähe zur Erdoberfläche ist das Wasser im Boden und in dem sich unterhalb anschließenden Zwischenbereich (siehe Abb. 3.1) klimatischen Einflüssen und anthropogenen Beeinflussungen auf besondere Weise ausgesetzt. Gleichzeitig bildet es einen Übergangsbereich zwischen Landoberfläche und Grundwasser, und kann dessen Schutz vor Verschmutzungen ebenso sichern helfen wie zur Grundwasserneubildung beitragen. Je nachdem, wie dicht das Grundwasser unterhalb der Landoberfläche ansteht, können aber die eben genannten Merkmale auch auf dieses zutreffen; seine Erreichbarkeit für tiefer wurzelnde Pflanzen wie z.B. bestimmte Baumarten ist bekannt (Müller et al. 1998), und der Schutz des Grundwassers vor Kontaminationen ist ebenfalls von großer Bedeutung (Mull und Holländer 2002). Andererseits vollzieht sich die Bewegung des Grundwassers im Vergleich zum Bodenwasser in durchaus größeren zeitlichen und räumlichen Dimensionen, und die Mächtigkeit Grundwasser führender Schichten übertrifft im Allgemeinen die von Bodenhorizonten (Ingebritsen et al. 2006). In der nachfolgenden Abb. 3.1 ist die vertikale räumliche Verteilung dieser beiden Zonen schematisch dargestellt.

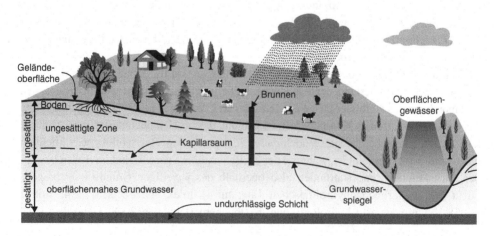

Abb. 3.1 Vertikalschnitt durch die ungesättigte und gesättigte Zone

Der unmittelbar unterhalb der Landoberfläche beginnende Bereich umfasst die belebte Bodenzone und den darunter liegenden Zwischenbereich. Da beide aus hydrologischer Sicht als eine Einheit angesehen werden können, soll im Folgenden nur noch von der ungesättigten Zone gesprochen werden. Physikalisch gesehen, sind die Unterschiede zwischen ihr und dem Grundwasser und damit zwischen den zwei unterirdischen Abflusskomponenten auf eine einfache Weise zu erklären, nämlich dem unterschiedlichen Grad der Wassersättigung des unterirdischen Porensystems (in ähnlicher Weise könnte man das auch auf Kluftsysteme im Festgestein übertragen). Daraus ergeben sich nahezu identische Bewegungsgesetze und Strömungsgleichungen, die auf denselben thermodynamischen Prinzipien aufgebaut sind. Auch dann, wenn man neben der Wasserbewegung die Ausbreitung von gelösten Stoffen und deren vorwiegend chemischen Reaktionen mit dem Wasser und dem umgebenden Sediment betrachten will, lassen sich diese Prozesse in nahezu gleicher Weise formulieren (Bear und Verruijt 1987). Worin sich die beiden Zonen bzw. die in ihnen stattfindende Abflussbildung dennoch unterscheiden und welche Gemeinsamkeiten sie aufweisen, soll in den folgenden Abschnitten ausgeführt und anhand von Beispielen illustriert werden.

Zum besseren Verständnis der unterirdischen Fließvorgänge und Stofftransporte und als Grundlage einer modellhaften Beschreibung dieser Prozesse ist es erforderlich, einige physikalische Phänomene ungesättigter und gesättigter Strömungen näher zu betrachten und begrifflich einzuordnen. Die in den Lockergesteinsregionen der Erde auftretenden unterirdischen Sedimente lassen sich als poröse Medien auffassen, bestehend aus einer so genannten Feststoffmatrix mit einem mehr oder weniger zusammenhängenden Porensystem siehe Abb. 3.2.

Der Grad der Wassersättigung des Porensystems führt zu der Unterscheidung in gesättigte und ungesättigte Bereiche; bei ersteren sind die Hohlräume vollständig mit Wasser ausgefüllt, während bei letzteren die Poren Wasser und Luft enthalten. Betrachtet man nun die drei Komponenten Feststoffmatrix (bestehend aus locker gelagerten Sedimentkörnern verschiedenster Form, die Porenräume bilden), Wasser und Luft

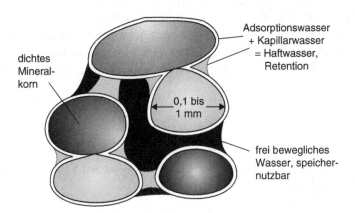

Abb. 3.2 Poröses Medium als Dreiphasensystem

(welche sich in den Hohlräumen oder Poren als „Fluide" bewegen) als Phasen, d. h. als jeweils ein bestimmtes Volumen ausfüllende physikalisch unterschiedliche Systeme, deren Eigenschaften sich an den Grenzflächen abrupt ändern, dann lassen sich die ungesättigte bzw. teilweise gesättigte Zone als ein Dreiphasensystem (Feststoffmatrix = feste Phase, Wasser = fluide Phase 1, Luft/Gas = fluide Phase 2) und die Grundwasserzone als ein Zweiphasensystem darstellen (Bear 1979). Die räumliche Verteilung dieser Zonen lässt sich, wie in Abb. 3.1 gezeigt, schematisch an einem Vertikalschnitt darstellen.

Inwieweit sich die obersten Schichten der ungesättigten Zone, der eigentliche Boden, in das Schema einordnen lassen, soll an dieser Stelle nicht ausführlich behandelt werden. Die im Verhältnis zum tiefer liegenden Grundwasserleiter abweichenden Struktur- und Textureigenschaften, der z. T. hohe Gehalt an organischer Substanz, das Vorhandensein von Kleinstlebewesen und Pflanzenwurzeln und weitere Eigenschaften führen mitunter dazu, dass Mess- und Modellergebnisse stark voneinander abweichen (Huwe 1992). Geht man jedoch von der geringen Mächtigkeit dieser Schichten im Verhältnis zur gesamten ungesättigten Zone aus (bezogen auf den Lockergesteinsbereich), dann erscheint eine einheitliche Behandlung von Boden und ungesättigter Zone im Sinne des Modellansatzes als gerechtfertigt (Roth et al. 1990; Russo und Dagan 1993; Bear 1993).

Betrachtet man einen räumlich definierten Ausschnitt aus der ungesättigten Zone, z. B. eine Probe bzw. eine Versuchsbox, so ist das Volumen die Summe aus den einzelnen Volumenanteilen der Phasen, $V_t = V_a + V_w + V_s$, die Indizes stehen für: t = total, gesamt; a = Luft (*air*), w = Wasser (*water*), s = Sediment (*solid*). Die Größe des Anteils der durchströmbaren (also abflusswirksamen) Hohlräume am Gesamtsystem lässt sich mit Hilfe der Porosität n definieren

$$n = \frac{V_a + V_w}{V_a + V_w + V_s} = \frac{V_a + V_w}{V_t}, \qquad (3.1)$$

dem Quotienten aus den Volumenanteilen [m^3] der Luft und des Wassers (V_w) und des Gesamtvolumens (V_t). Die Porosität rangiert in der Größenordnung zwischen 0.15 und 0.60, d. h. zwischen 15 % und 60 % des Gesamtvolumens einer Probe, je nachdem, um welch ein Sediment es sich handelt. Dabei sind Lagerungsdichte ρ_s [kg m^{-3}] und Trockendichte ρ_b [kg m^{-3}] des Mediums von ausschlaggebender Bedeutung. Sie werden bestimmt durch

$$\rho_s = \frac{m_s}{V_s}, \qquad (3.2)$$

mit m_s [kg] als der Masse der festen Phase (Index s, *solid*) und V_s als dem Volumen der festen Phase, und durch

$$\rho_{\text{b}} = \frac{m_s}{V_t}. \qquad (3.3)$$

mit V_t als dem Gesamtvolumen, $V_t = V_s + V_w$, der Index w steht für Wasser. Für sandige Substrate ist $\rho_s \cong 2600 \text{ kg m}^{-3}$ und $\rho_b \cong 1600 \text{ kg m}^{-3}$, für Lehm kann $\rho_b \cong 1100 \text{ kg m}^{-3}$ gelten, und bei humosen Deckschichten sind Lagerungsdichten von $\rho_b \cong 375 \text{ kg m}^{-3}$ möglich. Die Lagerungsdichte ist besonders von der Form und Größe der einzelnen Sedimentkörner abhängig. In Tab. 3.1 ist eine Einteilung der Sedimente nach so genannten Korngrößenklassen vorgenommen (Hartge und Horn 1992; Scheffer und Schachtschabel 1998).

Aus Lagerungs- und Trockendichte lässt sich einfach die Porosität [−] bestimmen,

$$n = 1 - \frac{\rho_b}{\rho_s}, \qquad (3.4)$$

und die Messung dieser Dichten kann im Labor mit Hilfe verschiedener Methoden erfolgen (Hartge und Horn 1992). In der Tab. 3.2 sind die Schwankungsbereiche von Porosität und Lagerungsdichte für Böden angegeben.

Im Allgemeinen kann von einer räumlich und zeitlich stabilen porösen Matrix ausgegangen werden (d. h. $V_t =$ konstant), deren Deformation durch die fluiden Phasendrücke entweder vernachlässigbar klein ist, oder äußere Krafteinwirkungen führen zur

Tab. 3.1 Einteilung der Sedimente nach Korngrößenklassen

Einteilung in Korngrößenklassen

Bezeichnung		Äquivalentdurchmesser	
		µm	mm
Blöcke, Steine			> 63
Kies	Grobkies		20 … 63
	Mittelkies		6,3 … 20
	Feinkies		2,0 … 6,3
Sand	Grobsand	630 … 2000	0,063
	Mittelsand	200 … 630	⋮
	Feinsand	63 … 200	2,0
Schluff	Grobschluff	20 … 63	0,002
	Mittelschluff	6,3 … 20	⋮
	Feinschluff	2,0 … 6,3	0,063
Ton	Grobton	0,63 … 2,0	< 0,002
	Mittelton	0,2 … 0,63	
	Feinton	< 0,2	

Tab. 3.2 Schwankungsbereiche von Porosität und Lagerungsdichte

Schwankungsbereiche für Porosität n und Lagerungsdichte ρ_s		
Boden/Sediment	n %	ρ_s g/cm^3
Sandböden	30–45	1,2–1,6
Lehmböden	28–55	1,2–1,9
Schluffböden	40–55	1,2–1,5
Tonböden	50–65	0,9–1,3
Organische Böden	60–90	0,15–0,5

Zerstörung der bestehenden Struktur, so dass eine neue Bestimmung der Größen (3.1) bis (3.4) vorgenommen werden muss.

Das in dem Gesamtvolumen V_t enthaltene Wasservolumen wird als volumetischer Wassergehalt [m^3 m^{-3}] bezeichnet und durch die folgende Beziehung

$$\theta = \frac{V_w}{V_t} \tag{3.5}$$

definiert. θ kann maximal die Größe der Porosität annehmen, wenn das Medium vollständig mit Wasser gesättigt ist, dann wäre nämlich in Gl. (3.1) $V_a = 0$. Oftmals wird der Wassergehalt auch in % angegeben, d. h. der Quotient in (3.5) wird noch mit (100 %) multipliziert. Es lässt sich nun noch der Grad der Wassersättigung S_w [−] definieren als

$$S_w = \frac{\theta}{n}, \quad 0 \leq S_w \leq 1. \tag{3.6}$$

Im Falle gesättigter Strömungen bildet die Wasserphase einen zusammenhängenden Bereich (Kontinuum) und bewegt sich unter dem Einfluss von Schwerkraft, hydrostatischem Druckgefälle oder anderen äußeren Kräften (z. B. Wasserentnahme durch Pumpen). Der Porenraum ist vollständig gesättigt, es gilt also $\theta = n =$ konstant und $S_w = 1$. Die Luftphase ist mit Ausnahme der mit dem Wasser transportierten mikroskopisch kleinen Luftblasen nicht mehr vorhanden und vernachlässigbar. Da nicht alle Poren am Transport von Wasser teilnehmen, weil einige von ihnen isoliert von den anderen existieren und – wenn sie einmal ausgetrocknet sind – nicht mehr vom Wasser zu benetzen sind, spricht man auch von einer effektiven Porosität n_e für das stets durchströmbare Porenvolumen, und es ist $n_e \leq n$.

Im ungesättigten porösen Medium können dagegen Luft- und Wasserphase ein Kontinuum bilden, und der volumetrische Wassergehalt (oft auch als Bodenfeuchte bezeichnet) bewegt sich zwischen zwei Grenzwerten, $\theta_r \leq \theta \leq \theta_s$. Mit θ_r bezeichnet man den residualen Wassergehalt als eine Größe, die den nach längerer Entwässerung in Porenwinkeln und -enden verbleibenden Wasseranteil kennzeichnet, der nicht auf natürliche Weise das System verlassen kann. Der Wassergehalt bei völliger Porenraumsättigung θ_s ist immer etwas geringer als die Porosität, da aufgrund der komplizierten und unbekannten Porenraumgeometrie angenommen werden muss, das nicht das gesamte Porenvolumen mit der Wasserphase benetzt werden kann. Der Einfachheit halber werden jedoch oft beide Größen gleichgesetzt. In diesem Zustand des dreiphasigen Systems Boden-Wasser-Luft stellt dann die Luftphase ebenfalls ein Kontinuum dar, und sie kann sich in Bewegung befinden; die Bewegung der Wasserphase in der ungesättigten Zone wird neben der Schwerkraft und einem hydrostatischem Druckgefälle durch den Kapillardruck induziert, der für ungesättigte Strömungen eine entscheidende Rolle spielt und im folgenden Abschnitt erläutert werden soll.

3.2 Ungesättigte Zone

3.2.1 Druck- und Sättigungsverhältnisse

Betrachtet man einen mikroskopischen Ausschnitt des Systems, in dem die fluiden Phasen untereinander und mit der festen Phase in Kontakt stehen, s. Abb. 3.3, so lässt sich mit Hilfe von Young's Gleichung eine Relation zwischen den verschiedenen Oberflächenspannungen σ [N m^{-1}] auf den dazugehörigen Phasengrenzflächen bei einem angenommenen Gleichgewichtszustand herstellen,

$$\cos \gamma = \frac{\sigma_{\text{snw}} - \sigma_{\text{sw}}}{\sigma_{\text{nww}}}, \tag{3.7}$$

in der γ der Kontaktwinkel zwischen den einzelnen Phasengrenzflächen ist, und die verschiedenen Indizes für Luft (*nw*), Wasser (*w*) und Sediment (*s*) stehen. Diese Relation ist Ausdruck einer freien Oberflächenenergie, gebildet aus der Differenz jener Kräfte, welche ein Molekül ans Phaseninnere binden, zu denjenigen, welche es über die Grenzfläche hinweg bewegen. Ist $\gamma < 90°$, bezeichnet man das Fluid als netzend (wetting, Index *w*), dies trifft auf die Wasserphase zu (s. Abb. 3.3). Für $\gamma > 90°$ spricht man von

Abb. 3.3 Phasengrenzfläche zwischen Wasser-, Luft- und Sediment

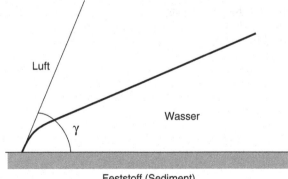

nicht netzenden (non wetting, Index *nw*) Fluiden, wie es für die Luftphase im ungesättigten System der Fall ist. Die Benetzungsverhältnisse an den Phasengrenzflächen, insbesondere zwischen Sedimentpartikeln und Wasser, sorgen also für die Haftung von Wassermolekülen (Adhäsion) bzw. für deren Weitertransport.

In den Fluiden auf beiden Seiten der Grenzfläche herrschen verschiedene Drücke, deren Differenz auch als Kapillardruck p_c bezeichnet wird,

$$p_c = p_{nw} - p_w \left[\text{Nm}^{-2} \right], \tag{3.8}$$

mit $p_{nw} = p_{Luft}$ und $p_w = p_{Wasser}$. Stellt man sich z. B. das poröse Medium als ein Bündel von zylindrischen Kapillaren bzw. Röhren vor (Zaradny 1993), dann lässt sich der Kapillardruck auch entsprechend der folgenden Abb. 3.4 erklären.

In der Röhre mit einem hinreichend kleinen Durchmesser *2r* [m] wird das Wasser auf eine Höhe *h* [m] angehoben, und die dafür verantwortliche Kraft F_{kap} [N] kann durch folgende Gleichung beschrieben werden,

$$F_{kap} = \sigma \cos \gamma 2\pi \text{r}, \tag{3.9}$$

wobei σ für die Oberflächenspannung des Wassers, γ für den Kontaktwinkel zwischen der Wasserphase und der festen Phase und $2\pi r$ für den Umfang der Wasser-Luft-Kontaktfläche stehen. Adhäsive Kräfte zwischen dem Wassermolekül und der Poren-wandung erzeugen die typischen Menisken, gekrümmte Wasser-Luft-Grenzflächen, und sind für den gegen die Schwerkraft gerichteten Aufstieg des Wassers in der Kapillare verantwortlich. Je kleiner die Porenradien sind, desto kleiner wird auch der Kontaktwinkel und mit ihm wächst die Adhäsion (als dominierende Kraft gegenüber der Kohäsion). Die Folge ist eine höhere Anhebung des Wassers in der Pore. Letztlich ist also die Oberflächenspannung des Wassers (auch versinnbildlicht durch die gekrümmte Grenzfläche zwischen Luft und Wasser) der Grund für die Ausbildung der Kapillarkraft, und sie ist mit 72.75×10^{-3} Nm^{-1} bei 20 °C weit größer als bei anderen Flüssigkeiten.

Abb. 3.4 Kapillarwirkung einer einzelnen zylindrischen Pore

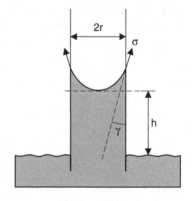

Nimmt man an, dass die Kräfte, die die Anhebung des Wassers in der Kapillare auf die Höhe h bewirken, im Gleichgewicht mit dem entsprechenden Gewicht des Wassers in der Kapillare stehen, dann folgt daraus die Beziehung

$$\sigma \cos \gamma 2\pi r = \pi r^2 \rho_w g h, \qquad (3.10)$$

wobei ρ_w die Dichte des Wassers [1000 kg m^{-3}] und g [9.8 m s^{-2}] die Gravitationskonstante bedeuten. Die Höhe h wird deshalb auch als hydraulische Höhe oder Gesamtpotential bezeichnet. Durch Umstellen der Gleichung nach h gelangt man zu einer einfachen, aber grundlegenden Gleichung für den kapillaren Aufstieg

$$h(r) = \frac{2\sigma \cos \gamma}{\rho_w g r}, \qquad (3.11)$$

mit $h(r)$ als einer Funktion der kapillaren Steighöhe in Abhängigkeit vom Radius der Kapillare. Dadurch, dass der Radius im Nenner der Gleichung steht, wird deutlich, dass sich die Steighöhe mit kleiner werdenden Radien erhöht, bzw. mit größer werden Radien abnimmt. Setzt man z. B. für die Größen σ, ρ_w, und g die entsprechenden Zahlenwerte ein und nimmt an, dass der Kontaktwinkel γ sehr klein (nahe Null) und damit $cos\ \gamma = 1$ ist, dann ergibt sich eine sehr einfache Relation zur Abschätzung dieser Steighöhe, nämlich

$$h(r) \cong \frac{1.5 \times 10^{-1}}{r} [\text{cm}]. \qquad (3.12)$$

Diese Steighöhe kann auch als Betrag der Saugspannung ψ [m] bezeichnet werden, wobei mit dem Wort ausgedrückt werden soll, dass das Wasser in einem Kapillarsystem gegen die Wirkung der Schwerkraft „angesaugt" bzw. „hochgesaugt" werden kann. Die physikalisch korrekte Definition dieser Saugspannung ergibt sich aus Gl. (3.8),

$$p_c = p_{Luft} - p_{Wasser} = \psi \rho_w g, \qquad (3.13)$$

in der ψ die Saugspannung ist, bzw. aus der nach ψ umgestellten Gleichung

$$\psi = \frac{p_c}{\rho_w g}. \qquad (3.14)$$

Wenn man, wie allgemein bei der quantitativen Beschreibung der Wasserbewegung im Boden bzw. in der ungesättigten Zone angenommen wird, den Luftdruck p_{Luft} jedoch vernachlässigt und Null setzt, dann geht aus Gl. (3.13) hervor, dass der Kapillardruck p_c negativ werden muss, und entsprechend Gl. (3.14) die Saugspannung definiert wird durch

$$\psi = -\frac{p_w}{\rho_w g}.$$ (3.15)

In der englischsprachigen Literatur wird ψ auch als „pressure head", d. h. Druckhöhe bezeichnet, was aus der Dimensionsanalyse der Beziehungen (3.14) bzw. (3.15) deutlich wird.

Im makroskopischen Maßstab sind die Phasengrenzflächen sehr komplexe Gebilde und lassen keinen analytischen Bezug zu geometrischen Größen zu. Unter der Annahme, dass ein räumlicher Ausschnitt aus einem porösen Medium eine stochastische Verteilung von Kapillaren bzw. Kugelpackungen darstellt, müssen statt exakter geometrischer Beziehungen über diesen Raumausschnitt gemittelte Relationen aufgestellt werden.

Eine dieser Relationen betrifft das Verhältnis zwischen Wassersättigung S_w und Saugspannung bzw. Kapillardruck. Um einer Kapillare Wasser zu entziehen, müssen sich die Druckverhältnisse der Luft- bzw. Gasphase zwischen der Wasseroberfläche und dem tiefer gelegenen Wasserreservoir (siehe Abb. 3.4) verändern, und damit verändert sich auch der jeweilige Wassergehalt. Wenn man z. B. eine ungestörte Bodenprobe langsam und vorsichtig und über längere Zeit in Wasser taucht, so entweicht die Bodenluft, und die Poren werden vollständig mit Wasser gefüllt, d. h. die Wassersättigung wird zu $S_w = 1$ und der Kapillardruck bzw. die Saugspannung werden zu Null. Wie bereits oben erwähnt, gibt es Poren, die nicht vom Wasser erreicht werden können (so genannte „dead end"-Poren), so dass sich bei voller Wassersättigung nicht der gesamte, sondern nur der vom Wasser effektiv erreichbare Teil dieses Porenraumes gefüllt hat, deshalb spricht man auch von der so genannten effektiven Porosität n_e. Diese so gefüllte Probe kann nun wieder entwässert werden, indem an ihrer Unterseite eine Saugspannung $-\psi$ angelegt und diese immer dann stufenweise erhöht wird, wenn sich ein Gleichgewichtszustand eingestellt hat. Dabei gibt die Probe in jeder Stufe ein bestimmtes Volumen an Wasser ab, d. h. die Wassersättigung innerhalb der Probe sinkt. Man kann also eine Beziehung zwischen der jeweiligen Wassersättigung und der dazugehörigen Saugspannung herstellen, die als Sättigungs-Saugspannungskurve $- \theta(\psi)$ bzw. die Umkehrfunktion $\psi(\theta)$ – oder als Wasserretentionskurve bezeichnet wird (Bohne 2005). In der Abb. 3.5 sind diese exemplarisch für drei Sedimente (Kies, Sand und Lehm) dargestellt.

Nicht unerwähnt bleiben darf der Umstand, dass die hydraulischen Verhältnisse bei Entwässerung und Bewässerung nicht identisch sind, weil hierbei der so genannte „Flaschenhalseffekt" zum Tragen kommt (siehe Abb. 3.6), der durch die Ungleichförmigkeit der Porenkanäle entsteht.

Die daraus resultierenden verschiedenen Kurvenverläufe sind schematisch in Abb. 3.7 dargestellt. Sie zeigen die Verläufe der Grenzkurven, die sich bei durchgängiger Be- oder Entwässerung ergeben, sowie die hypothetischen Kurvenverläufe bei stets abwechselnden Fließrichtungen des Wassers.

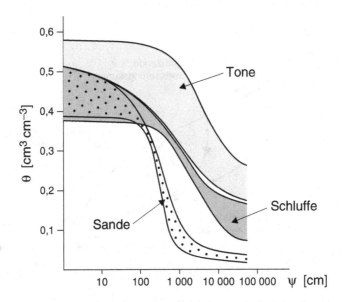

Abb. 3.5 Wasserretentionskurven für Kies, Sand und Lehm (nach Hartge und Horn 1992)

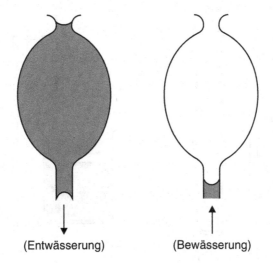

Abb. 3.6 Flaschenhalseffekt

3.2.2 Labor- und Feldmessungen der Saugspannung und Wassersättigung

Zur Bestimmung der Saugspannung werden sowohl im Labor als auch im Feld Tensiometer eingesetzt. Diese bestehen aus einem porösen Hohlkörper (Keramik, Kunststoff), welcher an einem Ende mit einem Standrohr und am anderen mit einem Druckaufnehmer verbunden ist, (siehe Abb. 3.8).

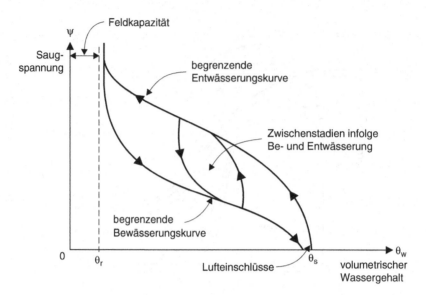

Abb. 3.7 Hysterese der Sättigungs-Saugspannungsfunktion

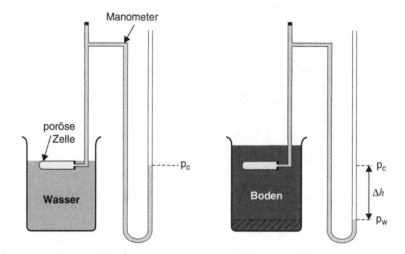

Abb. 3.8 Schema eines Tensiometers

Zu Beginn der Messung werden das Standrohr und der Keramikkörper mit Wasser gefüllt, und dann – wie in der Abbildung gezeigt – zumeist vertikal (ein horizontaler Einbau ist auch möglich) in das ungesättigte poröse Medium eingebaut. Dabei muss darauf geachtet werden, dass der Keramikkörper im engen Kontakt mit dem umgebenden Sediment steht, z. B. durch das Einschlämmen des Körpers. Das obere Ende des Messgeräts ist so konstruiert, dass keine Luft aus der Atmosphäre in das Rohr gelangen kann. Aufgrund der vor Ort wirkenden Kapillarkräfte wird dem Tensiometer so lange Wasser entzogen, bis sich ein hydrostatisches Gleichgewicht mit der Umgebung einstellt. Die Zeit bis zur Einstellung dieses Gleichgewichts kann zwischen einigen Sekunden bis zu 30 Minuten variieren.

Der in Abb. 3.8 im U-förmigen Manometer angezeigte Höhenunterschied Δz im Wasserstand entspricht der Differenz zwischen dem Luftdruck p_0 (definiert mit $p_0 = 0$) und dem Wasserdruck p_w, d. h. dem Kapillardruck (3.13), umgerechnet nach Gl. (3.14) bzw. (3.15), also der Saugspannung. Dadurch, dass der Wasserstand im Manometer unterhalb des Keramikkörpers des Tensiometers liegt, wird deutlich, dass diese Differenz bezogen auf die Messhöhe negativ ist, d. h. die Saugspannung ψ als eine negative Größe festgelegt wird (siehe Gl. 3.15). Auf diese Weise lassen sich mit mehreren Tensiometern im Feld Saugspannungen bzw. deren absolute Beträge in zeitlichen Abständen messen, jedoch sind diese Werte noch nicht miteinander vergleichbar, um beispielsweise örtliche Differenzen und daraus Gradienten zu berechnen, da die Messwerte möglicherweise auf verschiedenen Bezugsniveaus erhoben worden sein können. Deshalb wird ein so genanntes Gesamtpotential, die hydraulische Höhe h [m] definiert, welche sich aus der Höhe z [m] des eingebauten Keramikkörpers über einem einheitlichen Bezugsniveau (im Allgemeinen wird dafür NN verwendet) und der gemessenen Saugspannung zusammensetzt,

$$h = z + \psi = z + \frac{(-p_w)}{\rho_w g} \tag{3.16}$$

Die nachfolgende Abb. 3.9 illustriert diese hydraulische Höhe anhand von zwei unterschiedlich tief eingebauten Tensiometern. Der Keramikkörper des Tensiometers 1 befindet sich in der Höhe von 32 m über NN, der des Tensiometers 2 liegt bei 30 m über NN. Die gemessenen Saugspannungen betragen $\psi = -2$ m für das Tensiometer 1 und $\psi = -1$m für das Tensiometer 2. Daraus ergeben sich jetzt die miteinander vergleichbaren Gesamtpotentiale von $h_1 = 30$ m und $h_2 = 29$ m, und der hydraulische Gradient zwischen beiden Messpunkten beträgt $\Delta h = (h_1 - h_2)/L$, wobei L der horizontale Abstand zwischen beiden Tensiometern ist.

Moderne Tensiometer besitzen statt der oben schematisch skizzierten Manometer Druckaufnehmer und –wandler, mit denen die gemessenen Unterdrücke gleich in Längeneinheiten umgerechnet werden. Der Messbereich solcher Geräte erlaubt Saugspannungsbestimmungen bis – 800 hPa, was etwa $|\psi| = 800$ cm bedeutet. Bei noch größeren Saugspannungen kann es zum Eintritt von Luft in die Keramikkörper kommen, so dass dann das Tensiometer neu befüllt werden muss.

Die Messung des volumetrischen Wassergehalts θ im Labor kann gravimetrisch erfolgen, d. h. mit Hilfe der folgenden Formel

$$\theta = \frac{m - m_s}{m_s}, \tag{3.17}$$

Abb. 3.9 Beispiel für die
Bestimmung des hydraulischen
Gesamtpotentials und des
Gradienten

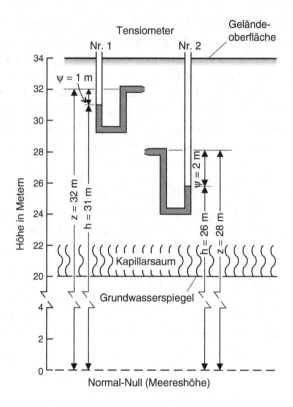

in der m die Masse [kg] der Bodenprobe bedeutet und m_s [kg] die Masse der Probe ist, welche bei 105 °C ca. 16 Stunden und länger getrocknet worden ist. Diese Bestimmung ist einfach, hat aber durch die anschließende Trocknung die Zerstörung der Probe zur Folge. Für die Messung des Wassergehalts im Feld kommen deshalb andere Verfahren zum Einsatz, z. B. über die Messung des elektrischen Widerstandes (Gipsblockmethode), die Nutzung von Gamma- oder Neutronensonden, oder die Verwendung von Bodenradarsonden (Kutilek und Nielsen 1994; Bohne 2005).

Die am meisten verbreitete Methode ist jedoch die Bestimmung des Wassergehalts mit Hilfe von TDR-Sonden (time domain reflectometry), (siehe Abb. 3.10. Sie basiert auf der Messung der Geschwindigkeit v [m s^{-1}] eines hochfrequenten (>1Ghz) elektrischen Signals in einem porösen Medium,

$$v = \frac{2L}{t} = \frac{c}{\sqrt{\varepsilon}}, \tag{3.18}$$

gemessen zwischen zwei Stäben, welche als Sender und Empfänger des Signals wirken, mit dem Abstand L [m] und der Laufzeit t [s] (vom Sender zum Empfänger und zurück); c bedeutet die Lichtgeschwindigkeit [m s^{-1}] im Vakuum und ε [−] eine relative

Abb. 3.10 TDR (time domain reflectory) Sonde zur Messung des volumetrischen Wassergehalts

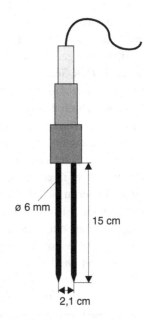

ø 6 mm

15 cm

2,1 cm

Dielektrizitätskonstante (Bohne 2005). Bei gegebenem Abstand der beiden Stäbe kann die Laufzeit – von wenigen Nanosekunden – gemessen werden, woraus dann nach Gl. (3.22) die relative Dielektrizitätskonstante bestimmt werden kann. Letztere ist ein Maß für die elektrische Leitfähigkeit der Probe, in Luft beträgt ihr Wert 1, im Boden zwischen 2 und 5, im Wasser 80. Je höher also der Wassergehalt der Probe ist, desto langsamer kann sich das elektrische Signal ausbreiten. Topp und Reynolds (1992) formulieren einen mathematischen Zusammenhang zwischen θ und ε mit Hilfe der folgenden Regressionsgleichung

$$\theta = -0.053 + 0.0291\varepsilon - 5.5 \times 10^{-4}\varepsilon^2 + 4.3 \times 10^{-6}\varepsilon^3, \qquad (3.19)$$

so dass letztlich aus der Messung der Laufzeit die vom Wassergehalt abhängige relative Konstante ε und daraus der volumetrische Wassergehalt selbst berechnet werden können. Die Sonden müssen vor dem Feldeinsatz kalibriert werden und können dann für längere Zeit die für hydrologische Wasserbilanzen notwendigen Informationen liefern. Neuere Entwicklungen haben dazu geführt, dass TDR-Sonden nicht nur die Laufzeit des elektrischen Signals, sondern auch seine Dämpfung bestimmen können, die in Relation zur elektrischen Leitfähigkeit der Umgebung steht. Dadurch lassen sich dann auch Rückschlüsse auf den Salzgehalt des Bodens ziehen.

Wie im vorangegangenen Abschnitt beschrieben, kann man Böden (stellvertretend genannt für variabel gesättigte poröse Medien) durch ihre hydraulischen Eigenschaften charakterisieren, von denen die Wasserretentionskurven am bedeutendsten sind. Die experimentelle Bestimmung dieser Kurven ist mit Hilfe von Messungen verschiedener

Saugspannungen und dazugehöriger volumetrischer Wassersättigungen möglich (Bouwer und Jackson 1973; Dirksen 1999). Im Prinzip funktioniert dies auch unter Feldbedingungen, wenn man sich vorstellt, dass in gleichen Tiefen sowohl Tensiometer als auch TDR-Sonden eingebaut werden, die dann möglichst zeitgleich und in derselben Frequenz ihre Daten liefern. Aus einem x-y-Plot dieser Wertepaare können dann die Kurven grafisch dargestellt werden. Jedoch ist diese Anwendung mit einigen Problemen behaftet: zum einen werden *in situ* selten die gesamten Variationsbreiten der Saugspannung und der Wassersättigung gemessen, die Effekte der Hysterese können die Messungen permanent beeinflussen und überlagern, die Auswirkungen der Temperatur und vor allem ihrer Schwankungen auf die Messungen sind von einiger Bedeutung, die Sonden können sich gegenseitig beeinflussen und somit die Messwerte verfälschen, und letztendlich ist es schwierig festzustellen, ob sich auf bestimmten Stufen der Saugspannung ein Gleichgewicht hergestellt hat oder nicht. Aus diesem Grunde werden die Wasserretentionskurven im Labor bestimmt.

Zunächst werden die Proben in Stechzylindern mit einem Volumen von 100 bzw. 250 cm^3 aus dem natürlichen Sediment entnommen. Durch vorsichtiges Aufsättigen der Proben – wobei durch ein entsprechend angeordnetes Gefäß das Wasser von unten bis zur Probenoberkante aufsteigen muss, um Lufteinschlüsse auszuschließen – lässt sich die Gesamtmasse m_t der gesättigten Probe bestimmen.

Zur Ermittlung der Retentionskurven gibt es nun mehrere Methoden, die im Prinzip ähnlich sind und sich vor allem durch technische Details unterscheiden, auf die hier nicht weiter eingegangen werden soll. Zwei verschiedene Prinzipe sind in der nachfolgenden Abb. 3.11 dargestellt.

Die aufgesättigte Probe wird auf ein durchlässiges, aber gering permeables Medium (feiner Sand, Schluff, Gips, Keramik) gestellt, und durch Anlegen eines künstlichen Unterdrucks (funktioniert bei Keramik- oder Gipsplatten) bzw. eine so genannte hängende Wassersäule wird eine konstante Saugspannung auf die Probe übertragen. Wenn sich ein hydrostatisches Gleichgewicht eingestellt hat, wird die Probe kurz abgenommen und gewogen. Die Masse der Probe nimmt bei jedem Schritt ab, und die jeweilige Differenz resultiert aus der Verringerung des Wasservolumens bei ansteigender Saugspannung.

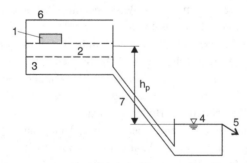

Abb. 3.11 Schema zur Bestimmung der Retentionsfunktion (pF-WG) im Labor: 1 Bodenprobe, 2 poröses Material, 3 wassergefüllter Behälter, 4 einstellbarer Wasserspiegel, 5 Auslauf, 6 Abdeckung zur Verhinderung der Evaporation, 7 Schlauch (nach Bohne 2005)

Dann setzt man den Versuch fort, indem der Unterdruck erhöht bzw. die Wassersäule verlängert und damit ebenfalls der Betrag der Saugspannung auf ein höheres Niveau gehoben wird. Während dieser Versuche sollten die Temperatur konstant gehalten und außerdem dafür gesorgt werden, dass kein Wasser aus der Probe verdunsten kann.

In der bodenkundlichen Praxis haben sich für die Durchführung derartiger Versuche bestimmte Werte bzw. Stufen der Saugspannung als relevant ergeben. Man beginnt mit einer Saugspannung von $\psi = -10$ cm. Da die Saugspannung sehr große (negative) Werte annehmen kann, wird stattdessen auch der dekadische Logarithmus, der pF-Wert verwendet,

$$pF = \log(-\psi). \tag{3.20}$$

Für die erste Stufe bedeutet dies $pF = 1$, nächste Stufen mit $\psi = -20$cm ($pF = 1.3$), $\psi = -40$cm ($pF = 1.6$), und $\psi = -100$cm ($pF = 2$) folgen. Die Erzeugung noch höherer Saugspannungen erfordert immer feineres Material für die Platte, auf der die Probe steht, oder die Verwendung von Unterdruck bzw. Vakuumpumpen (Hendriks 2010). Ein pF-Wert zwischen 1.7 und 2.5 repräsentiert die so genannte Feldkapazität eines Bodens, eine Saugspannung, bei der das Wasser nicht mehr frei, d. h. der Schwerkraft folgend in tiefere Zonen versickern kann, sondern gegen sie sozusagen ‚in Schwebe‘ gehalten wird. Dieser Wert ist abhängig von der Struktur und Textur eines Bodens und gilt vor allem als Schätzwert, der keine bodenphysikalische Grundlage besitzt (Bohne 2005). Als höchster pF-Wert wird im Allgemeinen $pF = 4.2$ ($\psi = -15850$ cm) angenommen, der so genannte permanente Welkepunkt. Man definiert ihn als den Wassergehalt, bei dem Pflanzen dem Boden kein Wasser mehr entziehen können und demzufolge verwelken.

Abschließend wird entsprechend der oben beschriebenen Trocknung bei 105 °C über einen Zeitraum von 24 Stunden das restliche Wasser aus der Probe entfernt. Die völlig lufttrockene Probe hat jetzt die Masse m_s, und aus der Differenz $(m_t - m_s)$ zur ursprünglichen Masse der aufgesättigten Probe kann man unter der Annahme konstanter Dichte ($\rho_w = 1000$ kgm^{-3}) das Wasservolumen V_w bei völliger Sättigung berechnen, und daraus die Porosität n und dem Wert θ_s (siehe Abschn. 3.2). Verfährt man so auch mit den während des Versuchs ermittelten Massen der ungesättigten Probe, dann erhält man je Schritt i einen Wert des volumetrischen Wassergehalts θ_i, dem eine Saugspannung ψ_i zuzuordnen ist. Aus diesen Wertepaaren setzt sich dann die gemessene Wasserretentionskurve $\theta(\psi)$ bzw. $\psi(\theta)$ zusammen. Substituiert man die Saugspannung durch den pF-Wert, wird diese Kurve auch als pF-WG-Kurve bezeichnet. Ein vergleichbares Verfahren zur Bestimmung dieser Zusammenhänge besteht darin, dass die Proben mit jeweils 2 vertikal übereinander angeordneten Minitensiometern ausgestattet und nach vollständiger Aufsättigung der freien Verdunstung ausgesetzt werden. In regelmäßigen Abständen werden die Proben gewogen, so dass dann die Ermittlung der Wassergehalte und die Zuordnung zu den kontinuierlich gemessenen Saugspannungen erfolgen können. Natürlich sind die bei solchen Versuchsanordnungen gemessenen Saugspannungen nicht in der Höhe zu erwarten, wie es bei der Anlegung künstlicher Unterdrücke gelingt.

Mit Hilfe der übereinander platzierten Tensiometer kann man aber zusätzlich den aufwärts gerichteten ungesättigten Bodenwasserfluss bestimmen und zur Versuchsauswertung hinzuziehen.

Die auf diese Weise ermittelten Wertepaare (ψ, θ) bilden eine diskrete, d. h. durch einige Punkte darstellbare Messkurve der Sättigungs-Saugspannungsfunktion. Für viele Anwendungen, z. B. die Simulation ungesättigte Strömungen, ist es aber notwendig, auch die zwischen diesen Punkten liegenden Wertepaare zu kennen, d. h. die aus den Messungen gewonnenen Informationen zu verdichten. Dazu werden die durch Messungen gewonnenen diskreten Wertepaare durch analytische Funktionen angepasst.

3.2.3 Bodenwasserhaushalt (Lysimeter)

Die Messung einzelner Größen des Wasserhaushalts in der ungesättigten Zone wie z. B. die Infiltrationsrate bzw. der kapillare Aufstieg sind nicht ohne weiteres möglich. Zum einen sind diese Komponenten nicht direkt messbar, sondern müssen aus Saugspannungs- bzw. Wassergehaltsmessungen berechnet werden. Zum anderen erhält man durch Messgeräte wie Tensiometer bzw. TDR-Sonden nur lokale Werte, deren repräsentative Volumen nicht oder nur ungenügend genau bekannt sind. Zur Ermittlung summarischer Bilanzgrößen für ein Bodenprofil bzw. einen Standort müssen also integrale Werte gefunden werden, und diese Integration über eine bestimmte Tiefe ist dann nur mit Hilfe mehrerer Sonden möglich, was erhebliche Kosten und einen entsprechenden Wartungsaufwand zu Folge hat.

Eine Möglichkeit zur Bestimmung der wesentlichen Wasserhaushaltsgrößen auf ungesättigten bzw. teilgesättigten Standorten besteht in der Verwendung so genannter Lysimeter. Eine detailierte Übersicht über verschiedene Lysimetertypen und deren Funktionsweisen wird in Abdou und Flury (2004) gegeben.

Lysimeter bestehen aus einem ungestörten – das bedeutet aus dem Boden *in situ* gestochen – oder künstlich geschütteten Bodenmonolithen, der in einer zumeist aus Edelstahl bestehenden zylindrischen Hülle gefasst wird. Die Gewinnung größerer Monolithe von Feld- bzw. Waldstandorten ist bereits ein aus technischer Sicht nicht einfaches Unterfangen, da die Abmaße von Lysimetern und deren Masse beträchtlich sind. Ihre Höhe beträgt zwischen einem und 2 m, die Querschnittsfläche ca. 2 m^2, die Masse inkl. Stahlzylinder liegt bei 3 t und mehr (Klotz 2004; UGT 2009).

Direkt neben dem Lysimeter wird der Niederschlag N [mm] mit einem Hellmann-Niederschlagsmesser ermittelt, so dass die Nettozufuhr an Wasser bekannt ist. Das im Lysimeter befindliche Wasservolumen kennt man im Allgemeinen nicht, seine zeitliche Änderung ΔW [mm] aber lässt sich durch Wägung bestimmen. Moderne Lysimeteranlagen verwenden sehr empfindliche Wägezellen, die im Genauigkeitsbereich von 1–5 g arbeiten. Da die Dichte des Wasser $\rho = 1000$ [kg m^{-3}] beträgt, lässt sich die Änderung der Masse leicht in [mm] umrechnen, 1 kg Masse entspricht 1 mm. Das aus dem Lysimeter versickernde Volumen S [mm] kann durch Auffangen einfach bestimmt werden, so dass die Bilanz bzw. Wasserhaushaltsgleichung folgendermaßen geschrieben werden kann

$$N - ET_{real} - S = \Delta W. \tag{3.21}$$

Da von den vier Größen in Gl. (3.21) drei gemessen werden, lässt sich die reale Evapotranspiration ET_{real} einfach als Restglied ermitteln, gleiches gilt natürlich auch für die Bestimmung der Evaporation ET bei unbewachsenen Lysimetern. Im Allgemeinen werden die Bilanzgrößen stündlich erhoben (bei Forschungslysimetern natürlich auch in wesentlich kleineren Abständen), und man kann so Informationen über die zeitliche Dynamik des Bodenwasserhaushalts gewinnen. Die nachfolgende Abb. 3.13 zeigt einen kurzen Ausschnitt aus einer solchen Zeitreihe, mit der die Beträge der Verdunstung und eines anschließenden Niederschlagsereignisses registriert und quantifiziert werden konnten.

Die genauere Untersuchung und Quantifizierung des Wasser- und Stofftransports in Lysimetern als Modell für reale Bodenverhältnisse unter Feldbedingungen erfordert den Einbau weiterer Messgeräte (siehe Abb. 3.12) und die mathematische Simulation dieser Prozesse, wobei durch den Vergleich von Messwerten und Modellergebnissen

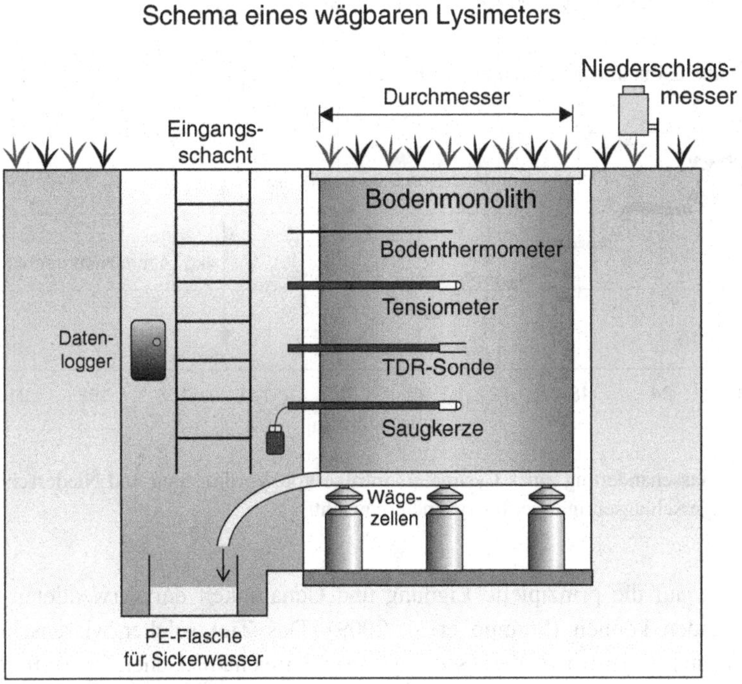

Abb. 3.12 Schematischer Aufbau eines wägbaren Lysimeters

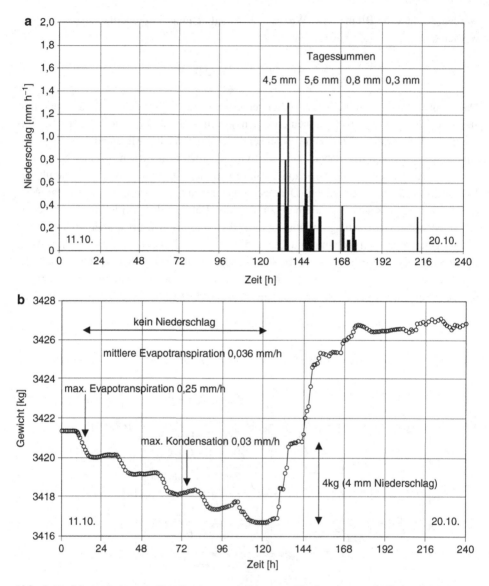

Abb. 3.13 Massenänderung eines Lysimeters infolge von Verdunstung und Niederschlag (UGT 2009): **a**) Niederschlagsereignisse, **b**) Lysimetergewicht

Rückschlüsse auf die prinzipielle Eignung und Genauigkeit der verwendeten Modelle gezogen werden können (Stumpp et al. 2009). Das Ziel solcher wissenschaftlichen Studien ist eine schrittweise Verbesserung unserer mechanistischen Vorstellungen und Prozesskenntnisse.

3.3   Strömungen in porösen Medien

3.3.1   Darcy-Gesetz

Wie bereits im Abschn. 3.3 erläutert, kann man sich die Strömung in porösen Medien auch als Wasserfluss durch Kapillaren vorstellen, wobei der Wasserfluss durch diese Röhren im Allgemeinen laminar ist, d. h. mit geringen Geschwindigkeiten und ohne Turbulenz zu erzeugen. Dabei bewegt sich das Wasser unter der Wirkung von Schwerkraft und Druck. Hagen und Poiseuille formulierten für die Durchströmung einer horizontalen Kapillare die folgende Beziehung

$$Q = \frac{\rho_w g \pi}{8\mu} r^4 \frac{H_2 - H_1}{L},$$ (3.22)

in der Q das Volumen des durchfließenden Wassers pro Zeiteinheit [m^3 s^{-1}], H_1 und H_2 die hydraulischen Höhen (siehe Gl. 3.16) an beiden Enden der Kapillare [m], L die Länge der Kapillare und r ihr Radius [m], ρ_w die Dichte des Wassers [kg m^{-3}], g die Erdbeschleunigung [9.8 m s^{-2}], und η die dynamische Viskosität [kg m^{-1} s^{-1}] darstellen (Bear 1972; Bohne 2005). Der Durchfluss ist also proportional zur vierten Potenz des Radius, was bedeutet, dass kleine Änderungen des Radius große Auswirkungen auf den Durchfluss haben können. Bezieht man das auf die Fließgeschwindigkeit in der Kapillare, so ist diese durch

$$v_m = \frac{Q}{\pi r^2} = \frac{\rho_w g}{\mu} \frac{r^2 (H_2 - H_1)}{8L}$$ (3.23)

bestimmt, d. h. sie ist proportional zum Quadrat des Radius. Die in (3.23) definierte Größe v_m ist eine mittlere Fließgeschwindigkeit, weil sich bei laminarer Strömung in der Kapillare eine parabolische Verteilung der Geschwindigkeit ergibt, d. h. die maximale Geschwindigkeit tritt in der Mitte der Kapillare auf, während an den Röhrenwandungen durch Haftung die Geschwindigkeit gegen Null geht.

Diese Beschreibung im Mikroskalenbereich können auf natürliche Verhältnisse kaum übertragen werden, da die Durchmesser in Klüften und Hohlräumen stark schwanken, und sich die Geschwindigkeiten in den einzelnen Porenkanälen gegenseitig beeinflussen (Mull und Holländer 2002). Wiederum werden über ein bestimmtes Volumen gemittelte Größen betrachtet, um die Prozesse auf makroskopischer Skala zu beschreiben (Hassanizadeh und Gray 1979a).

Das Darcy-Gesetz beschreibt die stationäre Durchströmung einer sandgefüllten Box, und es verdankt seine Formulierung dem Ingenieur Henri P.G. Darcy (1803–1858), der folgendes Experiment durchführte, Abb. 3.14.

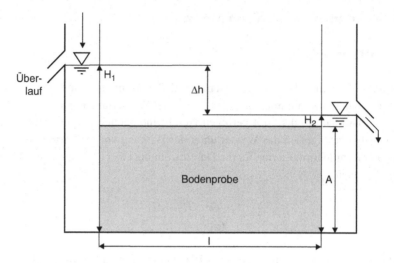

Abb. 3.14 Schematische Darstellung eines Darcy-Experiments

Die Box mit einer Länge L [m] und einem Querschnitt A [m^2] wird aufgrund der an beiden Seiten angelegten unterschiedlichen Wasserstände bzw. hydraulischen Druckhöhen h_1 und h_2 [m] durchströmt, und Darcy fand heraus, dass sich das ausströmende Volumen Q [m^3 s^{-1}] proportional zum Gefälle des Wasserstandes $\Delta h = h_2{-}h_1$ (gleichbedeutend mit der hydraulischen Höhe) bzw. zur Querschnittsfläche A verhält: je größer Δh (bzw. A), desto größer der Durchfluss. Bleibt der Querschnitt konstant, und definiert man den Durchfluss Q als Produkt aus mittlerem Abfluss q [m s^{-1}] und (konstantem) Querschnitt A, dann ergibt sich daraus die folgende Relation

$$Q = A \cdot q \approx -A \frac{h_2 - h_1}{L} = -A \frac{\Delta h}{L}, \qquad (3.24)$$

in der $\Delta h/L$ den hydraulischen Gradienten darstellt, der ein negatives Vorzeichen erhält, weil $h_1 > h_2$ ist. Um diese Proportionalität in eine Gleichung umzuformen, muss ein Proportionalitätsfaktor K mit der Dimension [m s^{-1}] eingeführt werden, so dass

$$Q = -KA \frac{\Delta h}{L}, \qquad (3.25)$$

bzw. der mittlere Abfluss q des die Box durchströmenden Wassers

$$q = \frac{Q}{A} = -K \frac{\Delta h}{L} \qquad (3.26)$$

sind. Da A der Gesamtquerschnitt der durchströmten Box ist, und nicht nur der Querschnitt aller wasserführenden Poren, ist q auch nicht die Fliessgeschwindigkeit selbst, sondern ein spezifischer oder mittlerer Abfluss, bezogen auf den Gesamtquerschnitt; q wird auch als Darcy-Geschwindigkeit oder Filtergeschwindigkeit in der Literatur bezeichnet. Die so genannte Abstandsgeschwindigkeit v errechnet sich dann aus dem Quotienten aus q und der effektiven Porosität n_e,

$$v = \frac{q}{n_e},$$
(3.27)

und stellt die effektive Fliessgeschwindigkeit dar. Die Gl. (3.25) bzw. (3.26) werden das Darcy-Gesetz genannt, welches die Impulserhaltung eines strömenden Fluids im porösen Medium beschreibt (Bear 1979). In differentieller Schreibweise (d. h. bei einem Grenzübergang $L = \Delta x \to 0$ zu infinitesimal kleinen räumlichen Abständen) lässt sich das Darcy-Gesetz für den eindimensionalen Fall folgendermaßen schreiben

$$q = -K \frac{\partial h}{\partial x}$$
(3.28)

Der Proportionalitätsfaktor K wird als hydraulische Leitfähigkeit bezeichnet, und lässt sich auch wie folgt definieren:

$$K = k \frac{\rho_w g}{\eta},$$
(3.29)

wobei neben den bekannten Größen wie die Dichte des Wassers (ρ_w), die Erdbeschleunigung (g) und die dynamische Viskosität (η) mit k [m^2] die Permeabilität des porösen Materials eingeht (Bear 1972; Hassanizadeh und Gray 1979a). Die hydraulische Leitfähigkeit ist sowohl vom porösen Medium als auch von den Fluideigenschaften abhängig. Die dynamische Viskosität η ändert sich mit der Temperatur, und somit auch die hydraulische Leitfähigkeit; die Permeabilität k ist eine Gesteinseigenschaft, und damit ist auch K sedimentabhängig.

Seit seiner Entdeckung sind viele Versuche unternommen worden, die Gültigkeitsgrenzen des Darcy-Gesetzes zu prüfen bzw. zu erweitern. Die wesentliche Voraussetzung ist dabei die Existenz einer laminaren Strömung, was mit Hilfe der Reynoldszahl Re überprüft werden kann. Die Reynoldszahl Re definiert man folgendermaßen

$$\text{Re} = \frac{ql}{\nu},$$
(3.30)

wobei l eine charakteristische Länge [m], z. B. die des durchströmten Volumens, q die Strömungsgeschwindigkeit und v die kinematische Viskosität [für Wasser 10^{-6} m^2 s^{-1} bei 20 °C] sind. Solange die Reynoldszahl unterhalb der kritischen Schwelle Re < 10 bleibt, verläuft die Strömung laminar. Vereinfacht bedeutet dies, dass alle Flüssigkeitsteilchen in die Hauptströmungsrichtungen fließen und keine Quervermischung stattfindet.

Der K-Wert – in der hydrogeologischen Literatur auch als k_F-Wert bezeichnet – wird in erster Linie als ein sedimentspezifischer Parameter angesehen, der für die Durchströmung gesättigter poröser Medien Gültigkeit hat, Temperatureinflüsse werden in der Praxis meistens vernachlässigt (Todd 1959; Boersma 1965; Hartge und Horn 1992; Mull und Holländer 2002; Beyer 1964; Bohne 2005).

3.3.2   Kontinuitätsgleichung

Zur Beschreibung dieser Strömung formuliert man unter der prinzipiellen Voraussetzung des Erhaltes der Masse eine Bilanzgleichung für einen Volumenausschnitt, das so genannte Kontrollvolumen, wobei die wesentlichen Bilanzgrößen innerhalb eines bestimmten Zeitabschnitts die ein- und ausströmenden Wasservolumina sowie das im Kontrollvolumen gespeicherte Wasser sind, (siehe Abb. 3.15).

Das Kontrollvolumen hat die Form eines Würfels mit den Kantenlängen $\Delta x = \Delta y = \Delta z$ [alle in m], der Zeitabschnitt erstreckt sich ab dem Zeitpunkt t über ein bestimmtes Intervall $t + \Delta t$ [s]. Die in den Quader einströmenden und aus dem Quader ausströmenden Wasservolumina berechnen sich aus den an den Randflächen (in Gl. 3.31) durch die senkrechten Striche mit den tief gestellten Indizes x, $x + \Delta x$, y, $y + \Delta y$, z, $z + \Delta z$ charakterisiert) jeweils vorherrschenden Fliessgeschwindigkeiten q_x, q_y und q_z [m s^{-1}] multipliziert mit der Eintritts- bzw. Austrittsfläche [m^2], so dass die Volumenströme in

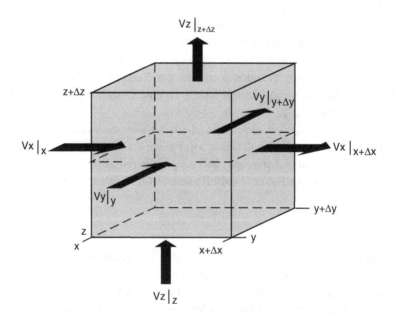

Abb. 3.15 Elementares Kontrollvolumen für die Strömung in porösen Medien

$[m^3\,s^{-1}]$ angegeben werden können. Die Sohle des Quaders sei undurchlässig, d. h. es kann weder Wasser ein- noch ausströmen. Die Bilanzgleichung kann nun folgendermaßen aufgestellt werden

$$\Delta t\left\{\left(\Delta z\Delta y q_x|_x\right)-\left(\Delta z\Delta y q_x|_{x+\Delta x}\right)+\left(\Delta z\Delta x q_y|_y\right)-\left(\Delta z\Delta x q_y|_{y+\Delta y}\right)\right.$$
$$\left.+\left(\Delta x\Delta y q_z|_z\right)-\left(\Delta x\Delta y q_z|_{z+\Delta z}\right)\right\}=S_s\Delta x\Delta y\Delta z(h_{t+\Delta t}-h)\tag{3.31}$$

Die Terme in der rechteckigen Klammer (linke Seite der Gleichung) stehen für die Flüsse in x-, y- und z-Richtung, während die rechte Seite der Gleichung die zeitliche Veränderung des Wasservolumens im Kontrollvolumen repräsentiert. Der Parameter S_s $[m^{-1}]$ ist ein spezifischer Speicherkoeffizient, h [m] ist die hydraulische Druckhöhe.

Wenn man Gl. (3.31) vereinfacht, indem man sie durch $\Delta x \cdot \Delta y \cdot \Delta z$ und durch Δt dividiert und dann kürzt, ergibt sich

$$\frac{(q_x|_x-q_x|_{x+\Delta x})}{\Delta x}+\frac{\left(q_y|_y-q_y|_{y+\Delta y}\right)}{\Delta y}+\frac{(q_z|_z-q_z|_{z+\Delta z})}{\Delta z}=S_s\frac{h_{t+\Delta t}-h_t}{\Delta t}\tag{3.32}$$

Die in Klammern stehenden Differenzen der Geschwindigkeiten in x-, y- und z-Richtung dividiert durch Δx, Δy bzw. Δz stellen im physikalischen Sinne Differenzenquotienten dar, die sich mathematisch als Ableitungen der Geschwindigkeiten nach x und y schreiben lassen, der zeitliche Differenzquotient der hydraulischen Druckhöhe auf der rechten Seite kann ebenfalls als eine Ableitung nach der Zeit geschrieben werden, so dass aus Gl. (3.32) die folgende Differentialgleichung wird

$$-\frac{\partial(q_x)}{\partial x}-\frac{\partial(q_y)}{\partial y}-\frac{\partial(q_z)}{\partial z}=S_s\frac{\partial h}{\partial t}.\tag{3.33}$$

Hier findet sich auf jeder Seite der Gleichung eine andere Unbekannte, links die Darcy-Geschwindigkeiten, rechts die hydraulische Druckhöhe, so dass die Lösung nur unter Hinzunahme einer weiteren Gleichung möglich wird. Diese besteht in der Darcy-Gl. (3.28), d. h. die Geschwindigkeitskomponenten q_x, q_y und q_z in (3.33) werden ersetzt durch

$$q_x=-K\frac{\partial h}{\partial x},\quad q_y=-K\frac{\partial h}{\partial y},\quad q_z=-K\frac{\partial h}{\partial z}\tag{3.34}$$

in differentieller Form. Durch Einsetzen von (3.34) in (3.33) ergibt sich schließlich mit

$$\frac{\partial}{\partial x}\left(K\frac{\partial h}{\partial x}\right) + \frac{\partial}{\partial y}\left(K\frac{\partial h}{\partial y}\right) + \frac{\partial}{\partial z}\left(K\frac{\partial h}{\partial z}\right) = S_s \frac{\partial h}{\partial t} \qquad (3.35)$$

die Gleichung für eine dreidimensionale instationäre gesättigte Strömung mit der hydraulischen Druckhöhe h als Unbekannte in Form einer partiellen Differentialgleichung (Bear 1979; Freeze und Cherry 1972). Als Parameter kommt in dieser Gleichung neben der hydraulischen Leitfähigkeit K der spezifische Speicherkoeffizient S_s vor. Für den Fall, dass die Strömung stationär ist, wird die rechte Seite zu Null, d. h. es gibt keinen zeitlichen Gradienten, und aus (3.35) wird die Gleichung

$$\frac{\partial}{\partial x}\left(K\frac{\partial h}{\partial x}\right) + \frac{\partial}{\partial y}\left(K\frac{\partial h}{\partial y}\right) + \frac{\partial}{\partial z}\left(K\frac{\partial h}{\partial z}\right) = 0. \qquad (3.36)$$

In beiden Gl. (3.35) und (3.36) steht die hydraulische Leitfähigkeit K innerhalb der zu differenzierenden Klammerausdrücke. Unter der Annahme, dass sie eine Konstante ist, kann man sie vor die Klammer ziehen und die Gleichung durch sie dividieren, so dass eine noch einfachere Form der dreidimensionalen Strömungsgleichung entsteht

$$\frac{\partial^2 h}{\partial x^2} + \frac{\partial^2 h}{\partial y^2} + \frac{\partial^2 h}{\partial z^2} = 0. \qquad (3.37)$$

Die über einem Kontrollvolumen abgeleiteten Strömungsgleichungen beschreiben die Grundwasserflüsse in einer definierten Schicht des Untergrundes, die man auch als Grundwasserleiter (Aquifer) bezeichnet. Ihre räumliche Ausdehnung ist von den geologischen Eigenschaften abhängig, hydrogeologisch charakterisiert wird sie vor allem durch die Porosität und die hydraulische Leitfähigkeit (Matthess und Ubell 2003). Wenn die Leitfähigkeit zu gering wird (d. h. $K < 10^{-9}$ m s^{-1}) spricht man auch von einem ‚Grundwasser-Geringleiter' bzw. ‚Hemmer' (Aquitard). Die Annahme, dass die hydraulische Leitfähigkeit im gesamten Gebiet konstant sei, ist oftmals dem Umstand geschuldet, dass kaum Messwerte für K zur Verfügung stehen. Die Struktur und Textur des Untergrundes bewirken aber auch Unterschiede im Wasserleitevermögen, auf die im Abschn. 3.6 eingegangen werden soll.

3.3.3 Ungesättigtes Fliessen: Die Richards-Gleichung

Ausgehend von der Annahme, dass die ungesättigte Zone als Dreiphasensystem beschrieben werden kann, müsste man für jede einzelne Phase die Massenänderungen bilanzieren. Eine erste Vereinfachung besteht aber schon darin, dass die feste Phase, d. h. das Korngerüst bzw. das Sediment genau wie beim Grundwasser als ortsfest angenommen wird, so dass keine räumlichen und zeitlichen Gradienten auftreten und die Gleichung entfallen kann. Für die beiden fluiden Phasen Wasser und Luft (Gas) lässt sich analog zur gesättigten Zone eine Kontinuitätsgleichung der Form

$$-\frac{\partial}{\partial x}(\rho_\alpha q_\alpha) - \frac{\partial}{\partial y}(\rho_\alpha q_\alpha) - \frac{\partial}{\partial z}(\rho_\alpha q_\alpha) = \frac{\partial}{\partial t}(n\rho_\alpha S_\alpha) \qquad (3.38)$$

aufstellen, in der der Index α für Luft (a) und Wasser (w) steht (siehe auch Abschn. 3.2), ρ_α die Dichten von Luft und Wasser, S_α die entsprechenden Sättigungen, und q_α die Phasengeschwindigkeiten nach Darcy sind, der Term Q_α bedeutet eine Quelle bzw. Senke (Bear 1972). Da die Dichte von Luft zur Dichte von Wasser etwa in einem Verhältnis 1:1000 steht, und man davon ausgehen kann, dass sich in der ungesättigten Zone zwischen Grundwasserspiegel und Landoberfläche keine signifikanten Luftdruckgradienten ausbilden, wird auch die Bilanzgleichung für die Luftphase für weitere Betrachtungen vernachlässigbar (Nützmann 1998). Diese Annahmen können für die überwiegende Anzahl von praktischen Anwendungen getroffen werden, jedoch nicht z. B. für die Strömung von Wasser und Gas in tieferen Erdschichten oder die Strömung in temporären, in sich abgeschlossenen ungesättigten Zonen unterhalb von Gewässern oder innerhalb von Grundwasserleitern (Wiese und Nützmann 2009). Setzt man in Gl. (3.38) wieder für q_w das Darcy-Gesetz ein, so erhält man unter Verwendung der Summenkonvention ($i = 1, 2, 3$) die folgende Gleichung

$$\frac{\partial}{\partial x_i}\left(\rho_w \frac{k_w}{\eta}(\nabla p_w + \rho_w g \nabla z)\right) = \frac{\partial}{\partial t}(n\rho_w S_w), \qquad (3.39)$$

die unter Verwendung der Beziehungen (3.16) und (3.28) vereinfacht werden kann zu

$$\frac{\partial}{\partial x}\left(K\frac{\partial h}{\partial x}\right) + \frac{\partial}{\partial y}\left(K\frac{\partial h}{\partial y}\right) + \frac{\partial}{\partial z}\left(K\frac{\partial h}{\partial z}\right) = \frac{\partial}{\partial t}(n S_w). \qquad (3.40)$$

Da in der ungesättigten Zone der K-Wert vom Grad der Wassersättigung S_w bzw. dem volumetrischen Wassergehalt θ abhängt, also keine Konstante mehr ist, muss dies in Gl. (3.40) berücksichtigt werden,

$$\frac{\partial}{\partial x}\left(KK_r(\theta)\frac{\partial h}{\partial x}\right) + \frac{\partial}{\partial y}\left(KK_r(\theta)\frac{\partial h}{\partial y}\right) + \frac{\partial}{\partial z}\left(KK_r(\theta)\frac{\partial h}{\partial z}\right) = \frac{\partial}{\partial t}(n S_w). \qquad (3.41)$$

Hierbei wird die hydraulische Leitfähigkeit als Produkt aus der Leitfähigkeit K_s [m s^{-1}] bei völliger Wassersättigung und einer relativen Leitfähigkeit K_{rel} definiert, die als Funktion der Saugspannung bzw. des volumetrischen Wassergehalts angenommen werden kann, und es gilt $K = K_s \cdot K_{rel}(\psi, \theta)$. Für die relative Leitfähigkeit ist $0 \leq K_{rel} \leq 1$, und dies in Abhängigkeit vom Grad der Wasserfüllung der Poren: je weniger Wasser sich in den Poren befindet, desto kleiner wird K_{rel}.

In Gl. (3.41) stehen auf beiden Seiten verschiedene Unbekannte, links die hydraulische Höhe und rechts die Wassersättigung. Wird der Ausdruck auf der rechten Seite differenziert, so erhält man

$$\frac{\partial}{\partial t}(nS_w) = S_w \frac{\partial n}{\partial t} + n \frac{\partial S_w}{\partial t}, \qquad (3.42)$$

und die Ableitung der Porosität nach der Zeit wird bei Annahme eines ortsfesten Korngerüsts zu Null. Verwendet man jetzt die in Abschn. 3.3.1 eingeführten Retentionsfunktionen $S_w(\psi)$, dann kann die Ableitung der Wassersättigung nach der Zeit durch die Ableitung der Saugspannung ψ bzw. der hydraulischen Höhe $h = \psi + z$ nach der Zeit ersetzt werden,

$$n \frac{\partial S_w(\psi)}{\partial t} = n \frac{dS_w}{d\psi} \frac{\partial \psi}{\partial t} = C(\theta) \frac{\partial h}{\partial t}, \qquad (3.43)$$

$C(\theta)$ ist die erste Ableitung der Sättigungs-Saugspannungs-Kurve, $C(\theta) = n \dfrac{dS_w}{d\psi}$ und wird in Analogie zum Grundwasser als spezifische Speicherkapazität bezeichnet. Man erhält dann die folgende Gleichung für die Strömung in der ungesättigten Zone

$$\frac{\partial}{\partial x}\left(KK_r(\theta)\frac{\partial h}{\partial x}\right) + \frac{\partial}{\partial y}\left(KK_r(\theta)\frac{\partial h}{\partial y}\right) + \frac{\partial}{\partial z}\left(KK_r(\theta)\frac{\partial h}{\partial z}\right) = C(\theta)\frac{\partial h}{\partial t}, \qquad (3.44)$$

welche auch als Richards-Gleichung bezeichnet wird (Richards 1931). Diese partielle Differentialgleichung besitzt im Unterschied zur Strömungsgleichung des Grundwassers (3.35) zwei Parameter, $K_r(\theta)$ und $C(\theta)$, welche Funktionen der Wassersättigung bzw. der Saugspannung sind, und damit direkt von der Hydraulischen Höhe h als Lösung der Gleichung abhängen (Brooks und Corey 1963; van Genuchten und Leij 1992). Man bezeichnet solche Gleichungen als nichtlinear, was sich auf die Art und Weise ihrer numerischen Lösung auswirkt (siehe Kap. 6).

In der nachfolgenden Tabelle werden noch einmal Ähnlichkeiten und Unterschiede der Strömungsgleichungen für die ungesättigte und gesättigte Zone zusammengestellt. Beide Gleichungen sind vom Typ her identisch, haben als Unbekannte die Standrohspiegelhöhe h, und unterscheiden sich vor allem durch die Parameter, welche in der gesättigten Zone Konstanten und in der ungesättigten Zone Funktionen der Unbekannten darstellen (Tab. 3.3).

Tab. 3.3 Allgemeine Form der Gleichung für ungesättigte und gesättigte Strömung in porösen Medien und deren Parameter

ungesättigt	gesättigt
$S_a + S_w = 1, S_a \neq 0$	$S_a = 0, S_w = 1$
$p_w < p_a, p_a \cong 0$	$p_a = 0, p_w \geq 0$
$0 \leq K_r(\theta) \leq 1$	$K_r(\theta) = 1$
$C(\theta) = n \dfrac{dS_w}{d\psi}$	$C(\theta) \cong S$

3.4 Abflussbildung in der ungesättigten Zone

3.4.1 Kapillarer Aufstieg und Evapotranspiration

Theoretisch ist der Aufstieg von Wasser in einer Kapillare im mikroskopischen Maßstab bereits im Abschn. 3.3 durch die Abb. 3.5 erläutert worden. Benutzt man dafür jetzt die im vorangegangenen Abschnitt gewonnenen Kenntnisse, um die vertikale Verteilung von Saugspannung und Wassersättigung unter hydrostatischen Gleichgewichtsbedingungen in einem bestimmten Volumenausschnitt zu beschreiben, so kann man sich diese in einem homogenen Bodenprofil wie folgt vorstellen: wählt man als Höhe des Grundwasserspiegels $z = 0$, dann verläuft die Saugspannung ψ linear von diesem Bezugshorizont ($\psi = 0$) bis zur Geländeoberkante ($\psi = -z$), und es ergibt sich über diese Strecke nach Gl. (3.16) das Gesamtpotential zu $h = 0$, d. h. unter Gleichgewichtsbedingungen fließt kein Wasser. Die Tiefenprofile der Wassersättigung sehen jedoch anders aus, denn oberhalb des Grundwasserspiegels existiert ein schmaler Bereich, in dem alle Poren mit Wasser gefüllt sind, d. h. $\theta = \theta_s$, während sich die Saugspannung bereits linear mit steigender Höhe verringert. Dieser Bereich wird als Kapillarsaum bezeichnet, und in ihm findet ein Aufstieg von Wasser aus der gesättigten in die ungesättigte Zone statt. Die Höhe dieses Aufstiegs hängt von der Porenraumgeometrie ab, ähnlich wie bei einer idealisierten Kapillare von deren Durchmesser, d. h. je feiner das Sediment, desto höher ist der kapillare Aufstieg. Die Existenz eines Kapillarsaums ist an den Lufteintrittspunkt gekoppelt, also an diejenige Saugspannung, ab der Luft in die Poren eindringen kann. Der Lufteintrittspunkt einer Bodenprobe bzw. eines Sediments kann aus den Retentionskurven abgeschätzt werden, indem man die entsprechende Saugspannung ermittelt, bei der die zugehörige Wassersättigung beginnt unter die Maximalsättigung θ_s zu sinken. An der Oberkante des noch vollständig gesättigten Teils des Kapillarsaums ist die Saugspannung gleich dem Lufteintrittspunkt der jeweils größten Poren. Die Ausdehnung des Kapillarsaums reicht von einigen Zentimetern (Sand) bis zu Dezimetern (Lehm).

Unter Feldbedingungen sehen diese Profile natürlich anders aus, schon weil dort kaum Gleichgewichtsbedingungen vorherrschen. Die Lage des Punktes $\psi = 0$, der den Übergang von der ungesättigten zur gesättigten Zone markiert, beschreibt auch gleich-

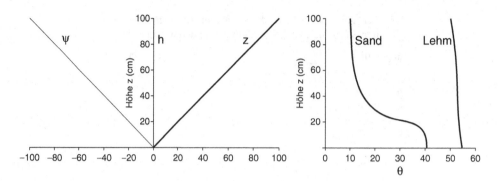

Abb. 3.16 Schematische Tiefenprofile für Saugspannung und Wassersättigung in-situ für ein homogenes poröses Medium unter hydrostatischen Gleichgewichtsbedingungen

zeitig die freie Grundwasseroberfläche, welche saisonal bedingt und unter äußeren Einflüssen mehr oder weniger stark schwanken kann. Durch das Anheben bzw. Absenken der Grundwasseroberfläche werden verschiedene Sedimentschichten betroffen, so dass sich die räumliche Ausdehnung des Kapillarsaums verändern kann. In dem Moment, da sich die Saugspannung und das Gesamtpotential in den oberen Zonen beginnen zu verändern, werden der Gleichgewichtszustand beendet und eine ungesättigte Strömung induziert. Diese ist aufwärts gerichtet, wenn an der Landoberfläche z. B. durch Temperaturanstieg, Windeinfluss bzw. entsprechende Strahlungsenergie die Saugspannung (und damit auch das Gesamtpotential) weiter absinken, so dass ein Potentialgradient entsteht. Dies ist in Abb. 3.16 durch die gepunkteten Linien angedeutet.

Diese Linien zeigen bei der Saugspannung ψ eine deutliche Abnahme gegenüber dem Gleichgewichtszustand, d. h. die Saugspannung (eine negative Größe) wird kleiner, die absoluten Beträge der Saugspannung $|\psi|$ nehmen dabei zu. Da sich das Bezugsniveau nicht verändert, führt diese Abnahme letztlich auch entsprechend der Formel (3.16) zu einem negativen Gesamtpotential h. Mit der Abnahme der Saugspannung verringert sich auch der volumetrische Wassergehalt (siehe Abb. 3.16, rechte Seite). Die Ausbildung solcher Gradienten des Gesamtpotentials bewirkt schließlich einen Wasseraufstieg aus tieferen Zonen in höhere, der zur Verdunstung (Evaporation) führen kann. Evaporation initiiert demzufolge eine gegen die Schwerkraft gerichtete Wasserbewegung in der ungesättigten Zone, mit dem Effekt, dass die oberen Horizonte trockener werden. Mit diesen Aufwärtsströmungen werden natürlich auch die im Wasser gelösten Stoffe aufwärts transportiert, so auch Salze, die im Oberboden akkumuliert werden. Die so entstehende Versalzung von Böden ist besonders in ariden Gebieten zu beobachten und stellt ein wirtschaftlich bedeutendes Problem dar, weil es in der Folge zu Wachstumsproblemen bei Pflanzen und zu Ertragsausfällen kommen kann (Bierkens et al. 2008).

Pflanzenwurzeln sorgen ebenfalls für eine aufwärts gerichtete Wasserströmung in der ungesättigten Zone. Die so genannte Evapotranspiration ist ein Begriff, der die verschiedenen Prozesse der Evaporation und Transpiration summarisch zusammenfasst.

Die Aufnahme von Wasser aus dem Boden durch Pflanzenwurzeln und der Transport innerhalb der Pflanzen bis hin zur Abgabe von Wasser bzw. Wasserdampf an die Atmosphäre ist ein komplexer, bis heute noch unvollständig aufgedeckter Vorgang, bei dem sich physikalische, chemische und biologische Mechanismen manifestieren und miteinander interagieren. Da im Kap. 1 bereits auf die hydrologisch relevanten Prozesse auf bzw. oberhalb der Landoberfläche – zu denen auch die Evapotranspiration gehört – und Methoden zu deren Messung bzw. Berechnung eingegangen wurde, soll hier nur die Beeinflussung des unterirdischen Strömungsgeschehens durch Pflanzenwurzeln erläutert werden. Für ein vertiefendes Studium dieser Prozesse wird auf Feddes et al. (2001), Vrugt et al. (2001) und Dingman (2008) verwiesen.

Eine einfache, auf Bodenwasserbilanzen basierende Methode zur Quantifizierung des Wasserentzuges durch Pflanzenwurzeln wird in Bohne (2005) beschrieben. Ist das Porenvolumen des Bodens bzw. des porösen Mediums ausreichend mit Wasser gefüllt, dieses Wasservolumen soll mit W bezeichnet werden, dann können Pflanzenwurzeln bis weit über die Feldkapazität $(1.7 < pF < 2.5)$ hinaus Wasser aufnehmen, das Wasservolumen bei Feldkapazität sei FC. Ab dem permanenten Welkepunkt $(pF = 4.2)$ mit einem Wasservolumen PWP jedoch kann keine Pflanzenwurzelentnahme mehr erfolgen. Ein dritter Punkt wird als so genannter *drought point DP* definiert, und zwar als Mittelpunkt zwischen PWP und FC. Empirische Untersuchungen haben gezeigt, dass die Pflanzenverfügbarkeit des Bodenwassers ab dem Wert DP bis zum permanenten Welkepunkt PWP etwa linear abnimmt. Die Evapotranspirationsleistung kann danach in drei Abschnitte eingeteilt werden: zwischen DP und FC (und darüber hinaus) entspricht die reale Evapotranspiration E_{real} der potentiellen E_{pt}, d. h. der maximal möglichen (siehe Kap. 1), zwischen DP und PWP nehmen sowohl E_{real} als auch E_{pot} linear ab, unterhalb von PWP findet keine Evapotranspiration mehr statt. Die Abb. (3.17) zeigt dieses Schema.

Für die Bilanzierung der Evapotranspiration lässt sich das auch mit Hilfe der folgenden Gleichungen formulieren,

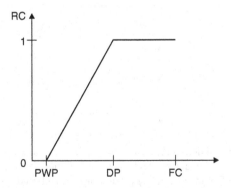

Abb. 3.17 Reduktion der potentiallen Evapotranspiration bei Austrocknung (nach Bohne 2005)

$$E_{real} = RC \cdot E_{pot}, \tag{3.45}$$

mit dem Reduktionsfaktor

$$RC = \frac{W - PWP}{DP - PWP}. \tag{3.46}$$

Eine etwas erweiterte Reduktionsfunktion für die reale Evapotranspiration findet man bei Feddes et al. (2001),

$$S_p(z) \frac{\pi_{root}(z)}{\int\limits_{-D_{root}}^{0} \pi_{root}(z) \partial z} T_p, \tag{3.47}$$

in der $S_p(z)$ [cmd^{-1}] die unter optimalen Bodenwasserbedingungen mögliche Wasserentzugsrate der Wurzeln in Anhängigkeit von der potentiellen Transpiration T_p [cm d^{-1}] bedeutet, z sei der Abstand zur Bodenoberkante [cm]; die Entzugsrate wird außerdem beeinflusst von der tiefenabhängigen Wurzellängendichte π_{root} (z) [cm^3 cm^{-3}] und der Länge der Wurzeln D_{root} [cm]. Die Gl. (3.46) stellt in ähnlicher Weise wie (3.45) einen Reduktionsterm für die potentielle Evapotranspiration dar, nur werden hier zusätzliche Informationen über Verteilung und Länge des Wurzelsystems benötigt. Stress infolge zu geringen oder zu hohen Wassergehalts im Boden können $S_p(z)$ weiter reduzieren. Das in Abb. 3.18 dargestellte Schema von Feddes et al. (1978) gilt als eines der ersten Modelle zur quantitativen Beschreibung der Reduktionsfunktion und wird in vielen Simulationsprogrammen verwendet.

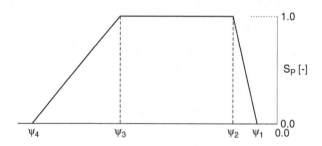

Abb. 3.18 Schema des Reduktionskoeffizienten S_p [−] für die Pflanzenwurzelaufnahme als Funktion der Saugspannung ψ [cm] und der potentiellen Transpirationsrate T_p [cmday^{-1}] (nach Feddes et al. 1978). Die Wasseraufnahme oberhalb ψ_1 (Sauerstoffmangel) und unterhalb ψ_4 (Welkepunkt) ist Null; zwischen ψ_2 und ψ_3 (entspricht dem *drought point*, Bohne 2005) ist sie gleich der potentiellen Transpirationsrate

Die Messung des kapillaren Aufstiegs ist zwar im Labor und im Feld mit Hilfe tiefengestaffelter Tensiometer und TDR-Sonden möglich, jedoch stellen diese Messungen nur lokale Gradienten der Saugspannung bzw. des Wassergehalts dar. Eine integrale Bestimmung der durch kapillaren Aufstieg, Evaporation und Evapotranspiration transportierten Wasservolumen und –verluste aus dem Boden kann mittels Lysimetern erfolgen (siehe Abschn. 3.3.3). Die durch Pflanzenwurzeln geschaffenen Kanäle bilden nach dem Absterben der Wurzeln ein zum Teil weit verzweigtes und in die Tiefe reichendes Transportsystem für das auf die Landoberfläche treffende Wasser. Infolge der größeren Durchmesser dieser Kanäle im Vergleich zu den natürlichen Poren spricht man auch von Makroporen und vom Makroporenfluss bzw. vom präferenziellen Fluss, d. h. einer bevorzugten bzw. schnellen Fließkomponente, die vor allem für den raschen Transport gelöster Stoffe in größere Tiefen verantwortlich ist.

3.4.2 Infiltration und Grundwasserneubildung

Der Prozess, bei dem der die Landoberfläche erreichende Niederschlag in den Boden eindringt, wird als Infiltration bezeichnet. Aus makroskopischer Sicht kann dies stets als eindimensionaler, vertikal gerichteter Prozess verstanden werden, bei dem mit zunehmender Zeit der Porenraum von der Oberfläche in die Tiefe gesättigt wird. Im mikroskopischen Sinne ist der Boden bzw. das poröse Medium nicht homogen, sondern weist sehr verschiedene, heterogene Strukturen auf, so dass das infiltrierende Wasser auch lateral, d. h. parallel zur Neigung der Oberfläche fließen kann.

Die hydrologischen Bedingungen an der Oberfläche, die zur Infiltration führen, sind vielfältig, und sie bestimmen neben dem aktuellen Sättigungsstatus bzw. der Tiefenverteilung der Saugspannung die Infiltrationsrate $f(t)$ [m s^{-1}]. Kann das aktuelle Wasserangebot an der Oberfläche, auch als Wasserinputrate $w(t)$ [m s^{-1}] bezeichnet, ungehindert infiltrieren, d. h. $w(t) \leq f(t)$, dann steuert diese Fließ-Randbedingung die Infiltration. Übersteigt aufgrund einer hohen Wasserinputrate das Wasserangebot die Infiltrationsrate, d. h. $w(t) > f(t)$, dann bildet sich auf der Oberfläche eine Wasserschicht aus. Die Infiltrationsrate ist von den bodenhydraulischen Eigenschaften (Porosität, aktuelle volumetrische Wassersättigung etc.) abhängig, und man spricht von einer ‚ponded infiltration‘, einer druckgesteuerten Infiltration. Unter natürlichen Bedingungen können sich auch beide Infiltrationstypen je nach aktuellem Wasserangebot abwechseln.

Green und Ampt (1911) entwickelten ein einfaches, idealisiertes Schema zur Beschreibung einer druckgesteuerten Infiltration in einen homogenen Boden (Abb. 3.19). Sie gingen davon aus, dass sich bei einer kontinuierlichen Infiltration in ein Bodenprofil mit einer initialen Wassersättigung θ_i von der Oberfläche ausgehend ein Schicht mit einem Wassergehalt θ_s (entspricht der vollen Sättigung) ausbildet, die sich schrittweise in die Tiefe bewegt. Ab einer bestimmten Tiefe ändert sich der Wassergehalt abrupt von θ_s zu θ_i, so dass ein stufenförmiger Verlauf der fortschreitenden Infiltrationsfront entsteht. Bei angenommenen homogenen Verhältnissen bleibt im Vertikalschnitt die Geometrie

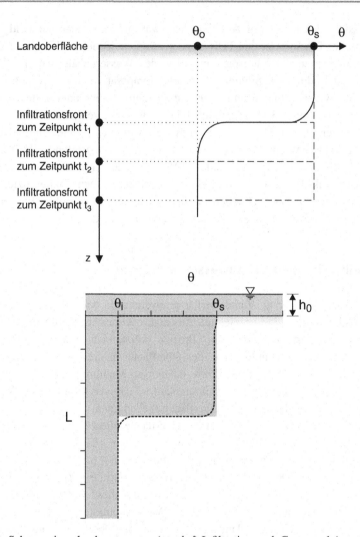

Abb. 3.19 Schema einer druckgesteuerten (*ponded*) Infiltration nach Green und Ampt (1911)

dieser Front gleich, sie verschiebt sich mit zunehmender Zeit nur in immer tiefere Horizonte.

Das von Green und Ampt (1911) entwickelte einfache Modell zur Berechnung der jeweiligen Infiltrationsrate f [mm h^{-1}] hat die Form

$$f = K \frac{L + S_f + h_0}{L}, \tag{3.48}$$

wobei K [mm h^{-1}] die gesättigte hydraulische Leitfähigkeit ist, L [mm] die Entfernung der Sättigungsfront von der Landoberfläche, S_f [mm] der Betrag der an der Sättigungsfront herrschenden Saugspannung, und h_0 [mm] die Höhe der Überstandswasser an der

Oberfläche. In Hendriks (2010) werden unter Bezugnahme auf Rawls et al. (1983) Wertebereiche für den Betrag der Saugspannung S_f angegeben: für sandige Böden hat er eine Größenordnung von 50 mm (10 bis 254 mm), für Lehm 316 mm (64 bis 1565 mm).

Selbst unter Laborbedingungen sind aber die Infiltrationsprofile nicht rechteckig, wie in Abb. 3.19 dargestellt, sondern es bilden sich insbesondere an den Übergängen zwischen bereits voll gesättigten und noch ungesättigten Zonen mehr oder weniger gekrümmte Profile aus. Während zu Beginn der Infiltration die oberflächennahe Bodenschicht erst aufgesättigt werden muss, verschiebt sich dann die Sättigungsfront – wie auch bei der idealisierten Annahme von Green und Ampt – in tiefere Horizonte, dabei verändert sich aber ihre Geometrie, d. h. bezogen auf die Tiefe z weitet sie sich mehr und mehr auf. Zu erklären ist dieses Verhalten u. a. auch durch die heterogene Porenzusammensetzung, was bedeutet, dass durch wenige größere Poren (Makroporen) das infiltrierende Wasser wesentlich schneller in die Tiefe gelangen kann, als durch viele kleine Poren (Mikroporen). Die Unterscheidung in Mikro- und Makroporen und damit in Matrixfluss und Makroporenfluss ist etwas willkürlich (Beven und Germann 1982), denn unter natürlichen Bedingungen kann der Übergang zwischen so genannten Mikroporen mit einem Durchmesser kleiner oder gleich 30 µm und Makroporen mit Durchmessern größer als 30 µm durchaus kontinuierlich sein. Betrachtet man aber Infiltrationsereignisse in Böden mit ausgeprägter Makroporenstruktur, dann ergeben sich Infiltrationsprofile, wie sie in Abb. 3.20 zu sehen sind (Flühler et al. 1996; Brutsaert 2005).

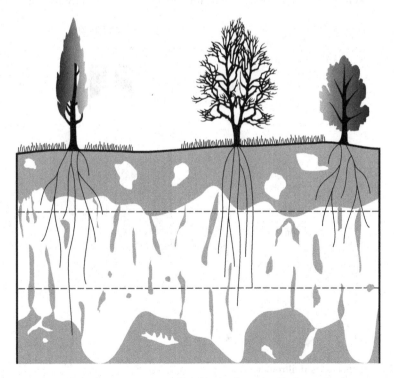

Abb. 3.20 Makroporenfluß während der Infiltration in einen strukturierten Boden

Die quantitative Beschreibung solcher Profile ist sehr kompliziert und erfordert andere Experimente und Modellansätze (siehe z. B. Weiler 2001; Bachmair et al. 2009). Die maximale Eindringtiefe der Infiltrationsfront, ganz gleich, ob durch Matrix- oder Makroporenfluss gesteuert, hängt von der Dauer und Intensität der Niederschlagsereignisses, den hydraulischen Eigenschaften des Bodens bzw. porösen Mediums und der Höhe des Grundwasserstandes ab. Erreicht die Front das oberflächennahe Grundwasser und infiltriert in dasselbe, so spricht man von Grundwasserneubildung. Da sich das Grundwasser ebenfalls ständig in einer Fliessbewegung befindet, muss also für eine echte Neubildung mehr Wasser an einem bestimmten Punkt infiltrieren, als durch die Grundwasserströmung wegbewegt wird. Die Grundwasserneubildung durch Infiltration ist – bis auf wenige Ausnahmen wie z. B. aufsteigendes Quellwasser – die einzige Möglichkeit, die unterirdischen Grundwasservorräte zu regenerieren. In vielen Regionen der Erde übersteigt die Wasserentnahme (z. B. für Bewässerungsmaßnahmen) schon seit langem die Grundwasserneubildung, so dass die Mächtigkeit der ungesättigten Zone stetig zugenommen hat, was wiederum verschlechterte Lebensbedingungen für die Pflanzen zur Folge hat.

Eine Möglichkeit, die Infiltration unter Feldbedingungen zu messen, besteht in der Anwendung eines Infiltrometers (Hendriks 2010), (siehe Abb. 3.21).

Die Aufsatzfläche beträgt dabei bis zu 1 m^2. Durch kontinuierliche Beschickung des Infiltrometers mit Wasser, d. h. innerhalb des Ringes wird eine Wassersäule mit der Mächtigkeit H erzeugt, bildet sich im Boden eine Infiltrationsfront aus. Die

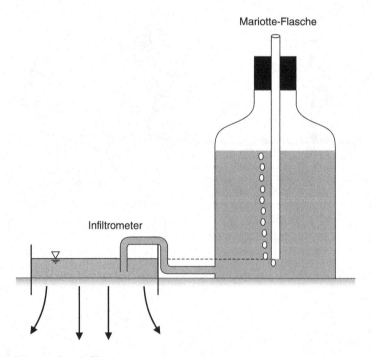

Abb. 3.21 Schema eines Infiltrometers

Infiltrationsrate $f(t)$ kann auf verschiedene Weise ermittelt werden: aus der Abnahme der Wassersäule ΔH in einer definierten Zeitspanne, aus der Wassernachlieferung zur Haltung eines konstanten Wasserstandes im Infiltrometer, oder aber aus der Massenbilanzgleichung

$$f(t) = \frac{W - Q - \Delta H \cdot A}{\Delta t}, \tag{3.49}$$

in der $f(t)$ die mittlere Infiltrationsrate über einen bestimmten Zeitraum Δt darstellt, W das während dieser Zeitspanne zugeführte Wasservolumen, Q das nach dieser Zeit noch innerhalb des Gerätes verbliebene Wasservolumen, und A die Querschnittsfläche des Infiltrometers. So genannte Doppelring-Infiltrometer basieren auf derselben Technologie, jedoch wird bei ihnen nur die Fläche innerhalb des inneren Ringes zur direkten, vertikalen Infiltration benutzt. Im äußeren Ring wird stets derselbe Wasserstand gehalten, um konstante hydraulische Bedingungen unterhalb des inneren Ringes bis in tiefere Bodenschichten zu gewährleisten, welche die Ausbildung lateraler Flüsse unterbinden sollen.

3.4.3 Lateraler Abfluss

Eine in der hydrologischen Literatur häufig beschriebene Abflusskomponente ist der so genannte Zwischenabfluss bzw. laterale Abfluss, der entsteht, wenn an einem Hang das infiltrierende Wasser im Boden nicht mehr der Schwerkraft folgend senkrecht in größere Tiefen fließt, sondern hangparallel, und dann gegebenenfalls auch wieder an die Landoberfläche austreten kann. Im vorigen Abschn. ist in Abb. 3.1 bereits die Entstehung dieser Abflussbildung illustriert, für die zwei wesentliche Voraussetzungen erfüllt sein müssen:

- Der Boden muss geschichtet sein, d. h. aus verschiedenen Horizonten mit sich unterscheidenden hydraulischen Eigenschaften bestehen; dies bedeutet z. B., dass sich nach der Textur grobe und feine Schichten abwechseln, und damit auch die Porosität, die hydraulische Leitfähigkeit und die Retentionskurven.
- Die Landoberfläche muss geneigt sein, und die Schichten bzw. Horizonte müssen hangparallel verlaufen.

Die zeitliche Entwicklung der Infiltrationsfront erfolgt im Prinzip analog zum gerade beschriebenen eindimensionalen Vertikalprofil. Jedoch ergeben sich durch die verschiedenen hydraulischen Eigenschaften der Horizonte erhebliche Unterschiede. Hat das Profil z. B. eine Bodenschicht 1 mit grober Textur (Kies) unter einer sandigen Deckschicht 2, dann unterscheiden sich die Porositäten beider Horizonte deutlich, $n_1 > n_2$, bzw. $\theta_{s1} > \theta_{s1}$, und nach vollständiger Sättigung der Sandschicht trifft das infiltrierende Wasser auf die noch luftgefüllten Poren der zweiten Schicht. Der Kapillareffekt wirkt dann in umgekehrter Weise, d. h. die Benetzungswinkel und Menisken sind klein, so dass die Luft in den größeren Poren wie ein Widerstand gegen das eindringende Wasser wirkt. Aufgrund der Neigung der Schichten fließt dann ein Großteil des Wassers statt in die Tiefe parallel zum Hang (Wohnlich 1991). Technisch kann man dieses Prinzip der „Kapillarsperre" z. B. für die Abdeckung von Deponien anwenden.

Ist die Folge der Schichten umgekehrt, d. h. auf eine gut durchlässige Deckschicht aus z. B. Mittel- bis Grobsand folgt eine sehr schlecht durchlässige oder sogar stauende, z. B. Lehm oder Ton, dann kann das infiltrierende Wasser aufgrund der geringeren Porosität dieser Schicht nur wesentlich langsamer eindringen als es aus dem darüber liegenden Horizont nachgeliefert wird. Da dieser Horizont bereits wassergesättigt ist, findet der Abfluss wiederum hangparallel als Zwischenabfluss statt.

In Abb. 3.22 wird gezeigt, wie sich die Infiltration in einem heterogenen Bodenprofil, bestehend aus einem oberen Horizont mit vorwiegend feinkörnigem Sediment und einem unteren aus grobkörnigem Sediment, entwickeln kann (Vachaud et al. 1973).

Eine Erklärung der Phänomene liefert Hendriks (2010) wie folgt: es wird deutlich, dass die feineren Poren in der oberen Schicht das Wasser mit einer höheren Saugspannung ψ halten können, so dass die Infiltration zeitweise stagniert. Erst nach entsprechender weiterer Wassernachlieferung wird die Saugspannung soweit verringert, dass sie dem Porendurchmesser der größeren Poren der unterliegenden Schicht entspricht, und das Wasser in diese Poren eindringen kann. Diese Saugspannung zur Benetzung der größeren Poren ist geringer als diejenige, bei der dann die weitere Infiltration erfolgen kann. Bei den Tiefenprofilen des Wassergehaltes ergibt sich notwendigerweise ein Sprung an der Grenzfläche zwischen grob- und feinkörnigem Medium, während sich die Saugspannung kontinuierlich über diese Grenzfläche hinweg ändert.

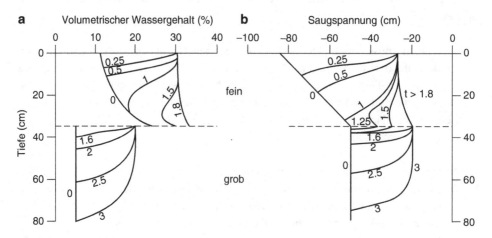

Abb. 3.22 Tiefenprofile für die Saugspannung und den volumetrischen Wassergehalt bei konstanter Infiltrationsrate in einem geschichteten Profil

3.5 Grundwasserströmungen

3.5.1 Ungespannte und gespannte Grundwasserleiter

Grundwasser wird definiert als unterirdisches Wasser, welches die Hohlräume der Lithosphäre zusammenhängend ausfüllt, und dessen Bewegungsmöglichkeit durch die Schwerkraft und ein vorhandenes Gefälle bestimmt wird (DIN 1996). Es ist damit das unterirdische Wasser in der Sättigungszone, das in unmittelbarer Berührung mit dem Boden oder dem Untergrund steht. Die geologischen Formationen, in denen das Grundwasser fließt, werden Grundwasserleiter genannt. Hydrogeologisch sind Poren-, Kluft- und Karst-Grundwasserleiter zu unterscheiden. Die Bezeichnungen ,Grundwasserhemmer' bzw. ,,,Grundwassergeringleiter''' (Aquitard) beschreiben entsprechende Formationen, die im Vergleich zu benachbarten Grundwasserleitern gering Wasser durchlässig sind. Sie können aber Wasser speichern und auch genügend Wasser transportieren, um den regionalen Grundwasserhaushalt zu beeinflussen, jedoch nicht genug, um z. B. Brunnen zu speisen (Busch und Luckner 1972; Matthess und Ubell 2003). Insofern ist diese qualitative Unterscheidung zwischen Grundwasserleiter und –hemmer identisch mit der aus Abschn. 3.4.2, bei der nach der Größenordnung der hydraulischen Leitfähigkeit der Sedimente unterschieden wurde.

Wird die obere Grenze des Grundwassers in einem Aquifer durch einen so genannten ,freien Grundwasserspiegel' gebildet, d. h. eine Fläche mit dem Atmosphärendruck $p_w = p_{nw} = 0$, spricht man von einem ungespannten Grundwasserleiter. Die hydraulische Höhe h dieses Wasserspiegels an einem bestimmten Punkt ist identisch mit der jeweiligen Höhe über einem Bezugshorizont z (im Regelfall m über NN), (siehe Abb. 3.23).

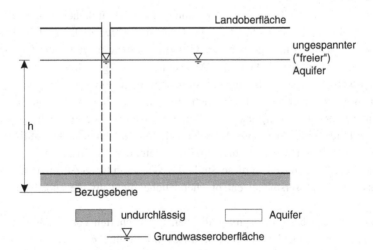

Abb. 3.23 Schema eines ungespannten Grundwasserleiters

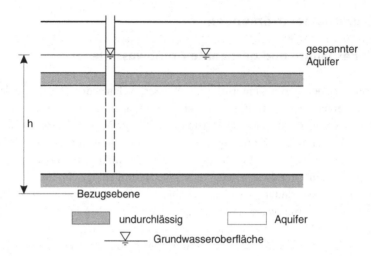

Abb. 3.24 Schema eines gespannten Grundwasserleiters

Die Grundwasserneubildung findet unmittelbar an dieser Grenzfläche statt und kann – sofern ihre Rate höher ist als die momentane Abstandsgeschwindigkeit des Grundwassers – für eine Anhebung des Wasserspiegels sorgen. Andererseits wird sich der Wasserspiegel absenken, wenn beispielsweise aus einem Brunnen mehr Grundwasser abgepumpt wird, als gleichzeitig aus dem Grundwasserleiter zufließen kann, oder wenn die Grundwasserneubildung z. B. infolge ausbleibender Niederschläge geringer wird. Die untere Begrenzung des Aquifers wird durch eine halb- bzw. schwerdurchlässige Schicht, einen Aquitard, gebildet, der gleichzeitig die Deckschicht des darunter liegenden gespannten Grundwasserleiters ist (Abb. 3.24).

Das Wasser in dieser Formation steht unter einem zusätzlichen Druck, da es sich aufgrund der Deckschicht nicht ‚frei' nach oben ausbreiten kann. Die Übergänge zwischen ungespannten und gespannten Grundwasserleitern sind vielfältig und nicht einfach zu erkunden. So können die Deckschichten so genannte ‚hydrogeologische Fenster' aufweisen, d. h. die Sedimente sind ebenso gut durchlässig wie im darüber liegenden Aquifer, oder sie dünnen sich aus, so dass aus einem gespannten ein ungespannter Leiter wird. Aufgrund des höheren Wasserdrucks ergibt sich im gespannten Grundwasserleiter eine über die Deckschicht hinausreichende hydraulische Höhe (siehe Abb. 3.24). Wenn also z. B. durch ein Piezometer oder ein Brunnen die Deckschicht durchbrochen wird, kann sich an diese Stelle das Wasser entspannen, so dass der sich im Rohr einstellende Wasserspiegel entsprechend höher liegt als die abdeckende Schicht selbst.

Neben den bereits bekannten physikalischen Eigenschaften von Wasser und porösen Medien – z. B. der Porosität und der hydraulischen Leitfähigkeit – ist in diesem Zusammenhang auf eine weitere Eigenschaft von Grundwasserleitern einzugehen, nämlich die Fähigkeit zur Wasserspeicherung und Wasserabgabe bei Veränderung des hydraulischen

Potentials (der Standrohrspiegelhöhe). Diese Eigenschaften werden im spezifischen Speicherkoeffizienten S_s zusammengefasst (siehe Abschn. 3.4.2), der als ein Wasservolumen definiert wird, welches bei einer Absenkung der Standrohrspiegelhöhe aus einem Volumenelement des Aquifers fließen kann. Im Grundwasserleiter wird dieser Prozess im Wesentlichen durch zwei Mechanismen kontrolliert: (a) die Kompaktion des Aquifers durch den Anstieg des effektiven Stresses, der entgegengesetzt zum Wasserdruck wirkt, d. h. mit steigendem Wasserdruck nimmt der effektive Stress ab und umgekehrt; und (b) die durch den abnehmenden Druck verursachte Ausdehnung des Wassers. Freeze und Cherry (1979) leiten aus diesen beiden physikalischen Wirkungen eine Formel für den spezifischen Speicherkoeffizienten ab,

$$S_s = \rho_w g [\beta_s + n\beta_w]. \tag{3.50}$$

Der Koeffizient β_s [$m^2 N^{-1}$] ist dabei die Kompressibilität des Korngerüstes (auch zu veranschaulichen als Setzung des Lockergesteinsmaterials nach Absenkung der Wassersäule), und der Ausdruck $\rho_w g \beta_s$ ist das Volumen des gespeicherten Wassers, welches durch die Entspannung des Korngerüstes frei gesetzt wird (Matthess und Ubell 2003). Der Koeffizient β_w ist die Kompressibilität des Wassers [$m^2 N^{-1}$]. Die Dimensionsanalyse ergibt für S_s die Einheit [m^{-1}].

In einem ungespannten Grundwasserleiter hängt das frei werdende Wasservolumen, welches durch die Absenkung der Grundwasseroberfläche verursacht wird, von der Höhe dieser Absenkung Δh und der entwässerbaren Porosität n_e ab, für den spezifischen Speicherkoeffizienten wird also $S_s \cong n_e$ gesetzt (in der englischsprachigen Literatur wird dieser Koeffizient auch als „specifiy yield" S_y bezeichnet), d. h. S_s liegt zwischen 0.1 und 0.3 (Freeze und Cherry 1979).

In gespannten Grundwasserleitern führt eine Absenkung um Δh keineswegs zur Entwässerung des Aquifers, sondern hier wirken die durch den Druckabfall induzierte Dekompression des im Aquifer verbleibenden Wassers sowie die Kompaktion des Korngerüsts auf das Wasservolumen. Die Wirkung dieser sekundären Kräfte in Bezug auf das ‚entwässerbare' Grundwasservolumen ist im Vergleich zum ungespannten Grundwasserleiter wesentlich geringer. Da bei der Ableitung der Strömungsgleichung für gespannte Grundwasserleiter über die Mächtigkeit M des Aquifers integriert wird (siehe unten), betrachtet man dann auch statt S_s den so genannten Speicherkoeffizient S [−], der sich nach

$$S = S_s \cdot M. \tag{3.51}$$

berechnet. Seine Werte liegen in der Größenordnung $10^{-5} < S < 10^{-3}$ (Marsily 1986).

In gleicher Weise wie in (3.67) definiert man für gespannte Grundwasserleiter mit einer Mächtigkeit M und mit Hilfe des K-Wertes die Transmissivität T [$m^2 s^{-1}$],

$$T = K \cdot M, \tag{3.52}$$

die streng genommen nur für eine 2D horizontal-ebene Grundwasserströmung in einem Aquifer mit konstanter Mächtigkeit gilt. Stellt man sich in Abb. 3.15 einen solchen horizontal durchflossenen gespannten Grundwasserleiter vor, dann bilden die beiden Würfelflächen in der z-Ebene die jeweiligen Deckschichten, durch die hindurch keine Strömung stattfindet, und die Mächtigkeit des Aquifers ist $M = \Delta z$. Da die in z-Richtung wirkenden Massenbilanzterme verschwinden, vereinfacht sich die Gl. (3.31) zu

$$\Delta t \left\{ \left(M \Delta y q_x |_x \right) - \left(M \Delta y q_x |_{x+\Delta x} \right) + \left(M \Delta x q_y |_y \right) - \left(M \Delta x q_y |_{y+\Delta y} \right) \right\}$$
$$= M S_s \Delta x \Delta y (h_{t+\Delta t} - h_t) \tag{3.53}$$

und nach denselben Umformungen wie in Gl. (3.32) zu

$$\frac{\left(M q_x |_x - M q_x |_{x+\Delta x} \right)}{\Delta x} + \frac{\left(M q_y |_y - M q_y |_{y+\Delta y} \right)}{\Delta y} = M S_s \frac{h_{t+\Delta t} - h_t}{\Delta t}. \tag{3.54}$$

Durch Einsetzen des Darcy-Gesetzes und die Anwendung der Beziehungen (3.50) und (3.51) ergibt sich dann mit

$$\frac{\partial}{\partial x} \left(T \frac{\partial h}{\partial x} \right) + \frac{\partial}{\partial y} \left(T \frac{\partial h}{\partial y} \right) = S \frac{\partial h}{\partial t} \tag{3.55}$$

die Gleichung für die 2D-Strömung im gespannten Grundwasserleiter mit den Parametern T und S. Im Vergleich dazu ergibt sich für eine 2D horizontal-ebene Grundwasserströmung in einem ungespannten Aquifer nach (3.35) die Gleichung

$$\frac{\partial}{\partial x} \left(K \frac{\partial h}{\partial x} \right) + \frac{\partial}{\partial y} \left(K \frac{\partial h}{\partial y} \right) = S_s \frac{\partial h}{\partial t}, \tag{3.56}$$

mit den Parametern K und S_s, die mathematisch eine identische Struktur besitzt.

3.5.2 Heterogenität und Anisotropie

Die hydraulische Leitfähigkeit K variiert normalerweise innerhalb der Grundwasser führenden Sedimentschichten, sie variiert aber auch in Abhängigkeit von der Strömungsrichtung. Ersteres wird als Heterogenität, letzteres als Anisotropie bezeichnet. Wenn der K-Wert unabhängig von der Position des betrachteten Punktes im Raum konstant ist, so

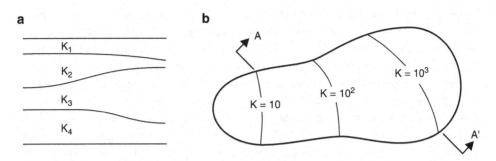

Abb. 3.25 Heterogenität des K-Wertes: **(a)** durch Schichtung und **(b)** durch lokale bzw. regionale Heterogenität (verändert nach Freeze und Cherry 1979)

Tab. 3.4 K-Wertebereiche verschiedener Sedimente

Sediment	K [m s^{-1}]
Sandiger Kies	$3 \cdot 10^{-3} \ldots 5 \cdot 10^{-4}$
Kiesiger Sand	$1 \cdot 10^{-3} \ldots 2 \cdot 10^{-4}$
Mittlerer Sand	$4 \cdot 10^{-4} \ldots 1 \cdot 10^{-4}$
Schluffiger Sand	$2 \cdot 10^{-4} \ldots 1 \cdot 10^{-5}$
Sandiger Schluff	$5 \cdot 10^{-5} \ldots 1 \cdot 10^{-6}$
Toniger Schluff	$5 \cdot 10^{-6} \ldots 1 \cdot 10^{-8}$
Schluffiger Ton	$\approx 10^{-8}$

nennt man die geologische Formation homogen, $K(x,y,z) = K$, und nur dann lassen sich die Gl. (3.35) und (3.55) in dieser Form darstellen.

Normalerweise unterscheidet sich K in verschiedenen geologischen Schichten, welche aus unterschiedlichen Sedimenten bestehen, so dass man stets von einem heterogenen Aufbau des Untergrundes oder von einem geschichteten Grundwasserleiter ausgehen kann. Ebenso kann K aber auch in verschiedenen Bereichen ein und derselben Schicht variieren, z. B. bedingt durch die Genese der geologischen Formation, und dann spricht man von lokaler bzw. regionaler Heterogenität (Abb. 3.25).

Die durch Schichtung hervorgerufene Heterogenität ist z. B. anhand der Korngrößen-zusammensetzung des Materials erkennbar, wie die nachfolgende Tab. 3.4. deutlich macht. Die aufgeführten Sedimente weisen von Schluff bis Kies stets wachsende Korn-durchmesser auf (vgl. dazu Tab. 3.1).

Lokale oder regionale Heterogenitäten können durch die geologische Genese des Untergrundes entstehen, so z. B. als Folgen von Sedimentation oder Erosion, Deltabildungen von Flüssen und Überschwemmungen oder Austrocknungen. In der hydrogeologischen Praxis kommt es oft auf eine qualitativ richtige Zuordnung repräsentativer K-Werte zu bestimmten hydrogeologischen Einheiten an, die dann als hydrogeologisches Strukturmodell z. B. die Grundlage einer Modellierung der

Grundwasserströmung bilden. Dadurch entsteht ein zwar grob gerastertes, aber deutlich heterogenes Abbild des Untergrundes, und zwar heterogen in sowohl vertikaler als auch horizontaler Ausrichtung, mit Unterschieden zwischen den jeweiligen K-Werten in bis zu vier Größenordnungen. Heterogene Verteilungsmuster der hydraulischen Leitfähigkeit ergeben sich auch bei lokalen, kleinräumigen Untersuchungseinheiten, und die Analyse dieser Verteilungen führt oft auf stochastische Gesetzmäßigkeiten (Dagan 1989). In manchen Fällen wird angenommen, dass der K-Wert innerhalb eines Grundwasserleiters lognormal verteilt sei (Schafmeister 1999). Eine lognormale Verteilung von K bedeutet, dass eine Größe $Y = \log K$ einer Normalverteilung genügt. In solchen Fällen können die K-Werte des Grundwasserleiters um ein bis zwei Größenordnungen um ihren Mittelwert schwanken.

Im Darcy-Gesetz (3.28) und in der Kontinuitätsgleichung (3.35) stellen q (bzw. v) und $\partial h / \partial x, \partial h / \partial y, \partial h / \partial z$ jeweils gerichtete Größen, also Vektoren dar, d. h. sowohl die Komponenten der Geschwindigkeit als auch die Gradienten sind entsprechend der kartesischen Koordinatenachsen ausgerichtet. Ein poröses Medium, bei dem beide Vektoren in dieselbe Richtung zeigen, die gleichzeitig auch eine der Hauptstromrichtungen entlang einer der kartesischen Koordinatenachsen ist, und K eine konstante Größe darstellt, nennt man isotrop. Die die hydraulische Leitfähigkeit ist dann in alle drei Richtungen gleich groß.

Als anisotrop bezeichnet man nun ein poröses Medium, wenn seine Leitfähigkeit bzw. Permeabilität richtungsabhängig ist. Im einfachsten Fall sind also K_x die hydraulische Leitfähigkeit in x-Richtung, K_y die hydraulische Leitfähigkeit in y-Richtung und K_z die hydraulische Leitfähigkeit in z-Richtung, wobei die Hauptstromrichtungen und die Koordinatenachsen noch identisch sind. Eine Ursache dieser Richtungsabhängigkeit des K-Wertes kann durch die Art und Weise der Packung bzw. Lagerung der Sedimentpartikel und ihre Form hervorgerufen werden, so dass sich in bestimmte Richtungen bei gleichen Gradienten höhere bzw. niedrigere Fliessgeschwindigkeiten und damit Leitfähigkeiten ergeben können.

Sind die Ausrichtungen der beiden Vektoren q_i und $\partial h / \partial x_i$ nicht identisch (die Indexschreibweise bezeichnet mit i = 1, 2, 3 die jeweiligen Achsenrichtungen und dementsprechend mit x_1 die x-, mit x_2 die y-, und mit x_3 die z-Koordinate), so muss das Darcy-Gesetz in allgemeiner Form geschrieben werden,

$$
\begin{aligned}
q_x &= -K_{xx} \frac{\partial h}{\partial x} - K_{xy} \frac{\partial h}{\partial y} - K_{xz} \frac{\partial h}{\partial z} \\
q_y &= -K_{yx} \frac{\partial h}{\partial x} - K_{yy} \frac{\partial h}{\partial y} - K_{yz} \frac{\partial h}{\partial z} \\
q_z &= -K_{zx} \frac{\partial h}{\partial x} - K_{zy} \frac{\partial h}{\partial y} - K_{zz} \frac{\partial h}{\partial z}
\end{aligned}
\tag{3.57}
$$

und K als ein Tensor zweiter Ordnung mit 9 Komponenten

$$\mathbf{K} = \begin{matrix} K_{xx} & K_{xy} & K_{xz} \\ K_{yx} & K_{yy} & K_{yz} \\ K_{zx} & K_{zy} & K_{zz} \end{matrix} \qquad (3.58)$$

Aus Symmetriegründen kann dabei angenommen werden, dass $K_{xy} = K_{yx}$, $K_{xz} = K_{zx}$, und $K_{zx} = K_{xz}$. In Indexschreibweise (i, j = 1, 2, 3) und unter Verwendung der Summenkonvention kann (3.56) durch eine Formel ausgedrückt werden,

$$q_i = -K_{ij} \frac{\partial h}{\partial x_j}, \qquad (3.59)$$

und die allgemeine Strömungsgleichung für anisotrope Verhältnisse lautet in Erweiterung von Gl. (3.35)

$$\frac{\partial}{\partial x_i} \left(K_{ij} \frac{\partial h}{\partial x_j} \right) = S_s \frac{\partial h}{\partial t}. \qquad (3.60)$$

Die nachfolgende Abb. 3.26 illustriert die geometrischen Verhältnisse bei Anisotropie in der x-y-Ebene. Mit Hilfe der Winkel α und β lassen sich die Relationen zwischen K_{xx} und K_{yy} berechnen, und damit letztlich eine Leitfähigkeitskomponente aus der anderen ermitteln (Brutsaert 2005).

Da sowohl in Grundwasserleitern als auch in der ungesättigten Zone komplexe Anisotropie kaum zu messen und daher eher von theoretischer Bedeutung ist, reduziert sich im Normalfall in Gl. (3.59) der Term K_{ij} zu K_i, wobei das Verhältnis der horizontalen ($K_x = K_y$) zur vertikalen (K_z) Leitfähigkeit oft mit 10:1 angenommen wird (Freeze und Cherry 1979).

Abb. 3.26 Schema für Anisotropie in der x-y-Ebene

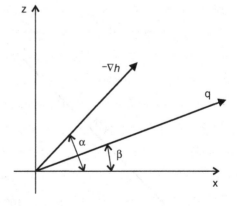

3.5.3 Messung der Standrohrspiegelhöhe und Grundwasserfließrichtung

Nach dem Darcy-Gesetz fließt das Grundwasser aufgrund der Schwerkraft, bestimmt durch die Höhe z über einem gewählten Horizont, und eines Gradienten der hydraulischen Höhe h, beschrieben durch Gl. (3.16). Im gesättigten Bereich des Untergrundes ist h zwar genauso definiert wie in der ungesättigten Zone, aber die hydraulischen Verhältnisse sind andere. Unter der Annahme eines hydrostatischen Gleichgewichts – d. h. es soll kein Wasser fließen – nimmt der Wasserdruck p_w ab dem Wasserspiegel ($p_w = p_{nw} = 0$.) mit zunehmender Tiefe linear zu, siehe Abb. 3.27, und das bedeutet, dass im Gegensatz zur ungesättigten Zone der Wasserdruck p_w bzw. die Druckhöhe ψ positive Größen sind.

Die Formel für die Druckhöhe ψ ist analog zur Saugspannung (3.15), nur mit positivem Vorzeichen

$$\psi = \frac{p_w}{\rho_w g}. \tag{3.61}$$

Mit Hilfe der Definition der hydraulischen Höhe gemäß Gl. (3.16) und der identischen Formeln für die Saugspannung (oberhalb des Grundwasserspiegels) nach Gl. (3.16) und der Druckhöhe (unterhalb des Grundwasserspiegels) nach Gl. (3.60) ist es nun möglich, die hydraulische Höhe als die einheitliche Variable zur Beschreibung der Strömung im ungesättigten und im gesättigten porösen Medium zu verwenden. Im ungesättigten Bereich ist $\psi < 0$, im gesättigten gilt $\psi > 0$, mit $\psi = 0$ wird der freie Grundwasserspiegel definiert. Da die Bezugshöhe z über einem gewählten Horizont (auch hier wird im Allgemeinen NN verwendet) mit zunehmender Tiefe abnimmt, ergibt sich – wie in Abb. 3.28 zu sehen ist – aus (3.16) wiederum für jeden Ort $h = 0$, d. h. es findet kein Wasserfluss statt. In der Fachsprache der Hydrogeologie wird für h der Begriff Standrohr-spiegelhöhe statt der hydraulischen Höhe verwendet. Die Messung von Druckhöhe und

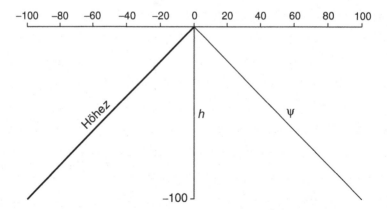

Abb. 3.27 Hydraulische Höhe h, Druckhöhe ψ, Gravitationshöhe z in der gesättigten Zone unter hydrostatischen Gleichgewichtsbedingungen

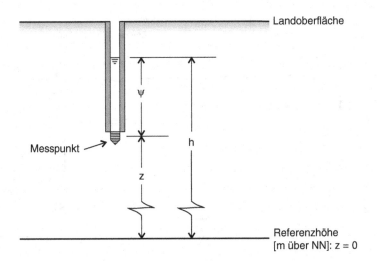

Abb. 3.28 Messung der Standrohrspiegelhöhe (hydraulische Höhe) in einem Grundwasserbeobachtungsrohr (Piezometer)

hydraulischer Höhe (bzw. Standrohrspiegelhöhe) wird mit Hilfe von Grundwasserbeobachtungsrohren (Piezometern) durchgeführt.

Diese Rohre sind nach unten geschlossen und auf unterschiedliche Weise und Länge perforiert. Somit kann das anströmende Grundwasser ins Innere eindringen, und infolge des Druckausgleichs stellt sich im Rohr derselbe Wasserstand ein, der im umgebenden Grundwasserleiter vorherrscht. Die Höhe der im Rohr gemessenen Wassersäule entspricht dabei der Druckhöhe ψ, und die hydraulische Höhe h berechnet sich dann als Summe aus ψ und der Höhe der Rohrunterkante z über einem Bezugsniveau. Praktisch wird etwas anders verfahren, da die direkte Messung von ψ bei entsprechend langen Rohren problematisch ist. Bestimmt wird der Abstand des Grundwasserspiegels von der Rohroberkante Δh, z. B. mit einem Lichtlot, und dann kann man mit Hilfe der Daten Rohrlänge l_R und eingemessene Rohroberkante über NN z_R die Druckhöhe und die hydraulische Höhe berechnen. Die Druckhöhe ψ ergibt sich aus der Differenz zwischen Rohrlänge und dem Messwert Δh ($\psi = l_R - \Delta h$), und die hydraulische Höhe h schließlich aus der Differenz zwischen z_R und Δh ($h = z_R - \Delta h$).

Die Bestimmung des Grundwassergefälles bzw. des hydraulischen Gradienten mit Hilfe der oben genannten Methode ist in der nachfolgenden Abb. 3.29 beispielhaft skizziert.

Die Oberkanten der beiden Grundwasserbeobachtungsrohren 1 und 2 sind mit $z_{R1} = 100$ m und $z_{R2} = 98$ m über NN eingemessen. Da die in den Rohren ermittelten Abstände zwischen Rohroberkante und Grundwasserspiegel $\Delta h_1 = 15$ m und $\Delta h_2 = 18$ m betragen, ergeben sich also die hydraulischen Höhen zu $h_1 = 100 - 15 = 85$ m, und $h_2 = 98 - 18 = 80$ m. Das Grundwassergefälle zwischen beiden Grundwasserbeobachtungsrohren beträgt danach 5 m, und da beide Rohre 780 m voneinander entfernt sind,

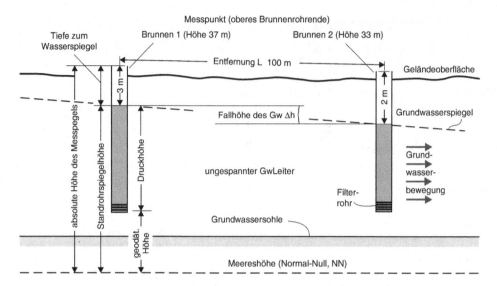

Abb. 3.29 Bestimmung des Grundwassergefälles bzw. des hydraulischen Gradienten

beträgt der hydraulische Gradient $\dfrac{\Delta h}{L} = \dfrac{5\text{m}}{780\text{m}} = 0.00641$ bzw. $0.64\,\%$. Nimmt man jetzt noch an, dass der Grundwasserleiter aus sandigen Sedimenten mit einer hydraulischen Leitfähigkeit $K = 1.5 \times 10^{-4}\,\text{m s}^{-1}$ besteht, dann resultiert daraus eine erste Abschätzung der Darcy-Geschwindigkeit von $q = 1.5 \cdot 10^{-4} \cdot 6.41 \cdot 10^{-3} = 9.615 \cdot 10^{-7}\text{ms}^{-1}$. Mit einer effektiven Porosität von $n_e = 0.15$ ergibt das dann nach Gl. (3.27) eine Abstandsgeschwindigkeit $v = 6.41 \cdot 10^{-6}\text{ms}^{-1}$, das entspricht ungefähr einer Geschwindigkeit von 1.8 m pro Jahr. Ob diese erste Schätzung der Grundwasserfließgeschwindigkeit die wirklichen Verhältnisse trifft, hängt auch davon ab, ob das Grundwasser direkt, also in gerader Linie von Messstelle 1 zu Messstelle 2 fließt, oder ob die Fließrichtung nicht etwas anders verläuft. Die wäre der Fall, wenn noch größere Gradienten den Grundwasserfluss in eine andere Richtung lenken. Deshalb ist es notwendig, bevor man Gefälle und Gradient ermittelt, die Hauptfließrichtung zu bestimmen, um daraus Rückschlüsse auf die unterirdischen Fließprozesse ziehen zu können (siehe Abb. 3.30).

Diese Bestimmung setzt zunächst drei Grundwasserbeobachtungsrohre GWBr1, GWBr2 und GWBR3 in nach Möglichkeit unbeeinflusstem Gelände voraus (d. h. nicht in unmittelbarer Nähe von Wasserfassungen, Brunnen etc.), deren Höhen über NN, Rohrlängen sowie Abstände untereinander bekannt sein müssen (die Abstände sollen hier mit ΔGWBr12, ΔGWBr13 und ΔGWBr23 bezeichnet werden).

Die gemessenen Grundwasserstände h_1, h_2 und h_3 müssen sich deutlich voneinander unterscheiden und der Größe nach anordnen lassen, im Beispiel ist $h_1 > h_2 > h_3$. Jetzt wird auf der Verbindungsgeraden zwischen den beiden Rohren mit dem niedrigsten und dem höchsten Wasserstand, also GWBr3 und GWBr1, der Punkt P2* gesucht, der denselben Wasserstand hat wie GWBr2. Dazu wird die Verhältnisgleichung

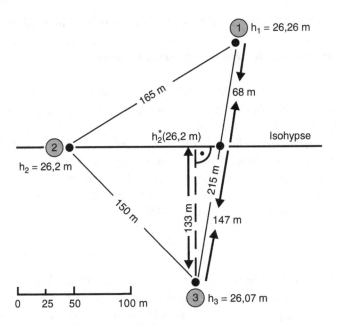

Abb. 3.30 Bestimmung der Grundwasserfließrichtung

$$\frac{(h_2 - h_1)}{x} = \frac{(h_3 - h_1)}{\Delta\text{GWBr13}} = \frac{(26.2 - 26.07)}{x} = \frac{(26.26 - 26.07)}{215} \qquad (3.62)$$

aufgestellt, die nach der Unbekannten Größe x aufgelöst werden kann. Diese stellt die Entfernung des gesuchten Punktes P2* vom Punkt GWBr1 auf der Verbindungsgeraden dar. Für dieses Beispiel ist $x = 147$ m, d. h. mit diesem Abstand zu GWBr1 kann P2* auf der Geraden markiert werden. Verbindet man jetzt P2* und GWBr2 durch eine Gerade, dann bildet diese eine Isohypse, eine Linie, die den Ort aller Punkte mit derselben Standrohrspiegelhöhe $h_2 = 26.2$ m bildet (Heath 1988). Nun konstruiert man senkrecht zu dieser Isohypse eine weitere Gerade, die durch einen der beiden Messpunkte GWBr1 oder GWBr3 verläuft (in diesem Beispiel GWBr3). Diese Gerade stellt eine so genannte Stromlinie dar, eine Linie, auf der entlang die Strömung vom höheren zum niedrigeren Energiezustand (=Grundwasserstand) verläuft. Damit ist die Grundwasserfließrichtung festgestellt, und der Abstand zwischen dieser Linie und dem nächsten Messpunkt GWBr3 beträgt $l = 133$ m. Nun kann mit diesen Zahlen der Gradient der Strömung berechnet werden zu

$$\frac{\Delta h}{l} = \frac{26.2 - 26.07}{133} = 0.001,$$

das sind 0.1 %. Sind außerdem jetzt noch die effektive Porosität n_e und die hydraulische Leitfähigkeit K bekannt, lässt sich auch – wie zuvor – die Abstandsgeschwindigkeit berechnen.

3.6   Temperatur- und Stofftransport im Boden- und Grundwasser

3.6.1   Transport von im Wasser gelösten Stoffen

Mit der Infiltration und durch die Grundwasserneubildung gelangen auch chemische Verbindungen in die ungesättigte Zone und den Grundwasserleiter. Sie sind im Wasser mehr oder weniger löslich und können in Abhängigkeit von ihrer Konzentration die physikalischen Eigenschaften des unterirdischen Wassers beeinflussen. In den meisten Fällen sind die Konzentrationen jedoch so gering, dass diese Stoffe mit dem Wasser transportiert werden, ohne dessen Eigenschaften zu beeinflussen.

Wird ein Stoff mit der Konzentration c [kg m^{-3}] mit dem strömenden Wasser transportiert, so bezeichnet man dies als Advektion,

$$j_{adv} = vAc,   \tag{3.63}$$

wobei j_{adv} [kg s^{-1}] die Masse des Stoffes ist, die durch eine Querschnittsfläche A [m2] infolge der Abstandsgeschwindigkeit v transportiert wird.

Ein weiterer Transportmechanismus ist die Diffusion als Folge der Brownschen Molekularbewegung, die auch bei ruhenden Flüssigkeiten, d. h. $v = 0$, stattfindet. Bei gleicher Konzentration findet diese ungeordnet in alle Richtungen statt, bei einem Konzentrationsgefälle verstärkt sich diese Bewegung in Richtung geringerer Konzentration, was bedeutet, dass sich ein Transport aus Bereichen höherer in Bereiche geringerer Konzentration ergibt. Dieser diffusive Massentransport im Porenraum kann im stationären Fall durch das 1. Fick'sche Gesetz beschrieben werden, welches im eindimensionalen Fall lautet

$$j_{diffus} = -nD\frac{\partial c}{\partial x},   \tag{3.64}$$

dabei ist j_{diffus} [kg s^{-1}] die Masse des Stoffes, die pro Zeiteinheit und durch eine Querschnittsfläche transportiert wird, n die Porosität und D ist eine Diffusionskonstante (sie liegt für Ionen im Wasser bei $2.0 \cdot 10^{-9} \text{m}^2\text{s}^{-1}$). Ersetzt man nun j in der Kontinuitätsgleichung (Massenerhaltung) durch die rechte Seite der Gl. (3.63), so bekommt man die folgende Gleichung (Diffusionsgleichung)

$$D\frac{\partial^2 c}{\partial x^2} = \frac{\partial c}{\partial t},   \tag{3.65}$$

welche – ebenso wie die Grundwasserströmungsgleichung (3.35) – eine partielle Differentialgleichung parabolischen Typs ist.

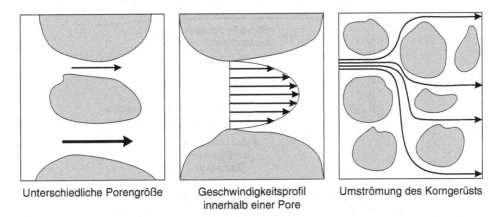

| Unterschiedliche Porengröße | Geschwindigkeitsprofil innerhalb einer Pore | Umströmung des Korngerüsts |

Abb. 3.31 Ursachen der korngerüstbedingten Dispersion (nach Kinzelbach 1992)

In Abb. 3.31 wird gezeigt, dass sich beim Durchströmen eines Porenkanals ähnlich wie beim freien Fließen in Gerinnen ein parabolisches Geschwindigkeitsprofil ausbildet, welches dazu führt, dass sich ein gelöster Stoff in der Mitte des Kanals schneller bewegt als an den Rändern. Ebenso zeigt diese Abbildung, dass bei unterschiedlich großen Porenkanälen unterschiedlich große Geschwindigkeiten auftreten, und dass durch die Umströmung von Sedimentpartikeln verschieden lange Fließwege für einen gelösten Stoff entstehen. Zusammengefasst werden diese Phänomene als korngerüstbedingte Dispersion bezeichnet (Bear 1972).

Während durch Advektion ein gelöster Stoff in gleich bleibender Konzentration mit dem Wasser durch den Porenraum transportiert wird, führt die Dispersion zu einer Abnahme der Konzentration in Abhängigkeit von Ort und Zeit. Die Dispersion in Strömungsrichtung wird auch als Längsdispersion bezeichnet, die senkrecht zur Strömungsrichtung als Querdispersion. Der dispersive Massenfluss kann analog zu (3.63) mit folgender Formel beschrieben werden,

$$j_{dis} = -nD_d \frac{\partial c}{\partial x} \qquad (3.66)$$

mit D_d [m^{2}s^{-1}] als dem Dispersionskoeffizienten, der sich aus dem Diffusionskoeffizienten D und dem mechanischen Dispersionskoeffizienten D_m zusammensetzt,

$$D_d = D + D_m. \qquad (3.67)$$

Letzterer ist proportional zur Abstandsgeschwindigkeit v und wird definiert als

$$D_m = \alpha \cdot v \qquad (3.68)$$

dabei ist die Proportionalitätskonstante α [m] die Dispersivität. Bei Strömungen und Stofftransporten in mehr als eine Richtung ist die Dispersivität analog zur hydraulischen

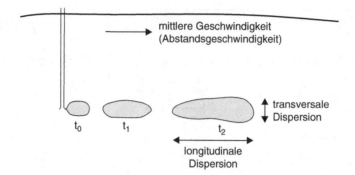

Abb. 3.32 Wirkung der longitudinalen und transversalen Dispersion beim Transport eines im Grundwasser gelösten Stoffes

Leitfähigkeit keine skalare Größe mehr, sondern wird durch einen Tensor beschrieben, und man unterscheidet dann zwischen dem longitudinalen und transversalen Dispersivitätskoeffizienten (Marsily 1986). Abschätzungsweise ist die longitudinale Dispersivität um etwa eine Größenordnung höher als die transversale, was sich auch auf die Größen der longitudinalen und transversalen Dispersivität auswirkt (Käss 1992), in der Praxis wird das Verhältnis zwischen longitudinaler und transversaler Dispersivität oft mit 10:1 angegeben. Die Auswirkung der longitudinalen und transversalen Dispersion zeigt die nachfolgende Abb. 3.32 (Marsily 1986).

Der zum Zeitpunkt t_0 in den Aquifer injizierte Stoff – im Idealfall würde eine kugel- bzw. kreisförmige Stoffwolke mit konstanter Konzentration entstehen – breitet sich schneller in Richtung der mittleren Fliessgeschwindigkeit aus, so dass sich zu späteren Zeitpunkten t_1, t_2 lang gestreckte, ellipsenförmige Ausbreitungswolken ergeben.

Auf mikroskopischer Ebene wird ein gelöster Stoff mit dem Wasser durch die Poren transportiert, und ein Konzentrationsausgleich geschieht vor allem durch Diffusion. Auf makroskopischer Ebene erfolgt der Stofftransport ebenfalls mit der mittleren Strömungsgeschwindigkeit, und die Variabilität der Porengrößen und Porenverteilungen erzeugt Geschwindigkeitsprofile, die für einen zusätzlichen dispersiven Massenfluss sorgen. Einen ähnlichen Effekt haben Inhomogenitäten des Grundwasserleiters im größeren Maßstab, d. h. unterschiedliche Sedimentarten, Lagerungsdichten etc., die für eine so genannte Makrodispersion verantwortlich sind, (siehe Abb. 3.33).

Zusammenfassend lässt sich feststellen, dass die Dispersion bzw. Dispersivität maßstabsabhängig sind, für Säulenversuche im Labor liegen die Werte für die longitudinale Dispersivität im Bereich weniger mm bis cm, im Freiland können sie bis zu mehreren hundert Metern betragen (Matthess 1990).

Werden alle Mechanismen – Avektion, Diffusion und Dispersion – in einer Gleichung zusammengefasst, so lässt sich – vereinfacht als eindimensionales Problem – der Stofftransport im Boden- und Grundwasser durch folgende Gleichung beschreiben (Marsily 1986)

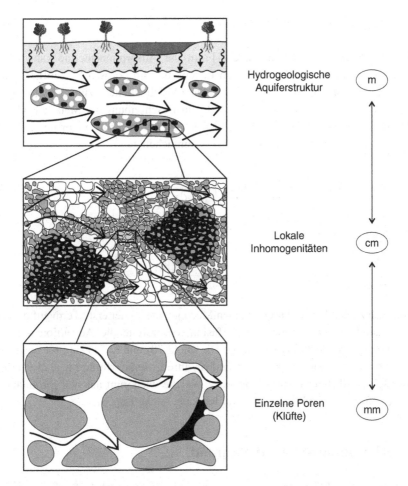

Abb. 3.33 Skalenabhängigkeit der Vermischung – von der molekularen Diffusion über die korngerüstbedingte Dispersion zur Makrodispersion (nach Kinzelbach 1992)

$$\frac{\partial}{\partial x}\left(\theta D_d \frac{\partial c}{\partial x}\right) - v\frac{\partial c}{\partial x} = \theta\frac{\partial c}{\partial t} + (1-n)\rho_s\frac{\partial c_s}{\partial t}, \qquad (3.69)$$

in der θ der volumetrische Wassergehalt (3.5), ρ_s die Lagerungsdichte (3.2) und c_s die Konzentration des Stoffes in der Feststoffmatrix bedeuten. Dabei ist weiterhin vorausgesetzt worden, dass aufgrund elektrochemischer Bindungskräfte bei entsprechend langsamer Wasserbewegung und konstanten Temperaturen der transportierte Stoff auch an den Sedimentpartikeln absorbieren kann. Es gibt verschiedene Modelle zur Beschreibung der Zusammenhänge zwischen c_s und c, wobei das einfachste in einer linearen Relation zwischen beiden Größen besteht, auch Henry-Isotherme genannt,

$$c_s = K_D c. \tag{3.70}$$

K_D ist ein Verteilungskoeffizient. Diese Form der Adsorptionstherme kann bei sehr kleinen Konzentrationen in der wässrigen Lösung und im porösen Feststoff fast immer angewendet werden (Kinzelbach 1992). Die Möglichkeiten zur Berechnung von K_D-Werten mit Hilfe geochemischer Modelle zur Beschreibung der Metalladsorption an Grundwassersedimenten werden z. B. von Koss (1993) ausführlich untersucht.

Mit Hilfe dieser Formel lässt sich (3.68) vereinfachen zu

$$\frac{\partial}{\partial x}\left(\theta D_d \frac{\partial c}{\partial x}\right) - v\frac{\partial c}{\partial x} = R\frac{\partial c}{\partial t} \tag{3.71}$$

mit dem so genannten Retardationskoeffizienten R

$$R = 1 + \frac{(1-n)\rho_s K_D}{\theta}, \tag{3.72}$$

der zusätzlich zu den bereits beschriebenen Mechanismen – der erste Term auf der linken Seite beinhaltet die Dispersion und Diffusion, der zweite die Advektion – für eine Verlangsamung des Stofftransports sorgt. Die Gl. (3.70) und (3.71) sind für ungesättigte und gesättigte Fälle gleichermaßen anwendbar. Ihre Lösung erfordert u. a. die vorherige Berechnung der Abstandsgeschwindigkeit v, welche wiederum aus den Strömungsgleichungen (3.35) bzw. (3.43) berechnet werden kann (siehe Kap. 6).

3.6.2 Wärmetransport im Untergrund

Die Temperatur des Boden- und Grundwassers ist eine Zustandsgröße für die Energieform Wärme, welche auch im Untergrund mit dem fließenden Wasser transportiert wird. Die Temperatur an der Erdoberfläche wird ausschließlich von der zugeführten Sonnenenergie bestimmt, und der daraus resultierende Wärmestrom ist in unseren Breiten bis in eine Tiefe von ca. 10 bis 15 m messbar (Abb. 3.34).

Im Bereich zwischen der Landoberfläche und der isothermen Zone wird der Jahresgang der Temperatur durch die Sonneneinstrahlung und damit die Jahreszeiten bestimmt. Er nimmt einen annähernd sinusförmigen Verlauf, wobei die Amplitude mit zunehmender Tiefe kleiner, wird. In der isothermen Zone herrschen das ganze Jahr über annähernd konstante Temperaturen, während unterhalb dieses Bereiches mit zunehmender Tiefe die Temperatur vom Wärmestrom aus dem Erdinneren bestimmt wird. Bei ungestörten Verhältnissen besteht im Sediment normalerweise eine lineare Temperaturverteilung, auch als geothermischer Gradient bzw. geothermische Tiefenstufe bezeichnet, bei der die Temperatur um 1 °C über eine bestimmte Strecke in der Tiefe zunimmt. Die Länge der

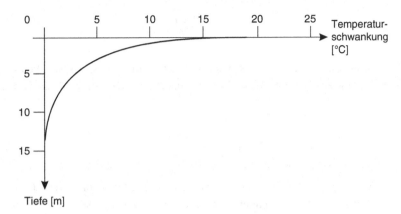

Abb. 3.34 Abhängigkeit der jährlichen Temperaturschwankung (Monatsmittelwerte) in Mitteleuropa in Abhängigkeit vom Abstand zur Landoberfläche (nach Mull und Holländer 2002)

Strecke ist abhängig vom Ausgangsgestein, seiner mineralogischen Zusammensetzung, der regionalen geographischen und geologischen Situation sowie anderen Faktoren, und die Angaben schwanken zwischen 33 m und 120 m (Häfner et al. 1992; Mull und Holländer 2002). Diese natürlichen Temperaturverteilungen im Untergrund können verschiedentlich gestört werden, so z. B. in städtischen Ballungsräumen durch Bauten (Kellergeschosse, Parkhäuser, U-Bahntunnel), oder durch Brunnensysteme zur Wärmegewinnung aus dem Grundwasser.

Über diese natürlichen oder anthropogenen Quellen kann sich Wärme in der ungesättigten Zone und im Grundwasserleiter ausbreiten, wobei zu unterscheiden ist zwischen: (1) Wärmeleitung im Sediment, bzw. auch summarisch in einem Volumenelement der ungesättigten Zone oder des Grundwasserleiters, (2) Transport von Wärme mit der Strömung, und (3) Wärmeaustausch zwischen den Phasen. Bis auf wenige Ausnahmen wird letzterer vernachlässigt, d. h. man geht von der Annahme aus, dass die Temperaturen vom Sediment und des Wassers identisch sind (Marsily 1986).

Wird in einem wassergesättigten bzw. wasserteilgesättigten Sediment an einer Stelle Wärme zugeführt, wird diese durch das umgebende Wasser und die Gesteinspartikel aufgenommen, was zu deren Temperaturerhöhung führt. Dazu bedarf es keiner Bewegung, d. h. Strömung des Wassers selbst, und man spricht von Wärmeleitung. Die Geschwindigkeit bzw. das Ausmaß der Temperaturerhöhung unter solchen Bedingungen wird durch die Wärmeleitfähigkeit λ [W m^{-1} K^{-1}] und die Wärmekapazität C [J K^{-1}] des Systems bestimmt. Die Wärmekapazität gibt an, wie viel Wärme ein definiertes Volumen pro 1 °K Temperaturerhöhung speichern kann. Die Wärmeleitfähigkeit oder auch thermische Konduktivität ist die Proportionalitätskonstante im Verhältnis zwischen Wärmestrom (Wärmemenge, die pro Zeiteinheit durch eine definierte Querschnittsfläche strömt) und dem Temperaturgradienten, hier formuliert als eindimensionale Gleichung in x-Richtung

$$W_s = -\lambda A \frac{\partial T}{\partial x}, \tag{3.73}$$

W_s ist der Wärmestrom [W], λ die Wärmeleitfähigkeit, A die Querschnittsfläche [m^2], und T [°K] die Temperatur. Dividiert man Gl. (3.72) durch die Querschnittsfläche A so erhält man

$$w_s = -\lambda \frac{\partial T}{\partial x}, \tag{3.74}$$

wobei w_s [W m^{-2}] die Wärmestromrate darstellt. Diese Gleichung wird als Fourier-Gesetz der Wärmeleitung bezeichnet und ähnelt dem Darcy-Gesetz (3.28) bzw. dem ersten Fick'schen Gesetz der Diffusion von im Wasser gelösten Stoffen (3.63). In der Tab. 3.5 sind einige Werte von λ und C für Luft, Wasser und Sedimente angegeben.

Im Prinzip gilt das auch für die ungesättigte Zone, in der zusätzlich aber auch die Luft-bzw. Gasphase einen latenten Wärmestrom mitführen und sich eine Dampfphase ausbilden kann, die zur Verdunstung notwendig ist. Diese Verdunstungswärme H_v wird an jedem Ort freigesetzt, an dem der Wasserdampf kondensiert. Die Wärmeleitfähigkeit des Mehrphasensystems kann dann als Funktion der Textur, der Lagerungsdichte und des Wassergehalts angesehen werden (Bohne 2005), und die Wärmestromrate w_H ergibt sich ähnlich wie in Gl. (3.73) zu

$$w_H = -\left(\lambda^* + D_{Tv}H_v\right)\frac{\partial T}{\partial x}, \tag{3.75}$$

wobei λ^* die Wärmeleitfähigkeit des ungesättigten porösen Mediums ist, und D_{Tv} ist die thermische Wasserdampfdiffusivität. Der Ausdruck innerhalb der Klammer wird dann als

Tab. 3.5 Thermische Eigenschaften für Luft, Wasser und Sedimente (nach Tindall und Kunkel 1999)

	Dichte (kg m^{-3})	Spezifische Wärmekapazität (J kg^{-1} K^{-1})	Volumetrische Wärmekapazität (J m^{-3} K^{-1})	Wärme-Leitfähigkeit (W m^{-1} K^{-1})
Luft (20 °C)	1.2	1.0×10^3	1.2×10^3	0.025
Wasser (20 °C)	1.0×10^3	4.2×10^3	4.2×10^6	0.58
Eis (0 °C)	9.2×10^3	2.1×10^3	1.9×10^6	2.2
Quartz	2.66×10^3	8.0×10^2	2.0×10^6	8.8
Mineralischer Ton	2.65×10^3	8.0×10^2	2.0×10^6	2.9
Organischer Boden	1.3×10^3	2.5×10^3	2.7×10^6	0.25
Leichter Boden mit Wurzeln	4.0×10^2	1.3×10^3	5.0×10^5	0.11
Feuchter Sand ($\theta = 0.4$)	1.6×10^3	1.7×10^3	2.7×10^6	1.8

effektive thermische Konduktivität mit den Einheiten [W m^{-1} K^{-1}] bezeichnet (Bohne 2005).

Die Gl. (3.73) und (3.74) beschreiben einen stationären Wärmetransport, zur Berücksichtigung instationärer Bedingungen muss – in gleicher Weise wie bei der Transportgleichung – eine Kontinuitätsgleichung (hier am Beispiel gesättigter Verhältnisse) aufgestellt werden,

$$\frac{\partial w_s}{\partial x} = \rho c \frac{\partial T}{\partial t}. \tag{3.76}$$

in der w_s die Wärmestromrate, ρ die Dichte und c eine massenspezifische Wärmekapazität [J K^{-1} kg^{-1}] des Systems, bestehend aus Wasser und Sediment ($\rho c = n\rho_w c_w + (1-n)$ $\rho_s c_s$), und t die Zeit [s] bedeuten. Setzt man jetzt wieder für w_s den Ausdruck (3.73) ein, erhält man als eindimensionale Wärmeleitungsgleichung

$$\rho c \frac{\partial T}{\partial t} = \frac{\partial}{\partial x}\left(\lambda \frac{\partial T}{\partial x}\right), \tag{3.77}$$

in der das Produkt (ρc) eine volumenspezifische Wärmekapazität [J K^{-1} m^{-3}] und λ die Wärmeleitfähigkeit darstellen, die der Strömungsgleichung für gesättigte (3.35) und ungesättigte (3.43) Verhältnisse sehr ähnlich ist. Negiert man die lokalen Unterschiede in den Werten der Parameter und nimmt an, dass diese Konstanten seien, dann lässt sich (3.76) noch einmal vereinfachen zu

$$\frac{\partial T}{\partial t} = K_T \frac{\partial^2 T}{\partial x^2}, \tag{3.78}$$

mit $K_T = \lambda/(\rho c)$ als der thermischen Diffusivität [m^2 s^{-1}]. Carslaw und Jaeger (1959) fanden für diese Gleichung eine einfache analytische Lösung unter den folgenden Bedingungen: die Wärmeleitung soll im Gebiet $0 \leq x \leq \infty$ berechnet werden, und zwar mit der Anfangsbedingung $T = 0$ und den Randbedingungen $T_{x=0} = 1$ und $T_{x=\infty} = 0$. Diese Lösung lautet dann

$$T(x,t) = 1 - \frac{2}{\sqrt{\pi}} \int_0^{x/\sqrt{K_T t}} e^{-\zeta^2} d\zeta = erfc\left(\frac{x}{2\sqrt{K_T t}}\right) \tag{3.79}$$

Der Nutzen solcher leicht zu berechnender Funktionen liegt neben der Anwendung für praktische Fälle auch in der Möglichkeit, die Qualität numerischer Lösungen mit ihrer Hilfe zu testen (Nützmann 1983).

Neben der Wärmeleitung wird der Transport von Wärme wie der von gelösten Stoffen mit dem strömenden Wasser von den Mechanismen der Advektion, Dispersion und Diffusion bestimmt. Die durch Advektion, d. h. die Bewegung des Wassers, transportierte Wärmemenge W_{adv} ist proportional zum Temperaturunterschied, bezogen auf eine Referenztemperatur,

$$W_{adv} = c_w \cdot m \cdot (T_r - T) \tag{3.80}$$

in der W_{adv} die Wärmemenge [J], c_w die massenspezifische Wärmekapazität des Wassers, m die Masse [kg] und T_r die Referenztemperatur bedeuten, T ist die Temperatur, auf welche die Masse m abgekühlt oder erwärmt wird. Betrachtet man den advektiven Wärmefluss w_{adv} [J s^{-1} m^{-2}], d. h. die transportierte Wärmemenge bezogen auf eine Zeiteinheit und einen durchströmten Querschnitt, dann lautet die Gleichung

$$w_{adv} = vC \tag{3.81}$$

in der v die Abstandsgeschwindigkeit (3.27) und C die Wärmemenge pro Volumen [J m^{-3}] sind, d. h. der Wärmetransport ist direkt an die Fließgeschwindigkeit des Wassers gekoppelt. Zusätzlich unterliegt die Wärme beim advektiven Transport der Dispersion und Diffusion (siehe Abschn. 3.7.1), wobei dieser Wärmefluss w_{dis} [J s^{-1} m^{-2}] einer Wärmemenge C durch die folgende Gleichung beschrieben werden kann,

$$w_{dis} = -n_e D_T \frac{\partial C}{\partial x}, \tag{3.82}$$

mit n_e als der effektiven Porosität [ ] und D_T [m^2 s^{-1}] als dem Dispersionskoeffizient.

Werden alle Mechanismen in einer Gleichung zusammengefasst, so lässt sich – wieder vereinfacht als eindimensionales Problem – der Wärmetransport im Untergrund analog zum Stofftransport durch eine Konvektions-Dispersionsgleichung für die Temperatur beschreiben (Marsily 1986)

$$\frac{\partial}{\partial x}\left(D_T + \frac{\lambda}{\rho_w c_w}\right)\frac{\partial T}{\partial x} - nv\frac{\partial T}{\partial x} = \frac{\rho c}{\rho_w c_w}\frac{\partial T}{\partial t}. \tag{3.83}$$

Der erste Term beinhaltet dabei die Effekte der Wärmeleitung und Dispersion/Diffusion, der zweite die Advektion, und auf der rechten Seite der Gleichung steht die durch die spezifischen Wärmekapazitäten des porösen Mediums beeinflusste zeitliche Änderung der Temperatur. Um einzuschätzen, ob und in welchem Maße die Grundwasserströmung das thermische Regime in einem Untersuchungsgebiet beeinflusst, d. h. ob der durch Advektion hervorgerufene Wärmetransport die anderen Mechanismen dominiert, kann die Peclet-Zahl berechnet werden, diesmal in der spezifischen Form (Marsily 1986)

$$Pe = \frac{\rho_w c_w v L}{\lambda}. \tag{3.84}$$

wobei L [m] eine charakteristische Länge bedeutet. Ist $Pe > 1$, so dominiert die Advektion, d. h. Wärmeleitung und Dispersion/Diffusion spielen eine untergeordnete Rolle. Gegenüber der Dispersion von im Wasser gelösten Stoffen ist die thermische Dispersion wesentlich kleiner (Marsily 1986). Ein wesentlicher Effekt bei der Wärmeausbreitung in porösen Medien besteht in den Abhängigkeiten der Dichte und Viskosität von der Temperatur, d. h. $\rho = \rho(T)$ und $\mu = \mu(T)$, was zur freien Konvektion führen kann. Durch diese Temperaturabhängigkeit der Dichte kann die Wärmeausbreitung als hydrodynamisch aktives Problem bezeichnet werden, was die Rückkopplung der Wärmetransportgleichung mit der Massenerhaltungsgleichung erfordert (Domenico und Schwartz 1990). Auch andere Wasserinhaltsstoffe können hydrodynamisch aktiv sein, so z. B. gelöste Salze (Helmig 1997). So wird bei der Injektion heißen Wassers in den Untergrund dieses aufgrund der Dichteunterschiede nach oben aufsteigen, oder aber es kommt in tieferen Lagerstätten für Öl oder Gas zu konvektiven Strömungen infolge des geothermischen Gradienten (Helmig 1997).

3.6.3 Tracerversuche

Basisparameter zur Ermittlung der Transportwege und –zeiten von im Wasser gelösten Stoffen oder von Wärme sind z. B. Abstandsgeschwindigkeit, Dispersion und Retardation (siehe Abschn. 3.6.1 und 3.6.2). Kennt man die Zeit t [s] und die jeweilige Konzentration c [kg m^{-3}] bzw. Temperatur T [K], die ein mit dem Boden- oder Grundwasser transportierter Stoff oder Wärme von einem Ausgangspunkt P_0 zum Beobachtungspunkt P_M unterwegs ist, dann lassen sich aus diesen Informationen in Verbindung mit den entsprechenden Transportmodellen die benötigten Parameter ermitteln (Dassargues 2000; Kendall und McDonnell 2000).

Eine Möglichkeit, zu diesen Daten zu kommen, besteht in der so genannten Markierung des Grundwassers, d. h. man injiziert in P_0 einen Stoff mit einer Ausgangskonzentration c_0 [kg m^{-3}] und beobachtet den zeitlichen Verlauf der Konzentration dieses Stoffes in P_M, indem man die Konzentration im Beobachtungsbrunnen direkt mit Sonden misst oder aber Proben entnimmt, die im Labor analysiert werden. Im Boden und in der ungesättigten Zone werden solche Versuche oftmals mit markiertem Niederschlag durchgeführt, und die Ausbreitung des Stoffes während der Infiltration wird mit Sonden direkt gemessen, bzw. es wird mit Hilfe von Unterdruck gesteuerten Saugsonden Wasser für Laboranalysen entnommen. Solche Markierungsversuche werden auch Tracerversuche genannt. Als Tracer („to trace" bedeutet soviel wie aufspüren oder ausfindig machen) bezeichnet man Stoffe, die, im Wasser gelöst, sowohl in Fliessgewässern als auch im Untergrund transportiert werden und keine, bzw. nur sehr geringe Wechselwirkungen mit der Feststoffmatrix haben (Käss 1992). Als Tracer werden verschiedene

Substanzen eingesetzt, wie z. B. Salze (Chlorid, Bromid), Wärme (Temperatur), radioaktive Stoffe (Deuterium, Tritium), fluoreszierende Stoffe (Uranin, Eosine), kleinste Partikel wie z. B. Sporen und Bakteriophagen, oder auch Isotope (Hötzel und Werner 1992; Käss 1992). An Tracer oder Markierungsstoffe werden nach Matthess und Ubell (2003) u. a. folgende Forderungen gestellt,

- er soll in starker Verdünnung quantitativ bestimmbar sein
- in natürlichem Boden- oder Grundwasser soll er möglichst fehlen oder nur in sehr geringer Konzentration vorhanden sein
- er soll die physikalischen Eigenschaften des transportierenden Wassers nicht verändern
- er soll während des Transports nicht absorbiert, mikrobiell abgebaut oder mechanisch zurückgehalten werden
- er soll nicht mit dem Untergrund chemisch reagieren
- er soll schnell aus dem Untergrund entfernt werden und keine Gefahr für das unterirdische Wasser darstellen
- er sollte unter wirtschaftlich vertretbaren Bedingungen zu erwerben und zu entsorgen sein.

Dabei ist festzustellen, dass keiner der bisher angewendeten Tracer alle Forderungen gleichzeitig erfüllt, jedoch gibt es inzwischen genügend Untersuchungen zur Anwendbarkeit und Einschränkung verschiedener Markierungsmethoden (Käss 1992). Im Gegenteil, es werden auch bewusst Stoffe eingesetzt, die diese Eigenschaften nicht haben und z. B. adsorbieren, wobei die Adsorptionsraten aus vorhergehenden so genannten Batch-Versuchen bestimmt worden sind (Brusseau 1991).

Die Konzentration von Salzen kann indirekt mit Hilfe der elektrischen Leitfähigkeit EC [Sm^{-1}] gemessen werden. Die Leitfähigkeit von reinem Wasser beträgt ca. 5×10^{-6} Sm^{-1} und steigt mit zunehmender Ionenkonzentration an. Die elektrische Leitfähigkeit kann auch als Messung der Ionenaktivität einer Lösung in Bezug auf ihre Kapazität zur Leitung des elektrischen Stromes aufgefasst werden. Die Größe TDS (total dissolved solids oder gesamte gelöste Stoffe) [mgl^{-1}] gibt die Konzentration der gesamten gelösten Ionen im Wasser an, und in verdünnten Lösungen sind TDS und EC einigermaßen miteinander vergleichbar. Der TDS einer Wasserprobe basiert auf der Messung des EC-Wertes und kann mittels folgender Gleichung berechnet werden, $TDS = 0.5 * 1000 \times EC$, die Leitfähigkeit EC hat dann die Einheiten [$mScm^{-1}$]. Auch für fluoreszierende Tracer gibt es spezielle Sonden, mit denen die Konzentrationen vor Ort direkt gemessen werden können. Das gilt natürlich auch für die Wärme, welche als natürlicher Tracer bezeichnet wird, da man die Unterschiede im jahreszeitlichen Gang der Oberflächen- bzw. Lufttemperatur und der Temperaturen im Boden- und Grundwasser ausnutzen kann (Anderson 2005).

Abb. 3.35 Schematische
Durchbruchskurven für einen
Tracerversuch: (a) nach
kontinuierlicher und (b) nach
impulsförmiger Eingabe (nach
Mull und Holländer 2002)

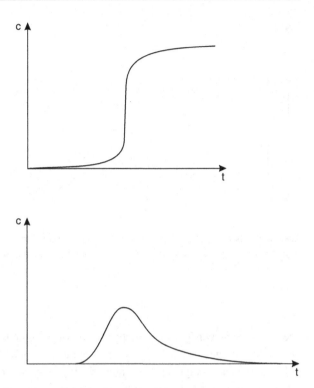

Die künstliche Applikation eines Tracers im unterirdischen Wasser kann auf unterschiedliche Weise geschehen, z. B. durch einen einmaligen, kurzzeitigen Impuls oder durch eine länger andauernde Injektion mit konstanter Konzentration. Von der Art der Applikation hängt der erwartete Konzentrationsverlauf im Beobachtungspunkt ab, welcher auch als Durchbruchskurve bezeichnet wird. In der folgenden Abb. 3.35 sind für einen gegebenen Messpunkt P_M die Konzentrationen eines Tracers als Funktion der Zeit $c(t)$ schematisch dargestellt, auf der linken Seite (a) nach kontinuierlicher, auf der rechten Seite (b) nach impulsförmiger Applikation.

Während bei kontinuierlicher Eingabe die Konzentration des Markierungsstoffs nach einiger Zeit einen Sättigungswert erreicht (er kann maximal die Eingabekonzentration c_0 erreichen), stellt die Durchbruchskurve bei impulsförmiger Eingabe sowohl den Anstieg als auch den Abfall der Konzentrationen dar. Beide Phasen sind nicht identisch, was an der Wirkung der Dispersion als Längs- und ggf. auch Quervermischung liegt. Auch verändert sich mit wachsendem Abstand von der Injektionsstelle die Form der Durchbruchskurve, was in Abb. 3.36 gezeigt wird.

Nach impulsförmiger Tracerapplikation lässt sich aus der Durchbruchskurve an einem Punkt mit dem Abstand L von der Injektionsstelle eine relative Konzentration $c/c_0 = 0.5$ zum Zeitpunkt $t_{0.5}$ bestimmen, aus der bei bekannter Filtergeschwindigkeit q die effektive Porosität n_e berechnet werden kann,

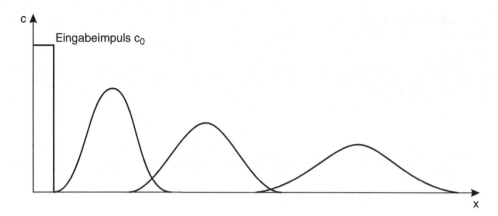

Abb. 3.36 Schematische Darstellung der Durchbruchskurven als Funktion des Ortes für einen Tracerversuch nach impulsförmiger Eingabe (nach Mull und Holländer 2002)

$$n_e = \frac{L}{t_{0.5} \cdot q}.$$ (3.85)

Die Auswertung von Tracerversuchen kann mit verschiedenen Modellen erfolgen, die alle mehr oder weniger auf die Transportgleichungen für gelöste Stoffe (3.70) oder für Wärme (3.83) aufbauen, analytisch bzw. numerisch gelöst werden und mit Hilfe von Optimierungsverfahren an die gemessenen Durchbruchskurven angepasst werden. Beispielsweise können die Programme CXTFIT (Toride et al. 1995) und visualCXTFIT (Nützmann et al. 2006) für die Analyse von Durchbruchskurven eindimensionaler Tracerversuche unter Verwendung analytischer Lösungen genutzt werden, das Programm PEST (Doherty 2005) ist ein unabhängiges Optimierungstool, welches mit numerischen Modellen (z. B. Stofftransport oder Wärmeausbreitung in porösen Medien) gekoppelt werden kann (siehe dazu Kap. 6).

Fließgewässer und Grundwasser

4

4.1 Hydraulische Wechselwirkungen zwischen Fluss und Aquifer

4.1.1 In- und Exfiltration

Fließgewässer befinden sich an den topographisch tiefsten Punkten ihres Einzugsgebietes, was bedeutet, dass sie oftmals sowohl vom ober- als auch vom unterirdisch zufließenden Wasser gespeist werden. Der Hydrologische Atlas von Deutschland weist eine mittlere Grundwasserneubildung von 200 mm a^{-1} aus, von denen nur ca. 4 mm a^{-1} unterirdisch in die Nord- und Ostsee gelangen, und der größte Teil des Grundwassers den Flüssen (und Seen) zufließt (BMU 2001). Nach früheren Bilanzrechnungen von Baumgartner und Liebscher (1990) wurde ein Gesamtabfluss der Fliessgewässer von 254 mm a^{-1}, ein Zwischen- und Oberflächenabfluss von 59 mm a^{-1} und ein Grundwasserabfluss von 5 mm a^{-1} ermittelt, so dass ein unterirdischer Zufluss zu den Fließgewässern von 190 mm a^{-1} verbleiben muss. Daraus folgt, dass sich der Abfluss der Fließgewässer nur zu einem Viertel aus dem Landoberflächen- und Zwischenabfluss und zu drei Vierteln aus dem unterirdischen Wasser zusammensetzt. Diese Zahlen zeigen, dass in Deutschland vorwiegend effluente Verhältnisse herrschen, d. h. das Grundwasser fließt dem Fließgewässer zu.

In anderen geographischen Regionen der Erde (z. B. in ariden und semi-ariden Gebieten) bzw. wenn durch große Grundwasserentnahmen die Grundwasseroberfläche bis weit unter die Gewässersohle abgesenkt ist, können sich diese hydraulischen Verhältnisse auch umkehren, so dass die Fließgewässer in den Untergrund infiltrieren, man spricht dann von influenten Verhältnissen. Dies gilt auch für Flüsse, die aus dem Gebirge in eine Ebene fließen, oder für aufgestaute Flussbereiche, bei denen der Flusswasserspiegel z. T. erheblich über dem Grundwasserspiegel liegen kann (CHR-KHR 1993).

© Springer Fachmedien Wiesbaden 2016
G. Nützmann, H. Moser, *Elemente einer analytischen Hydrologie*,
DOI 10.1007/978-3-658-00311-1_4

Oftmals kommen auch beide Austauschtypen an Flussabschnitten zeitlich nacheinander in Abhängigkeit vom Jahresgang des Abflusses oder von meteorologischen Verhältnissen vor. Wenn sich die Wasserstände der Flüsse z. B. nach der Schneeschmelze in relativ kurzer Zeit erhöhen, kann das zu einem Wechsel von normalerweise effluenten zu influenten Verhältnissen führen, gleiches gilt für Hochwasserereignisse. Langanhaltende Trockenereignisse können ebenfalls zu einer Umkehr der Austauschrichtung zwischen Fluss und Grundwasser führen, weil dabei oftmals nicht nur die Flusswasserstände zurückgehen, sondern auch die Grundwasserstände in Flussnähe mehr oder weniger stark fallen, so dass sich influente Verhältnisse einstellen (hydrologische Dürre). Das gleichzeitige Auftreten von effluentem und influentem Wasseraustausch an einem Flussabschnitt ist ebenfalls nicht ungewöhnlich, wenn z. B. dieser entlang eines Hanges verläuft, so dass auf der einen Seite aufgrund des starken hydraulischen Gradienten Grundwasser in den Fluss exfiltrieren kann, während auf der anderen Flussseite dieser in den Grundwasserleiter infiltriert.

Dem Austausch zwischen Fliessgewässer und Grundwasser ist lange Zeit zu wenig Aufmerksamkeit gewidmet worden, zum einen, weil die klassischen hydrologischen Konzepte zur Abflussbildung diese Wechselwirkungen nicht oder nur in sehr vereinfachter Weise berücksichtigten, zum anderen, weil die dabei maßgebenden Prozesse bis heute nur schwer zu beobachten bzw. messtechnisch zu erfassen sind. Hinzu kommt, dass sich zwar die meisten Austauschprozesse in der räumlich eng begrenzten Übergangszone an der Sohle der Fließgewässer abspielen, ihre Steuerung bzw. Beeinflussung aber durchaus von regionalen Gegebenheiten wie Landnutzung, Geologie, Wasserhaushalt und Klima abhängen. Man könnte sagen, dass sich in dieser Übergangszone verschiedene lokale und regionale Effekte konzentrieren, die über den rein hydraulischen Austausch hinausgehen und komplexe Beziehungen zwischen den Fließgewässern und ihren terrestrischen Einzugsgebieten auf unterschiedlichen räumlichen und zeitlichen Skalen herstellen (Jones und Mulholland 2000).

Die Grenz- oder Übergangszonen zwischen Fließgewässer und Grundwasser haben eine Bedeutung für die Steuerung des Abflusses und der Neubildung, und sie können die Wasserchemie beider Gewässer beeinflussen. Sowohl die hydraulischen als auch die chemischen Eigenschaften des Grundwassers in einiger Entfernung vom Fluss unterscheiden sich z. T. deutlich von denen in unmittelbarer Ufernähe, und ähnliches gilt für das Oberflächengewässer. Die Ursachen dafür sind komplexer Natur. So spielen morphologische Prozesse (Sedimentation, Resuspension) im Fluss eine Rolle, spezielle Habitate in dieser Grenzzone beeinflussen sowohl physikalische Filtereigenschaften des Untergrundes als auch die Ökosysteme in den Oberflächengewässern, und die sich sprunghaft ändernden Temperaturverhältnisse kontrollieren biogeochemische Stoffumsatzprozesse (Brunke und Gonser 1997; Köhler et al. 2002; IKSE 2014). Neben einer spürbaren Zunahme wissenschaftlicher Aktivitäten finden seit einigen Jahren diese Austauschprozesse auch in der wasserwirtschaftlichen Praxis eine immer stärkere Beachtung, siehe Tab. 4.1, was sich u. a. auch bei der Umsetzung der in der Europäischen Wasserrahmenrichtline (WRRL 2001) verankerten Forderungen nach einem integrierten Flussgebietsmanagement niederschlägt.

Tab. 4.1 Beispiele für die wasserwirtschaftliche Bedeutung des Fließgewässer-Grundwasser-austauschs (nach Tellam und Lerner 2009)

Maßnahmen und Effekte	Skale	Geforderte Aussage	Beispiel (Literatur)
Grundwasserförderung: Auswirkungen auf Flüsse und Feuchtgebiete	lokal bis Einzugs-gebiet	Änderungen von Wasserständen und Abflüssen im Fluss, Grundwasserständen und Basisabflüssen	Harding (1993)
Uferfiltration: Entwurf von Förderbrunnen-galerien	lokal	Änderungen der chemischen und mikrobiologischen Qualitäts-parameter des Uferfiltrats auf dem Weg vom Gewässer in den Förderbrunnen	Hiscock und Grischek (2002)
Land- und Grundwasserkontamination: Auswirkungen der auf Oberflächen- oder Grundwasser	lokal	Verdünnung der Kontamination, Einfluss der Kontamination auf Ökologie	Conant et al. (2004)
Flussmorphologie: Flussrevitalisierung (Renaturierung von Feuchtgebieten und Auen) und Hochwasserschutz (Kanalvertiefung und Uferausbau), Auswirkungen auf Wasserqualität und Ökologie	lokal	Auswirkungen auf die Grundwasserabflüsse, Verdünnung von Verschmutzungen, Sedimentation und Habitate	Elliott et al. (1999), Boulton (2007)
Sedimentausbaggerung: Auswirkungen auf Sediment-stabilität in Flussbetten	lokal	Veränderungen der Grundwasserabflüsse und Grundwasserqualität, Änderungen der Eigenschaften der Flussbettsedimente	Mas-Pla et al. (1999)
Abwassermanagement: Auswirkungen der Klärwerks-abläufe auf Gewässer und Grundwasser, Ökologie	lokal bis Einzugsgebiet	Verdünnung von Stoffen durch die Interaktion mit der Fluss-Grundwasser-Grenzzone	Rassam et al. (2008)
Steuerung der diffusen Stoffeinträge: Bilanzierung von Frachten	Einzugsgebiet	Verdünnung von Stoffen durch die Interaktion mit der Fluss-Grundwasser-Grenzzone	Jackson et al. (2008), Hirt et al. (2008)
Fischereimanagement: Sicherung optimaler Habitats-bedingungen (Laichgründe, Aufwuchs)	lokal	Parameter: Temperatur, gelöster Sauerstoff und andere, Strömungsgeschwindigkeit, Makrophyten	Malcolm et al. (2005), Suhodolova (2008)

Immer wiederkehrende Themen bzw. Fragestellungen dabei betreffen die folgenden Punkte (Tellam und Lerner 2009):

- Quantität und Qualität des Oberflächenwassers und Grundwassers auf der Ebene ihrer Einzugsgebiete
- Beeinflussung des Fließgewässers durch ufernahe Grundwasserentnahme, Sicherung einer ausreichenden Qualität des Uferfiltrats
- Ausbreitung von Schadstoffen im Fließgewässer und im Grundwasser
- Langzeitprognose von Wasserquantität und -qualität für Fließgewässer und Küstenregionen unter dem Einfluss des Klimawandels (BfG 2015).

In den folgenden Abschnitten werden deshalb die hydraulischen Austauschprozesse auf der Flussabschnittsskala, die eher kleinräumigen Prozesse in der hyporheischen Zone, und die ökohydrologischen Interaktionen in Flussauen näher erläutert.

Der Wasseraustausch zwischen Grund- und Fliessgewässer wird vor allem durch regionale und lokale hydraulische Gradienten gesteuert, d. h. durch unterschiedliche Wasserstände im Fluss und im Grundwasser. Wie im Schema der Abb. 4.1 gezeigt wird, sorgt der Grundwasserspiegel, d. h. die hydraulische Höhe h_{GW} zum Zeitpunkt t in der Entfernung L zur Vorflut für eine Exfiltration, wenn der Wasserstand im Gewässer h_F unterhalb des Grundwasserstandes liegt, $h_F < h_{GW}$.

In der Abbildung sind Stromlinien dargestellt, welche die prinzipiellen Fließwege des Grundwassers in Richtung Fluss zeigen. Man muss dabei beachten, dass der genaue Verlauf dieser Stromlinien nicht nur vom Gradienten, sondern auch von anderen Faktoren beeinflusst wird, so z. B. vom Aquifertyp, den Schichtungsverhältnissen innerhalb des Aquifers, seiner Heterogenität, Isotropie bzw. Anisotropie und Mächtigkeit. Umgekehrte influente hydraulische Verhältnisse, wie sie in Abb. 4.2 gezeigt werden, werden dann durch das Verhältnis $h_F > h_{GW}$ gesteuert.

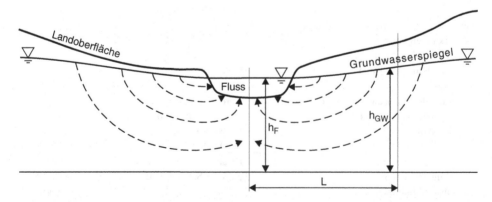

Abb. 4.1 Vertikal-ebene schematische Darstellung effluenter Verhältnisse

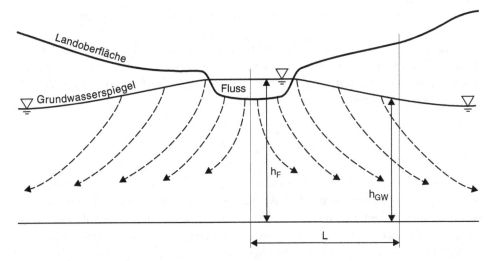

Abb. 4.2 Vertikal-ebene schematische Darstellung influenter Verhältnisse

Hierbei infiltriert Flusswasser durch das Flussbett in den Aquifer mit geringerer hydraulischer Höhe, wobei diese Infiltration ebenfalls von den oben erwähnten Faktoren abhängt.

Die Quantifizierung solcher Austauschraten zwischen Fluss und Aquifer kann auf der Basis des Darcy-Gesetzes (4.26) erfolgen. Es ergibt sich – gemäß der Abb. 4.1 und 4.2 – zwischen beiden Beobachtungspunkten eine Austauschrate $q_{leakage}$ [ms^{-1}] von

$$q_{leakage} = K \frac{h_{GW} - h_F}{L}, \qquad (4.1)$$

dabei stellt K die effektive hydraulische Leitfähigkeit des Aquifers einschließlich der Flussbettsohle dar. Da sich diese oftmals um Größenordnungen unterscheiden, wird die Austauschrate auch bezogen auf den laufenden Meter des Flussabschnittes in der folgenden Form geschrieben

$$q_{leakage} = K_{riverbed} \frac{h_{GW} - h_F}{d_{riverbed}}, \qquad (4.2)$$

in der $K_{riverbed}$ [ms^{-1}] die Leitfähigkeit des Flussbetts und $d_{riverbed}$ [m] dessen Mächtigkeit bedeuten (Harbaugh et al. 2000). Diese Formel hat nach Einführung eines Leakagefaktors $l_{leakage}$ [s^{-1}] die folgende Form

$$q_{leakage} = l_{leakage}(h_{GW} - h_F). \qquad (4.3)$$

Dieser Faktor beschreibt den Widerstand, der dem Wasseraustausch durch die Beschaffenheit des Flussbetts entgegengesetzt wird, z. B. durch verringerte hydraulische

Leitfähigkeit der Sedimente und eine geringere Porosität infolge von Kolmation (siehe Abschn. 4.3.1).

Betrachtet man den Austausch als Folge einer gerichteten Strömung, bei der ein definierter Abschnitt des Fließgewässers mit einem entsprechenden Volumenelement des Aquifers korrespondiert, dann lässt sich das ausgetauschte Wasservolumen $Q_{leakage}$ [$m^3 s^{-1}$] nach der folgenden Gleichung berechnen,

$$Q_{leakage} = \frac{k_{leakage} w l}{m} (h_{GW} - h_F), \qquad (4.4)$$

dabei sind $k_{leakage}$ ein Koeffizient in der Dimension der hydraulischen Leitfähigkeit [ms^{-1}], w [m] die Breite und l [m] die Länge des definierten Flussabschnittes, und m [m] die Mächtigkeit des auf der Fließgewässersohle deponierten Materials. Die Steuerung des Austauschs bzw. die Festlegung der Richtung geschieht auch hier durch das Verhältnis von h_F und h_{GW}, was sich letztlich im Vorzeichen in den Formeln (4.1), (4.2), (4.3) und (4.4) ausdrückt; eine positive Rate bzw. ein positives Volumen steht für Exfiltration, eine negative Rate für Infiltration.

Die so bestimmten Austauschraten bzw. -volumina können nicht als konstant angesehen werden, denn sie verändern sich in Abhängigkeit von den Differenzen zwischen h_{GW} und h_F, welche wiederum jahreszeitlichen, klimatischen und anthropogen verursachten Schwankungen unterliegen. Ebenso können die Austauschraten in Abhängigkeit verschiedener Faktoren räumlich stark variieren. Die Abflüsse im Fluss und damit die Wasserstände h_F folgen den für das Fliessgewässer typischen Abflusscharakteristiken (siehe Kap. 2), während die Grundwasserstände h_{GW} durch die Neubildungsraten, Zwischenabflüsse und Tiefenversickerungen im Einzugsgebiet beeinflusst werden (siehe Kap. 3). Im Allgemeinen überlagern sich diese Effekte, verschiedene anthropogene Einflüsse kommen noch hinzu, so dass es schwer ist, die einzelnen Mechanismen genau zu quantifizieren und voneinander zu unterscheiden. Die die In- bzw. Exfiltrationsprozesse steuernden unterschiedlichen hydraulischen Potenziale sind vor allem von folgenden äußeren Faktoren abhängig:

- Eigenschaften von Boden und Gesteinsuntergrund (beeinflussen Strömungsgeschwindigkeit bzw. Austauschraten)
- Geomorphologie (beeinflusst die Fließrichtung und das Abflussverhalten)
- Klimatische Verhältnisse (Beeinflussung durch Niederschlag und Evaporation)
- Vegetation (Beeinflussung durch Transpiration und Interzeption)
- Eigenschaften des Oberflächengewässers (Beeinflussung durch Ausdehnung, Form und die Anzahl bzw. Art der Zuflüsse).

Durch die Vielzahl der Faktoren kann sich ein sehr heterogenes Muster des Wasseraustausches zwischen Grund- und Oberflächenwasser ergeben, bei dem gleichzeitig in unmittelbarer räumlichen Nähe auftretende In- und Exfiltrationsprozesse nicht selten sind. Dabei wirken sich vor allem die Morphologie des Flussbetts und der Abfluss stark auf das Vorhandensein von Ex- oder Infiltrationsprozessen aus.

Untersuchungen des Austauschs zwischen Fluss und Grundwasser an der Müggelspree, einem Abschnitt der Spree zwischen dem Wehr „Große Tränke" nahe der Stadt Fürstenwalde und dem Müggelsee im Südosten Berlins, siehe Abb. 4.3, zeigen die Veränderung dieser Wasserstandsdifferenzen im Verlauf einer relativ kurzen, aber typischen Periode von 12 Tagen im Jahre 2007, siehe Abb. 4.4 (Lewandowski und Nützmann 2008).

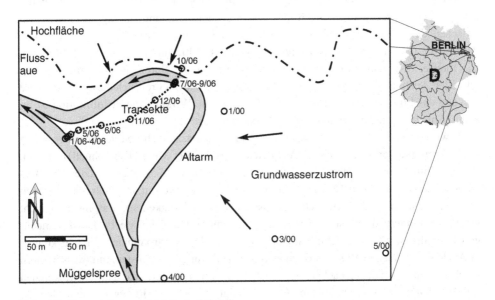

Abb. 4.3 Untersuchungsgebiet Freienbrink/Spree

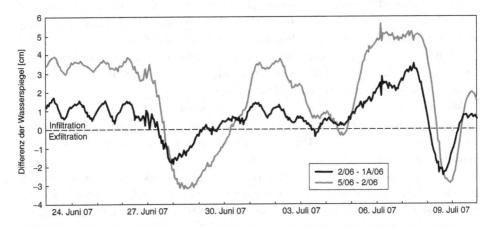

Abb. 4.4 Wasserstandsdifferenzen im Zeitraum 23.06.07 bis 10.07.07 zwischen Pegel 2 (Grundwasser, direkt am Ufer) und 1A (Spree-Oberflächenwasser) sowie zwischen den Piezometern 5 und 2 (alle im Grundwasser)

Das Untersuchungsgebiet ist von der Spree und einem Altarm, der das ehemalige Flussbett darstellt, begrenzt, und mit 12 Grundwasserbeobachtungsrohren (Piezometer) bestückt. Die Filterlängen dieser Rohre betragen in der Regel 2 m, und die mittlere Messstellen-Endteufe liegt bei 2.5 m unter Gelände. Unter der Spree und dem Altarm wurden ebenfalls zwei Messstellen installiert, welche Filterlängen von 1 m aufweisen. Alle Messstellen sind mit Datenloggern ausgestattet, welche automatisch in Ein-Stunden-Intervallen die Wasserdrücke aufzeichnen, aus denen die hydraulischen Höhen berechnet werden können.

Abbildung 4.4 stellt den zeitlichen Verlauf von Wasserstandsdifferenzen zwischen der direkt an der Spree gelegenen Grundwassermessstelle (2) und der Spree (1A) sowie zwischen der in ca. 25 m vom Ufer entfernten Grundwassermessstelle (5) und dem Piezometer (2) dar. Positive Differenzen zeigen Exfiltration an, negative Infiltration. Die meiste Zeit über exfiltriert das Grundwasser in die Spree, jedoch aufgrund des schnellen Anstiegs der Spree am 28.06.07 und am 08.07.07 kehren sich diese Verhältnisse um, und das Flusswasser infiltriert in den Aquifer. Die Wirkung dieser Infiltration ist im Aquifer bis in 25 m Entfernung vom Ufer nachweisbar.

Es wird deutlich, dass der Wasseraustausch hier hauptsächlich von der Spree gesteuert wird, deren Wasserstände sich im Vergleich zum Aquifer wesentlich schneller ändern. Die bei Infiltration aus den Messdaten nach (4.2) bzw. (4.3) abgeschätzten Fließgeschwindigkeiten des Oberflächenwassers in den Aquifer erweisen sich aber als sehr hoch (im Vergleich zu modellierten Grundwasserfließgeschwindigkeiten), was insofern nicht weiter verwundert, da es sich hierbei um zwei unterschiedliche Mechanismen handelt: geophysikalische Druckwellenübertragung und Grundwasserströmungen. Erstere können in Analogie zu tidebeeinflussten Grundwasserschwankungen in Küstengrundwasserleitern gesehen werden, bei denen nachgewiesen wurde, dass sich die durch die Tide entwickelnden Druckwellen mit wesentlich höheren Geschwindigkeiten in den Grundwasserleiter fortsetzen als die eigentlichen Grundwasserströmungen selbst. Für die Abschätzung der Austauschraten und -Volumina entsprechend der oben aufgeführten Gleichungen ist also zu beachten, dass es sich um quasi-stationäre Beziehungen handelt, d. h. man kann damit auch nur Verhältnisse unter solchen Bedingungen richtig beschreiben.

Als Beispiel für die räumliche Variabilität von gleichzeitigen Ex- und Infiltrationsbedingungen dient die nachfolgende Abb. 4.5, die diese Verhältnisse schematisch an einen Flussabschnitt der Garonne in Südwestfrankreich zeigt.

Man erkennt an diesem Schema zwar die vorherrschende Grundwasserexfiltration, aber auch durch Sandbänke oder kleinere Inseln im Fluss bedingt eine vielfältige Variation der Austauschrichtungen. Diese eher kleinräumigen Muster werden vorwiegend durch morphologische Prozesse im Fluss verursacht.

In einigen Fällen – z. B. bei schnellen Wasserspiegelschwankungen – kann sich auch zwischen Grundwasserleiter und Fließgewässer eine ungesättigte Zone aufbauen, die den Wasseraustausch beeinflusst (Wiese und Nützmann 2009). Die effektive Ex- bzw. Infiltrationsrate hängt dann auch vom Wassersättigungsgrad dieser Zone ab, und die Fließrate wird dann durch die die Saugspannung (siehe Gl. 4.16) und die ungesättigte hydraulische Leitfähigkeit $K_r(\theta)$ (siehe Gl. 3.41) bestimmt.

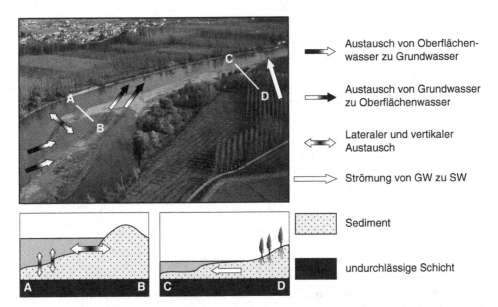

Abb. 4.5 Gleichzeitige Ex- und Infiltration an einem Flussabschnitt (nach Peyrard et al. 2005)

4.1.2 Uferspeicherung und Uferfiltration

Die zuvor am Beispiel eines Spreeabschnittes beschriebene Infiltration von Flusswasser in den Aquifer führt zu einer – wenn auch kurzzeitigen – Erhöhung der Grundwasserstände in Flussnähe. Dieses Phänomen wird auch als Uferspeicherung bezeichnet, und insbesondere bei Hochwasserereignissen zeigt sich hier die ausgleichende Wirkung des ufernahen Grundwasserleiters. Nach Ablauf der Hochwasserwelle stellen sich dann wieder effluente Verhältnisse ein, bei denen das Wasser aus der Uferspeicherung zurück in den Fluss gelangt (Matthess und Ubell 2003). Da das durch Uferspeicherung gebildete Wasservolumen einerseits vom tatsächlichen Ablauf der Hochwasserwelle und andererseits von den hydrogeologischen Verhältnissen des ufernahen Grundwasserleiters abhängig ist, lässt es sich zuverlässig mit Hilfe von Grundwassermessstellen in ausgewählten hydrogeologischen Querprofilen bestimmen. Die an der Donau von Ubell (1987) eingeführte Feldmethode stützt sich auf die regelmäßige Messung des Grundwasserstandes in Messstellen, die in senkrecht zum Fluss verlaufenden Querprofilen (so genannten Transekten) eingerichtet wurden (siehe Abb. 4.6).

Zur Berechnung der Änderung des Grundwasservolumens wird für einen 1 km breiten Profilbereich (entspricht einem Flussabschnitt mit der Länge 1 km) aus den gemessenen Grundwasserstandsänderungen die Volumenänderung im Aquifer bestimmt. Innerhalb eines Zeitintervalls $\Delta t = t_2 - t_1$ verändert sich der Grundwasserstand in den Beobachtungsrohren, und man erhält die Differenzen des Wasserstandes an den Messstellen, z. B. $\Delta h_1 = h_1(t_2) - h_1(t_1)$ für die Messstelle 1. Aus diesen Differenzen lässt

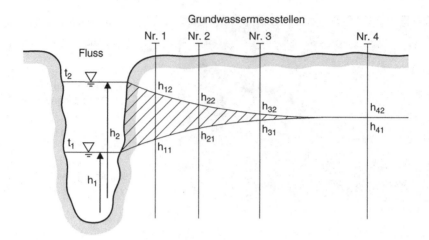

Abb. 4.6 Schema zur Ermittlung der Uferspeicherung nach Ubell

sich die Fläche F [m^2] berechnen, um die sich das Grundwasser im Vertikalprofil im Betrachtungszeitraum erhöht hat. Das gespeicherte Volumen V [m^3] wird nun einfach nach

$$V = n_e F \times 10^3 \qquad (4.5)$$

berechnet und stellt die Uferspeicherung für den jeweiligen 1 km breiten Profilbereich/ Flussabschnitt dar. Natürlich lässt sich dieses Verfahren in gleicher Weise auch für die Ermittlung des Grundwasserablaufs aus dem Aquifer in den Fluss anwenden, und man kann so die Dynamik des Fließgewässer-Grundwasser-Austauschs auch für längere Zeitperioden quantifizieren. Beispiele für verschiedene Flüsse bzw. Flussabschnitte werden in Ubell (1987) vorgestellt und kommentiert.

Die Genauigkeit dieser Methode hängt von der Anzahl der Grundwasserbeobachtungsrohre und der Messfrequenz ab. Außerdem ist die Auswahl des Flussabschnitts von Bedeutung, da die Methode an die stationären Grundwassermessstellen gebunden ist. Neben den Messdaten, die mit heutigen elektronischen Sonden und Datenloggern problemlos mit Messfehlern <1 cm gewonnen werden können, benötigt man für die Berechnungen nur die effektive Porosität des Grundwasserleiters, dessen Wert für die wichtigsten oberflächennahen Grundwasserleiter zwischen 0.17 und 0.25 liegt und auch aus Tabellen ablesbar ist (Matthess und Ubell 2003).

Zur Abschätzung der bei der Uferspeicherung in den Aquifer fließenden Wasservolumina kann man sich auch der Boussinesq-Gleichung bedienen (Boussinesq 1877), die die Grundwasserströmung in einem ungespannten Aquifer mit Anschluss an die Vorflut unter den folgenden Annahmen beschreibt: (i) der Einfluss der ungesättigten Zone oberhalb des Grundwasserspiegels ist vernachlässigbar, und (ii) es liegt eine hydrostatische Druckverteilung vor (Brutsaert 2005). Diese Annahmen bedeuten, dass man von einer horizontal-ebenen Strömung ausgehen kann, und dass die unbekannte

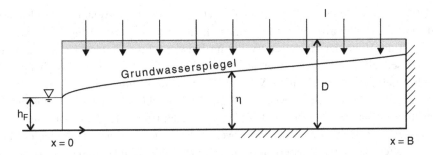

Abb. 4.7 Schematische vertikal-ebene Darstellung eines ungespannten Aquifers mit Anschluss an die Vorflut. Die Position des Grundwasserspiegels wird durch die Neubildungsrate *I* und/oder den Wasserstand h_F im Vorfluter bestimmt

hydraulische Höhe $h(x,z,t)$ in der Strömungsgleichung durch die unbekannte Höhe des Grundwasserspiegels η (x,t) ersetzt wird, siehe Abb. 4.7.

Die Boussinesq-Gleichung lautet dann in ihrer eindimensionalen Form

$$\frac{\partial \eta}{\partial t} = \frac{k_F}{n_e} \frac{\partial}{\partial x}\left(\eta \frac{\partial \eta}{\partial x}\right).$$

(4.6)

Ist zum Zeitpunkt $t = 0$ der Wasserstand im Fluss auf gleicher Höhe mit dem Grundwasserstand, und lässt sich die Form der Hochwasserwelle z. B. durch einen sinusförmigen Verlauf beschreiben, dann kann man die partielle Differentialgleichung (4.6) unter den gegebenen Randbedingungen linearisieren und analytisch lösen (Todd 1959). Das pro m Flussabschnitt in den Aquifer fließende Wasservolumen Q [m^{3}s^{-1} m^{-1}] beträgt dann

$$Q = \frac{1}{2}\left[\eta_0 \times \sqrt{\omega TS}\left(W_1\left(\frac{t}{\tau}, \beta\right)\right)\right],$$

(4.7)

woraus das im Grundwasserleiter zusätzlich gespeicherte Wasservolumen V berechnet werden kann

$$V = \int_0^t Q dt$$

(4.8)

und

$$V = \frac{1}{2}\eta_0 \times \sqrt{\omega TS}W_2\left(\frac{t}{\tau}, \beta\right).$$

(4.9)

In diesen Gleichungen sind $W_1\left(\frac{t}{\tau}, \beta\right)$ und $W_2\left(\frac{t}{\tau}, \beta\right)$ vom zeitlichen Ablauf der Hochwasserwelle und von den hydrogeologischen Eigenschaften des Aquifers abhängige Funktionen, η_0 [m] ist die Höhe der Hochwasserwelle im Fluss, t [s] die Zeitdauer seit Beginn der Hochwasserwelle, τ [s] deren Dauer, $\omega = 2\pi\tau^{-1}$, T und S sind die Transmissivität und der Speicherkoeffizient (siehe Kap. 3), V [m^{3}m^{-1}] ist das im Aquifer gespeicherte Volumen, und β ist ein dimensionsloser Koeffizient zur Berücksichtigung der hydrogeologischen Verhältnisse (Matthess und Ubell 2003). Der Betrag der Uferspeicherung hängt damit von der Dauer und Höhe der Hochwasserwelle ab sowie von den hydrogeologischen Eigenschaften des Grundwasserleiters (hydraulische Leitfähigkeit, Speicherkoeffizient und effektive Porosität). Auch spielt die Ausdehnung des Grundwasserleiters im Querprofil senkrecht zum Fluss eine wichtige Rolle; je größer diese Ausdehnung ist, desto weit reichender und lang anhaltender kann der Einfluss der Uferspeicherung sein. Der Vorteil der analytischen Berechnung des Uferspeicherungsvolumens nach der oben beschriebenen Methode steht allerdings dem Nachteil gegenüber, dass die hydrogeologischen Parameter und der tatsächliche Verlauf der Hochwasserwelle bekannt sein müssen. Kennt man diese Parameter, so ist auch eine numerische Simulation der hydraulischen Verhältnisse möglich und sinnvoll. Sie hat vor allem die Vorteile, dass neben der genaueren Abbildung der geometrischen Verhältnisse (Uferform und –verlauf, Aquiferausdehnung, Schichtungen etc.) auch die räumlichen und zeitlichen Fliessmuster detailliert berechnet werden können, welche wiederum die Eingangsparameter für eine Stofftransportsimulation sind.

Während der Infiltration von Oberflächenwasser in den Untergrund werden infolge von Dispersion, Adsorption und biogeochemischen Abbaumechanismen im Flusswasser befindliche Stoffe verdünnt, zurückgehalten, abgebaut und/oder umgewandelt, so dass sich die Wasserqualität erheblich verbessert und der des Grundwassers annähert. Diese „natürlichen" Reinigungseigenschaften des Grundwasserleiters sind die Ursache für eine weit verbreitete wasserwirtschaftliche Technologie als Vorstufe zur Trinkwasseraufbereitung, die so genannte Uferfiltration. In Ufernähe von Fließgewässern und Seen platzierte Förderbrunnen sorgen durch eine Absenkung des Grundwasserspiegels für ein hydraulisches Gefälle und den stetigen Zustrom von infiltrierendem Oberflächenwasser. Durch die Absenkung strömt auch landseitiges Grundwasser zu, so dass im Brunnen eine Mischung aus beiden Wässern, das Uferfiltrat, gefördert wird (Abb. 4.8).

Während noch zu Beginn und Mitte des 19. Jahrhunderts die Trinkwassergewinnung nahezu ausschließlich aus Oberflächenwasser üblich war, und infolge der Verschmutzung derselben verstärkt Epidemien auftraten, wurden gegen Ende des Jahrhunderts die ersten Anlagen zur Uferfiltration in Großbritannien und bald darauf auch in Deutschland mit dem vordringlichen Ziel errichtet, pathogene Substanzen aus dem Rohwasser herauszufiltern (Ray et al. 2002). Der Erfolg dieser Technologie zeigt sich u. a. auch durch die schnelle Verbreitung und Zunahme solcher Anlagen. In Deutschland wurden 1992 ca. 15 % des Trinkwassers durch Uferfiltration erzeugt, entlang des Rheins waren es 49 %, und in Berlin beträgt der durch Uferfiltration gewonnene Anteil am Trinkwasser 70 % (Fritz 2002). Durch Uferfiltration werden physikalische Eigenschaften des Oberflächenwassers

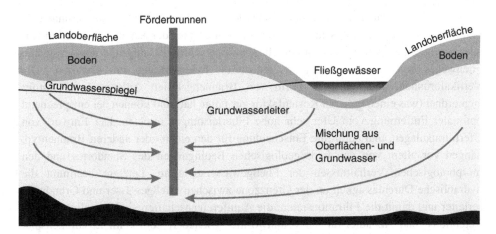

Abb. 4.8 Schematische Darstellung der Uferfiltration: durch das Abpumpen von Wasser aus dem Aquifer entsteht ein hydraulisches Gefälle sowohl in Richtung des Oberflächengewässers als auch im Grundwasserleiter selbst. Infolge dieses Gefälles strömt sowohl Oberflächenwasser (Uferfiltrat) als auch landseitiges Grundwasser in den Förderbrunnen

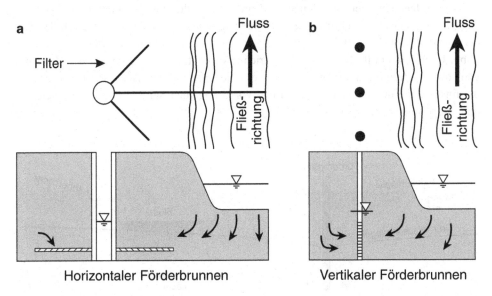

Abb. 4.9 Schema der Wirkungsweise von (**a**) Horizontal- und (**b**) Vertikalbrunnen bei der Uferfiltration

verbessert (Trübung und Temperatur), und chemische (anorganische Stoffe, Pestizide, natürliche organische Stoffe, Spurenstoffe) und biologische Kontaminanten (Protozoen, Bakterien, Viren) können effektiv zurückgehalten bzw. eliminiert werden.

Die technische Realisierung erfolgt im Wesentlichen mit Hilfe von horizontalen und/oder vertikalen Brunnen, wie die nachfolgenden Abb. 4.9a, b zeigen.

Beide Systeme haben ihre Vor- und Nachteile. Während bei den Horizontalbrunnen die Pump- bzw. Förderleistung sehr hoch sein kann (die Filter der Brunnen liegen in mehr oder weniger geringen Abständen zur Fließgewässersohle), ist aufgrund des geringeren Fließweges auch eine wesentlich reduzierte Filterwirkung zu erwarten. Die Vertikalbrunnen sind meist in Form von Brunnengalerien entlang der Flussufer angeordnet (was einen höheren Kostenfaktor zur Folge hat) und können bei entsprechend optimaler Entfernung vom Ufer sehr hohe Filterleistungen erzielen. Der Entwurf von Uferfiltratanlagen, und damit die Entscheidung für den einen oder anderen Brunnentyp, hängen vor allem von den hydrogeologischen Bedingungen des Standortes und den morphologischen Verhältnissen der Fließgewässersohle ab. Letztere bestimmt die hydraulische Durchlässigkeit an der Grenzzone zwischen Fließgewässer und Grundwasserleiter und damit die Filtrationsraten, die Aquifereigenschaften sind vor allem für die Retentions- und Abbauleistungen verantwortlich (Schubert 2002). Im Zusammenspiel von Brunnenanordnung, Abstand zum Ufer und der Art und Weise des Pumpbetriebes (kontinuierliche bzw. intermittierende Fahrweise, Höhe der Förderrate) wird die Effektivität der Uferfiltration bestimmt, sowohl hinsichtlich der Leistung (Förderraten von mehreren 10^2 bis mehreren 10^3 m^{3}h^{-1}) als auch in Bezug auf die Stoffelimination.

In den folgenden zwei Abbildungen soll ein Aspekt – die Höhe der Förderrate – in ihrer Auswirkung auf das unterirdische Strömungsregime anhand eines Vertikalschnittes demonstriert werden. Bei einer so genannten minimal induzierten Infiltration (Abb. 4.10) wird ein flacher Absenkungstrichter erzeugt, der wiederum für den Zustrom von sowohl Uferfiltrat als auch von zwei verschiedenen Grundwässern sorgt. Das ist auf der linken Seite der landseitige Anteil und von der rechten Seite Grundwasser, welches dem Fluss unterströmt.

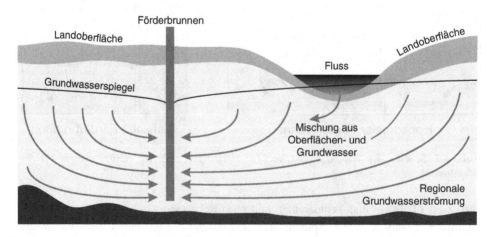

Abb. 4.10 Bedingungen für eine minimal induzierte Infiltration

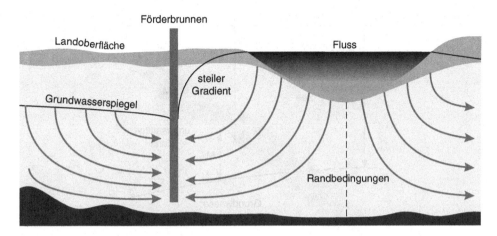

Abb. 4.11 Bedingungen für eine maximal induzierte Infiltration

Das geförderte Rohwasser besteht somit aus hohen Anteilen Grundwasser und aus Uferfiltrat. In Abb. 4.11 wird infolge einer hohen Pumprate der Absenkungstrichter stark verändert, so dass vorrangig Uferfiltrat und landseitiges Grundwasser gefördert werden (Gollnitz 2002).

Diese Beispiele unterstreichen die Bedeutung der Optimierung des Pumpregimes nach entsprechend vorzugebenden Kriterien (Fördervolumen, Reinigungswirkung). Wie sehr die hydraulischen Verhältnisse von den Eigenschaften der Gewässersohle als Interface zwischen Oberflächengewässer und Aquifer abhängig sind, zeigt das nachfolgende Beispiel. Durch das Förderregime der Brunnengalerie wird z. B. am Tegeler See in Berlin der Grundwasserspiegel zeitweise so weit abgesenkt, dass sich eine ungesättigte Zone unterhalb des Sees ausbilden kann (Abb. 4.12).

Dabei verändern sich ebenfalls die hydraulischen Eigenschaften der Grenzschicht zwischen Oberflächengewässer und Aquifer. Es entsteht ein so genannter clogging layer, d. h. eine Kolmationsschicht mit variabler Dicke und räumlichen Verteilung. Durch Sedimentation feiner Partikel und organischer Substanz und die Entstehung von Biofilmen auf der Sedimentoberfläche verringern sich in dieser Schicht die Porosität und die hydraulische Leitfähigkeit, so dass der Leakagekoeffizient (Gl. 4.4) als zeitlich und räumlich veränderlich angenommen werden kann (Wiese und Nützmann 2009). Da sowohl die Kolmationsschicht als auch die ungesättigte Zone in ihren Ausdehnungen räumlich und zeitlich und in Abhängigkeit von den Brunnenförderraten variieren, folgt aus dieser Annahme auch, dass ein sinkender Grundwasserspiegel für eine Verlagerung der Infiltration in die ungesättigten Bereiche der flacheren Uferzonen sorgen kann, was die Messungen bestätigten (Wiese 2007). Obwohl dies ein Beispiel für die Uferfiltration an Seen und damit nicht typisch für Fließgewässer ist, können die Einflüsse der Kolmation auch bei diesen große Wirkungen haben (Ray et al. 2002). Im Übrigen lässt sich ein

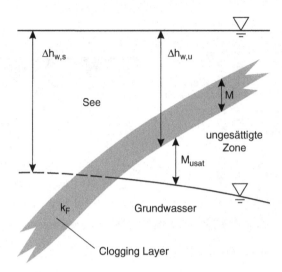

Abb. 4.12 Schema der Uferfiltration (Tegeler See). Die Infiltration wird durch die hydraulischen Gradienten $\Delta h_{w,s}$ (gesättigter Fall) und $\Delta h_{w,u}$ (ungesättigter Fall) kontrolliert. M ist die Mächtigkeit und k_F ist die hydraulische Leitfähigkeit des Interface, M_{usat} ist die Mächtigkeit der ungesättigten Zone. Die durchgezogene Linie symbolisiert den Grundwasserspiegel bzw. die hydrostatische Druckfläche (nach Wiese 2007)

direkter Zusammenhang zwischen der hydraulischen Leitfähigkeit und der Temperatur durch die Formel (4.29) herstellen

$$K = k \frac{\rho_w g}{\eta(T)}, \tag{4.10}$$

in der k die Permeabilität [m^2] bedeutet und die Abhängigkeit der dynamischen Viskosität $\eta(T)$ von der Temperatur explizit betont wird. Autoren wie Pawlowski (1991), Gavich et al. (1985) und Lin et al. (2003) haben dieses Phänomen bei der Infiltration von Wasser in Böden untersucht, und ihre Ergebnisse stimmen sehr gut überein, wie in der folgenden Abbildung (Abb. 4.13) zu sehen ist.

Die Abbildung zeigt, dass mit steigenden Temperaturen auch die relative hydraulische Leitfähigkeit wächst und die dynamische Viskosität abnimmt. Beobachtete Temperaturen des infiltrierenden Oberflächenwassers an der Transekte Wannsee (Berlin) lagen im Winter bei 1 °C und erreichten im Sommer maximal 26 °C (KWB 2007). Mit Hilfe der Relationen aus Abb. 4.13 lassen sich daraus die relativen Änderungen der hydraulischen Leitfähigkeit zwischen Sommer- und Winterhalbjahr abschätzen. Diese betragen z. B. im Vergleich einer mittleren Sommertemperatur von 20 °C zu einer mittleren Wintertemperatur von 7 °C ca. 70 %, was sich bei gleich bleibenden Pumpraten auf das effektive Fördervolumen auswirkt.

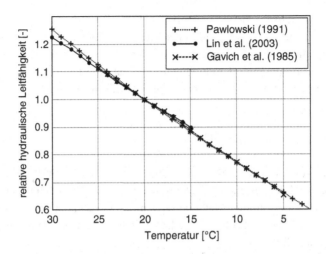

Abb. 4.13 Abhängigkeit der relativen hydraulischen Leitfähigkeit $K_r = K/K^*$ von der dynamischen Viskosität η zwischen 2 und 30 °C (K^* ist die Leitfähigkeit bei 20 °C)

4.1.3 Modellierung des Austauschs zwischen Fließgewässer und Grundwasser auf mittleren bis großen Skalen

Es gibt verschiedene Ansätze zur Modellierung dieses Austauschs, welche sich vor allem durch die zwei gegensätzlichen Betrachtungsweise unterscheiden: (a) Fließgewässermodelle, bei denen die Wechselwirkungen mit dem Grundwasserleiter über entsprechende Austausch- und Speicherkoeffizienten verwirklicht werden, die das Grundwasser und seine Bewegung aber selbst nicht modellieren, oder (b) Grundwassermodelle, welche über Leakagefaktoren bzw. -koeffizienten die Wechselwirkungen erfassen, die aber die Strömung und den Transport im Fluss nicht oder nur in sehr vereinfachter Form mit einbeziehen. Weitere Ansätze, bei denen Fließgewässer- und Grundwassermodelle in unterschiedlicher räumlicher Dimension miteinander gekoppelt oder auch voll integriert werden, sollen hier nur erwähnt, aber nicht ausführlicher behandelt werden (siehe dazu Kap. 6, vgl. auch DWA 2013).

Der Abfluss in einem Vorfluterabschnitt kann mit einem einfachen hydrologischen Bilanzansatz beschrieben werden

$$\frac{\Delta S}{\Delta t} = I - O, \tag{4.11}$$

in dem die Speicherrate $\Delta S/\Delta t$ als Summe von Input minus Output definiert wird. Etwas ausführlicher geschrieben lautet diese Bilanzgleichung dann

$$\frac{\Delta H_i}{\Delta t} = \frac{\Delta Q_i}{A_i} + I_i - F_{GW,i} - ET_i, \tag{4.12}$$

H_i [m] ist die hydraulische Höhe (Wasserspiegel über NN) im i-ten Flussabschnitt, ΔQ_i [m^{3}s^{-1}] der Nettoabfluss, A_i [m^2] die Fläche des durchflossenen Querschnitts, I_i [ms^{-1}] die Rate des auf diesen Abschnitt gefallene Niederschlags, ET_i [ms^{-1}] die entsprechende Evaporation, und $F_{GW,i}$ [ms^{-1}] steht für die Infiltrationsrate in den Grundwasserleiter (Wu et al. 2008). Diese wird wieder analog zur Gl. (4.2) formuliert,

$$F_{GW,i} = K_b \frac{h_F - h_{GW}}{d_b}, \tag{4.13}$$

mit K_b als der hydraulischen Leitfähigkeit und d_b der Mächtigkeit des Flussbetts, sowie den hydraulischen Höhen h_F und h_{GW}. Die Berechnung des Nettoabflusses kann mit Hilfe einer einfachen „flood-routing" Methode oder unter Verwendung der Manning-Formel geschehen, die restlichen Größen in Gl. (4.12) werden aus Messreihen gewonnen (Hornberger et al. 1998).

Zur Modellierung des Abflusses im Fluss werden oftmals auch die St.Venant-Gleichungen verwendet, und zwar in ihrer eindimensionalen Form (s. a. Kap. 2)

$$\frac{\partial s_c A}{\partial t} + \frac{\partial Q}{\partial x} - q_L = 0 \tag{4.14}$$

$$\frac{\partial s_m Q}{\partial t} + \frac{\partial \left(\beta Q^2 / A \right)}{\partial x} + gA \left(\frac{\partial h_F}{\partial x} + S_f + S_e \right) + M_L = 0 \tag{4.15}$$

wobei s_c und s_m spezifische Längen des Flussabschnitts sind (der Index c steht für die Kontinuitätsgleichung, m für die Impulsgleichung), A ist die Fläche des aktiv durchflossenen Querschnitts, Q ist der Abfluss im Gerinne, q_L steht für den lateralen Austausch mit dem Grundwasser, β ist ein Koeffizient der Geschwindigkeitsverteilung, g die Schwerkraft, S_f und S_e sind spezifische Reibungskoeffizienten und M_L ist der Impulstransport infolge des lateralen Austauschs mit dem Grundwasser (Gunduz und Aral 2005). Letzterer kann definiert werden als

$$M_L = \begin{cases} 0 & \text{Influenz} \\ -\dfrac{Q q_L}{2A} & \text{Effluenz} \end{cases}, \tag{4.16}$$

und die laterale Austauschrate q_L lässt sich wieder in Abhängigkeit von der hydraulischen Leitfähigkeit des Flussbetts und der entsprechenden Gradienten analog zu Formel (4.13) berechnen. Die Lösung des Gleichungssystems (4.14), (4.15) erfolgt normalerweise mittels numerischer Methoden. Erwähnt werden soll auch ein Programmpaket mit analytischen Lösungen zur Berechnung von Wasserstandsänderungen im Flusslauf infolge uferseitig arbeitender Förderbrunnen von Kirk und Herbert (2002), bei denen ebenfalls die hydraulische Leitfähigkeit des Flussbetts als wichtiger den Austausch steuernder Parameter eingeht (Tellam und Lerner 2009).

In Peyrard et al. (2008) wird ein Modell beschrieben, welches eine horizontal-ebene Grundwasserströmung mit einem 2-D Gerinneströmungsmodell für Gewässerabschnitte und Teileinzugsgebiete koppelt und für beide Kompartimente auch den Stofftransport simuliert. Die entsprechenden Strömungs- und Transportgleichungen für das Fliessgewässer und den Aquifer werden simultan gelöst. Der Austausch zwischen Fluss- und Grundwasser wird durch die Annahme eines kontinuierlichen Übergangs von Druck und Geschwindigkeit an der Sediment-Gewässer-Grenzschicht ermöglicht, d. h. auf dieser Grenzschicht werden an jedem Punkt der Wasserdruck und die Geschwindigkeit des Fliessgewässers und des Grundwassers gleichgesetzt,

$$H = H_d$$
$$q_x n_x + q_y n_y = q_{dx} n_x + q_{dy} n_y \qquad (4.17)$$

dabei bedeuten H und H_d die Wasserhöhen [m] im Fliessgewässer und im Aquifer, q_x, q_y und q_{xd}, q_{yd} sind die entsprechenden spezifischen Geschwindigkeitskomponenten [m^2s^{-1}] und n_x bzw. n_y stellen die Normalenvektoren an der Wasser-Sediment-Grenzfläche dar.

Numerische Grundwassermodelle wie z. B. ASM (Chiang et al. 1998), FEFLOW (Diersch 1998), MODFLOW (Harbaugh et al. 2000; Prudice et al. 2004), PMWIN (Chiang 2005) und WaSiM-ETH (Schulla und Jasper 2007) können am einfachsten über die Formulierung von Randbedingungen die hydraulischen Kontakte zu Oberflächengewässern und damit den Austausch simulieren. Mit Hilfe von Randbedingungen 1. Art (Vorgabe der hydraulischen Höhe, ggf. auch als Zeitreihe) lassen sich die Wasserstände im Fluss und der Grundwasserstand gleichsetzen, so dass bei unveränderten hydraulischen Leitfähigkeiten die Austauschraten je diskreter Zelle (bzw. in den entsprechenden Knoten) des Modells berechnet werden können. Die Vorgabe von Randbedingungen 3. Art (Cauchy-Randbedingung) kann in der Form

$$K_b \frac{\partial h}{\partial \overline{n}} + l_{leakage}(h - h_F) = 0, \qquad (4.18)$$

erfolgen, K_b ist wie in Gl. (4.13) die hydraulische Leitfähigkeit des Flusssediments, $\overline{n}$ ist die Normalenrichtung, d. h. senkrecht zum Rand, und diese Bedingung beschreibt die Abflüsse zu einem Vorfluter bzw. umgekehrt aus dem Grundwasserleiter in die Vorflut in Abhängigkeit vom hydraulischen Gefälle $\Delta h = (h - h_F)$. Dadurch, dass in der jeweiligen diskreten Zelle des Modells die hydraulischen Höhen berechnet werden, kann sich auch der Abfluss ins bzw. der Zufluss aus dem Grundwasser mit jedem Zeitschritt verändern. Diese Möglichkeiten sind in allen Modellen gegeben, jedoch mit unterschiedlicher räumlicher und zeitlicher Auflösung. Als zusätzliches Problem erscheint dabei die a priori Bestimmung der Leakageparameter ($l_{leakage}$ bzw. $k_{leakage}$), welche sehr variieren können und meist als Kalibrierungsgrößen zu betrachten sind (Packman und Bencala 2000). Swain (1994) berichtet über die Unterschiede in der Anwendung, wenn der Austausch zwischen Aquifer und Fluss (a) mit dem River Modul oder (b) mit dem Stream Modul von

MODFLOW berechnet wird. Das River Modul arbeitet mit Formel (4.18) und berücksichtigt die Veränderungen des Wasserstandes im Fluss nicht, d. h. dieser wird als unendliche Quelle oder Senke modelliert. Im Stream Modul dagegen werden der Änderungen im Fluss auch modelliert (einfaches routing-Schema bzw. analytische Berechnung nach Manning), was zu einer anderen raum-zeitlichen Verknüpfung beider Modellteile führt. Die Analyse von Rushton (2007) zu verschiedenen Modellierungsstrategien für den Fließgewässer-Grundwasseraustausch führt schließlich zu dem Ergebnis, dass zwar das Konzept eines Leakageparameters generell gut anwendbar ist, aber die an Testbeispielen ermittelten numerischen Werte dieser Parameter nicht von den Maßen (Länge, Mächtigkeit) und hydraulischen Eigenschaften der Grenzschicht abhängen. Weiter ergaben seine Untersuchungen, dass der mit räumlich hochauflösenden numerischen Modellen angepasste Leakagefaktor auch bei gröber diskretisierten Modellen brauchbare Lösungen lieferte. Dies lässt den Schluss zu, dass sich die physikalische Interpretation des Leakageparameters auf der einen und die Eigenschaften der numerischen Diskretisierungsverfahren auf der anderen Seite gegenseitig beeinflussen, so dass eine klare Trennung der Effekte schwer fällt.

4.2   Hyporheische Zone

4.2.1   Prozesse und Mechanismen

Der Austausch zwischen Fließgewässer und Grundwasser wird neben den regionalen und lokalen hydraulischen Verhältnissen auch von einer Reihe weiterer Mechanismen bestimmt, die sich in ihrer Wirkung auf das Flussbett und das so genannte hyporheische Interstitial bzw. die hyporheische Zone konzentrieren. Diese Zone wird als ökologisch bedeutsamer Übergangsbereich zwischen Fließgewässer und Grundwasser definiert, in dem sich beide Wässer mischen, und in dem der Zusammenhang zwischen den kleinskaligen morphologischen Prozessen im Fluss und den großskaligen Stofftransportprozessen im Einzugsgebiet hergestellt wird (Bencala 2000; Vollmer et al. 2002). Die ökologische Bedeutung der hyporheischen Zone für die Fließgewässer wurde bereits relativ früh erkannt (Hynes 1974). Vorwiegend aus limnologischer Sicht wurde diese Zone auch als ein Teil des Oberflächengewässers betrachtet, während das über die hyporheische Zone in das Fließgewässer exfiltrierende Grundwasser eher vernachlässigt blieb. Aus hydrologischer Sicht stellt das in und durch diese Zone transportierte Wasser eine wesentliche Bilanzkomponente dar, vor allem, weil es die stofflichen Signaturen des jeweiligen Einzugsgebietes beinhaltet (Sophocleous 2002). Der Wasseraustausch zwischen Fließgewässer und Grundwasserleiter über die hyporheische Zone erfolgt zum Teil schnell und mit wechselnden Richtungen in Form so genannter Zirkulationszellen, so dass sich über eine entsprechende Fließstrecke Oberflächenwasser und unterirdisches Wasser komplett mischen.

Während sich der Austausch zwischen Fluss und Grundwasser auf mittleren bis großen Skalen vorwiegend nach hydraulischen Gesichtspunkten beschreiben lässt, ist der

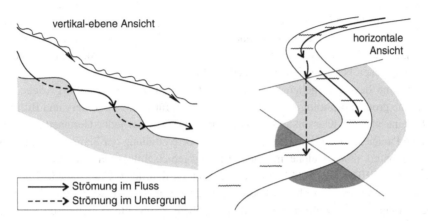

Abb. 4.14 Schematische Darstellung des Austausches zwischen Fluss und Grundwasser über die (schattiert dargestellte) hyporheische Zone (nach Findlay 1995)

hyporheische Austausch in Fließrichtung des Oberflächengewässers wesentlich kleinteiliger und vielfältiger, wie die Abb. 4.14 zeigt.

In der Horizontalansicht erkennt man, dass Teile des Oberflächenwassers die Krümmungen oder Schleifen des Fließgewässers umgehen und stattdessen in den Untergrund infiltrieren und dort fließen, bis sie flussabwärts wieder in das Gewässer exfiltrieren. Zum Teil läuft diese unterirdische Passage innerhalb von Paläostrukturen, d. h. ehemaligen Flussbetten ab. Am Vertikalschnitt ist zu erkennen, dass der Austausch maßgeblich von Unebenheiten der Gewässersohle gesteuert wird, welche wiederum das Resultat vieler Prozesse sind, so z. B. der Strömung im Gerinne (Geschwindigkeit und Turbulenz), sowie des Transports, der Ablagerung und Remobilisierung von Sedimenten. In jedem Fall entstehen vertikale Zirkulationszellen, welche das Flusswasser in den Untergrund (downwelling) und zurück in den Fluss (upwelling) strömen lassen, wobei die Länge dieser Strompfade von Zentimetern bis wenige Meter reicht. Harvey und Wagner (2000) unterscheiden deshalb auch konzeptionell den hyporheischen Austausch grundsätzlich vom größerskaligen Austausch zwischen dem Grundwasser und dem Oberflächenwasser. Unter Laborbedingungen ist dies gut nachzuvollziehen (Hüttel et al. 2003), jedoch vermischen bzw. überlagern sich im Freiland beide Prozesse und sind dann nicht mehr klar voneinander zu trennen (Cardenas et al. 2004).

Der hyporheische Austausch ist von der Ausdehnung der gleichnamigen Zone abhängig, welche wiederum von der Form und Begrenzung des Fließgewässers und dem Charakter des Einzugsgebietes abhängt. So sind diese wechselseitig durchflossenen Bereiche z. B. bei Gebirgsbächen mit eng in den felsigen Untergrund eingeschnittenen Flussbetten eher klein, während sie bei Tieflandflüssen bis weit in die Auen und tiefer in den Grundwasserleiter hineinreichen können (Abesser et al. 2008). Diese Zonen sind sowohl in ihrer zeitlichen als auch räumlichen Entwicklung sehr dynamisch, weil es viele steuernde Einflüsse gibt, so z. B. Form, Struktur, Hydrodynamik und Morphologie des Fließgewässers und die hydraulischen Eigenschaften des Untergrundes. Maßgeblichen

Anteil am Austausch hat die durch den Sedimenttransport verursachte Morphodynamik des Gewässerbettes. Buffington und Tonina (2009) beschreiben verschiedene theoretisch denkbare Fließwege des hyporheischen Austauschs in Abhängigkeit von den morphologischen Features des jeweiligen Fließgerinnes.

Man kann davon ausgehen, dass insbesondere nicht regulierte Gebirgsbäche und – flüsse eine große morphologische Vielfalt aufweisen, für die Montgomery und Buffington (1997) eine visuelle Klassifikation entwickelten. Danach hat jeder Gerinnetyp charakteristische Parameter wie Gerinneneigung, Korngrößenverteilung der Sedimente, Rauhigkeit des Flussbettes usw., welche mit dem Einzugsgebietsabfluss und der Sedimentfracht korrelieren (CHR-KHR 2009). Vor allem gibt es deutliche Unterschiede im hyporheischen Austausch zwischen Flüssen mit steilen topographischen Gradienten und hohem Anteil von Geschiebe (transportierte gröbere Sedimente) – siehe Abb. 4.15a–und solchen mit geringen Gradienten, die vorwiegend feine Sedimente und Schwebstoffe transportieren und die Bildung von Riffle-Pool-Sequenzen und Dünen aufweisen, Abb. 4.15b, c. Der Austausch beim Kaskadentyp (Abb. 4.15a) erfolgt z. B. innerhalb kurzer und schnell durchflossener Fließbahnen unterhalb einzelner Gesteinspartikel. Solche lokalen Zirkulationen können auch in Flüssen mit geringem topographischen Gradienten auftreten, z. B. unter einzelnen Steinen, größeren Sedimentagglomerationen

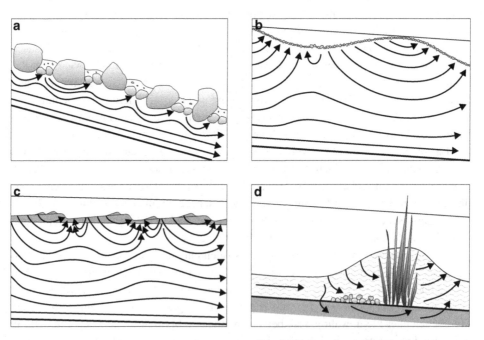

Abb. 4.15 Muster des morphologisch gesteuerten hyporheischen Austausches. Unebenheiten des Gewässerbettes, z. B. (**a**) Kaskaden aus größeren Sedimentablagerungen und Steinen, (**b**) Riffle und Pool Sequenzen, (**c**) kleinere Dünen und Täler und (**d**) Vegetationsinseln können die Ablenkung der normalerweise in Hauptstromrichtung orientierten Strompfade bewirken

als Folge eines Hochwasserereignisses, im Fluss liegenden Bäumen oder Totholz sowie Vegetationsinseln (siehe Abb. 4.15d). Im Gegensatz dazu entsteht der für Tieflandflüsse charakteristische hyporheische Austausch an Pool-Riffle-Sequenzen (Abb. 4.15b) durch Druckdifferenzen, d. h. unterschiedliche Wasserstände im Fluss vor und hinter einer Erhebung. Die Zirkulation in Dünenabfolgen (Abb. 4.15c) entsteht auf ähnliche Weise, jedoch spielen dabei räumlich und zeitlich variierende Wasserstandsänderungen infolge von Abflussschwankungen eine wesentliche Rolle. In beiden Fällen ergeben sich deutlich ausgebildete Zirkulationszellen, welche tiefer in das Flussbett und den Grundwasserleiter reichen können. Für die Intensität des Austauschs zwischen Fluss- und Grundwasser bei diesen Flussabschnitten sind kleinere Veränderungen lokaler topographischer Gradienten und die hydraulischen Eigenschaften des Flussbettes (Durchlässigkeit, Porosität) von Bedeutung. Lokale topographische Unterschiede der Gewässersohle bewirken oft Kombinationen beider Formen und Austauscharten, so dass genestete Strömungsmuster entstehen, bei denen auf kleinen und kleinsten Skalen das Flusswasser in den Untergrund infiltriert, sich mit anströmendem Grundwasser mischt und wieder in den Fluss zurückströmt. Die Reichweite dieses Austauschs in den Untergrund ist sehr unterschiedlich und hängt von den vielen Bedingungen vor Ort ab, sie kann wenige Zentimeter (Thibodeaux und Boyle 1987) bis mehrere Meter (Nützman und Lewandowski 2009) betragen.

Buffington und Tonina (2009) fassen die entscheidenden Einflüsse auf den hyporheischen Austausch in einem einfachen mechanistischen Konzept zusammen. Betrachtet man – wie in Abb. 4.16 zu sehen ist–ein Volumenelement des Flussbetts mit der Länge L [m] und dem Querschnitt A [m^2], dann kann man unter vereinfachenden Annahmen die Durchströmung dieses Elements durch die ein- und ausströmenden Flüsse Q_{in}, Q_{out} [m^{3}s^{-1}] und den hyporheischen Fluss e [m^{2}s^{-1}] pro laufendem m senkrecht zum Element beschreiben.

Die Vereinfachungen bestehen in folgendem: (i) das Volumenelement wird parallel zur Gerinneströmung durchflossen, (ii) die untere Begrenzungsfläche des Elements ist undurchlässig (was z. B. den Grundwasserein- bzw. -ausstrom negiert), und (iii) die obere Begrenzungsfläche bildet die Gewässersohle. Die Änderung des Wasservolumens V im Element ergibt sich aus der Massenbilanz der ein- und ausströmenden Volumina, d. h.

Abb. 4.16 Strömung durch ein Volumenelement des Flussbettes (nach Buffington und Tonina 2009)

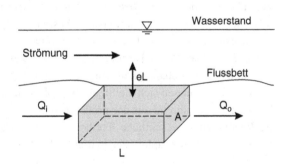

$$\frac{dV}{dt} = Q_{in} - Q_{out} + eL. \tag{4.19}$$

Für den stationären Fall, $dV / dt = 0$, ergibt sich für den hyporheischen Fluss

$$e = \frac{Q_{out} - Q_{in}}{L} = \frac{dQ}{dl}, \tag{4.20}$$

Wobei l eine infinitesimal kleine Einheit der Gewässersohlenlänge L darstellt. Wenn nun der Durchfluss Q nach dem Darcy-Gesetz (4.25) definiert werden kann, dann bedeutet das

$$Q = -K \; A \frac{dh}{dl} \tag{4.21}$$

mit K [ms^{-1}] als der hydraulischen Durchlässigkeit des Gewässerbetts und h [m] als der hydraulischen Höhe; dh / dl ist der Gradient der hydraulischen Energiehöhe. Setzt man nun (4.21) in Gl. (4.20) ein, dann ergibt sich durch totale Differentiation

$$e = \frac{d\left(-KA\frac{dh}{dl}\right)}{dl} = -K \; A \frac{d^2h}{dl^2} - K \frac{dA}{dl}\frac{dh}{dl} - A \frac{dK}{dl}\frac{dh}{dl}. \tag{4.22}$$

Interpretiert man die drei Terme auf der rechten Seite dieser Gleichung im Sinne einzelner Mechanismen, dann wird der hyporheische Austausch durch die räumliche Ableitung des Energiehöhengradienten (erster Term), die räumliche Änderung im durchflossenen Querschnitt des Elementarvolumens (zweiter Term) und durch die räumlichen Änderungen der hydraulischen Leitfähigkeit des Flussbetts (dritter Term) gesteuert. Der erste Term auf der rechten Seite von Gl. (4.21) steht für die hydraulische Kontrolle des hyporheischen Austauschs als Funktion der Amplitude und der Wellenlänge der Energiehöhe (Wasserstand) im Gewässer, welche sich aber auch geomorphologisch auswirkt. So ist dieser Mechanismus für die Entstehung von Pool-Riffle-Sequenzen verantwortlich. Die beiden anderen Terme begründen theoretisch die weiter oben in Abb. 4.15 gezeigten Muster des hyporheischen Austausches. So stellen z. B. eine Düne oder eine Pool-Riffle-Sequenz eine Veränderung des durchflossenen Querschnitts des Elementarvolumens dar. Im Allgemeinen wird der hyporheische Austausch jedoch nicht nur durch einen dieser Mechanismen, sondern durch die Kombination mehrerer gesteuert, und auch die Annahme einer Parallelströmung ist eine wesentliche Vereinfachung natürlicher Verhältnisse. In Abhängigkeit von der räumlichen Skala, auf der man den Austausch betrachten will, lassen sich die Steuerungsfaktoren wie folgt beschreiben (Buffington und Tonina 2009): während auf der größeren Landschaftsskala die Geologie, das Klima und die Landnutzung wesentliche Treiber des Austauschs sind, treten auf der Einzugsgebietsskala die Topographie, der hydraulische Abfluss, die Sedimentfrachten und sowohl die flussbegleitende als auch die im Gewässer befindliche Vegetation in den Vordergrund. Auf der Ebene des Gewässerabschnitts und darunter sind Gerinneeigenschaften und –typen, lokale morphologische und hydraulische Verhältnisse, Turbulenzstrukturen in der Nähe des Gewässerbetts, hydraulische Eigenschaften des Flussbettmaterials und des angrenzenden Grundwasserleiters von Bedeutung.

4.2.2 Räumliche Heterogenität und zeitliche Dynamik

Wie im vorhergehenden Abschnitt erläutert, wird der hyporheische Austausch vorwiegend durch die hydraulische Dynamik im Fliessgewässer und dessen morphologische Heterogenität beeinflusst. Da im Gegensatz zu stehenden Gewässern die Strömung im Gerinne und damit die hydraulische Energie häufigen Schwankungen unterliegen, ist auch mit entsprechenden räumlichen und zeitlichen Variationen des hyporheischen Austauschs zu rechnen (Vollmer et al. 2009). Dies bedeutet, dass die durch variierende Druckgradienten (z. B. Entstehung von Riffle und Pool Sequenzen) und durch den Sedimenttransport hervorgerufenen morphologischen Veränderungen im Flussbett (z. B. das Wandern von Dünen) die Ausbildung von lokalen Zirkulationszellen beeinflussen, und zwar sowohl die Richtung der Strömung in diesen Zellen als auch deren Ausdehnung. Konzentriert man sich auf einen Flussabschnitt oder einen Punkt an der Gewässersohle, dann äußert sich dies vor allem im Wechsel von Ex- zu Infiltration und/oder umgekehrt, wie in Abb. 4.17 zu sehen ist.

An dieser Abbildung ist zu erkennen, dass die Unterscheidung zwischen hyporheischem Wasser, d. h. Wasser aus dem Fluss, welches nur zeitweise unterirdisch fließt, bis es wieder in den Fluss zurückkehrt, und Grundwasser bzw. Oberflächenwasser, welches sich von einem in das jeweils andere Kompartiment bewegt, nicht einfach ist. Deshalb bedient man sich auch zur quantitativen Erfassung des Wasseraustauschs in der hyporheischen Zone neben klassischen Abflussmessungen verschiedener Tracertechniken (siehe Abschn. 3.7.3). Harvey und Wagner (2000) beschreiben die Massenbilanz für den in Abb. 4.17 dargestellten Flussabschnitt analog zur Gl. (4.19)

$$\frac{dQ}{dt} = q_{GW}^{in} + q_{HZ}^{in} - q_{GW}^{out} - q_{HZ}^{out},$$ (4.23)

und definieren die Ableitung des Abfluss Q [m^{3}s^{-1}] nach der Zeit t [s] als die Differenz zwischen dem in den Gewässerabschnitt einfließenden Wasservolumen und dem wieder ausströmenden, welche mit hinreichender Genauigkeit gemessen werden kann.

Die Kombination von Abflussmessungen und Traceranwendungen ermöglicht zunächst erst einmal die Abschätzung der fehlenden Massenbilanzkomponenten in (4.22) für das Grundwasser (Harvey und Wagner 2000). Nach der Tracerinjektion am Einstrom werden gleichzeitig die Durchbruchskurven (Zeitreihen der gemessenen Konzentrationen an einem Punkt) an beiden Enden des Gewässerabschnitts und der Abfluss am Ausstrom

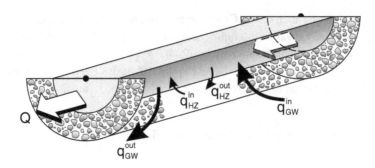

Abb. 4.17 Schema des Wasseraustauschs zwischen Fluss und Grundwasser (q_{GW}) und Fluss und hyporheischer Zone (q_{HZ}) in einem Flussabschnitt

aufgezeichnet. Der Grundwassereinstrom q_{GW}^{in} wird aus der Differenz zwischen den aus den Tracerkonzentrationen bestimmten Wasservolumina am Ein- und am Ausstrom, dividiert durch die Länge des Gewässerabschnitts, ermittelt. Im Gegensatz dazu lässt sich der Netto-Grundwasserstrom $\left(q_{GW}^{in} - q_{GW}^{out}\right)$ aus der Differenz der Durchflussmessungen am Ein- und Ausstrom und dem aus der Tracerkonzentration bestimmten Wasservolumen am Ausstrom, dividiert durch die Länge des Gewässerabschnitts, ermitteln. Zum Schluss kann dann der Grundwasserausstrom q_{GW}^{out} aus der Differenz zwischen dem berechneten Einstrom und dem ebenfalls berechneten Nettostrom berechnet werden. Die Genauigkeit dieser Messmethoden rechtfertigt eine Anwendung, wenn sich die Grundwasserzu- und –abströme in etwa dergleichen Größenordnungen befinden wie die Abflussdifferenzen. Dies ist bei Tieflandflüssen aufgrund ihres geringen Gefälles und Abflusses nicht immer der Fall (Payn et al. 2009).

Die Ermittlung dieser Strömungsrichtungen und –raten in der hyporheischen Zone kann nun auf verschiedene Weise geschehen, z. B. mit Hilfe von Strömungsraten nach Darcy, ermittelt auf der Basis von numerisch berechneten Isolinien der hydraulischen Höhe, mittels direkter Messungen mit Seepagemetern, oder mit Hilfe von Tracertests (Harvey und Wagner 2000). Bei letzteren zeigte sich die Temperatur als natürlicher Tracer als besonders gut eignet (Stonestrom und Constantz 2003; Kalbus et al. 2006). Schmidt et al. (2007) entwickelte dazu eine Methode zur Berechnung der Volumenströme aus Temperaturtiefenprofilen, die insbesondere bei Tieflandflüssen mit sandigem Untergrund sehr gut angewendet werden kann. Diese Methode stützt sich auf die folgende Annahme: im Flussbett soll keine lineare (der so genannte geothermische Gradient, demzufolge die Temperatur im Untergrund um 1 [K] pro 20–40 m Tiefe zunimmt), sondern eine durch In- oder Exfiltration beeinflusste gekrümmte Temperaturverteilung als Funktion der Tiefe vorliegen (siehe Abb. 4.18).

Abgesehen von saisonalen Schwankungen der Grundwassertemperatur bleibt im Gegensatz zum Fließgewässer die Temperatur des Grundwassers relativ konstant. Die Temperaturen im Oberflächenwasser dagegen unterliegen größeren zeitlichen

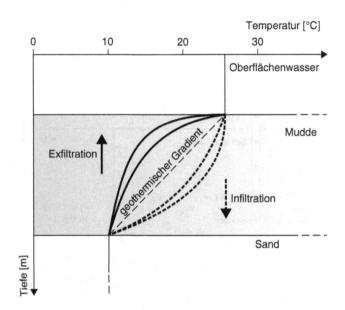

Abb. 4.18 Temperaturverteilungen bei In- und Exfiltration in der hyporheischen Zone (nach Suck 2008)

Schwankungen, im Winter sind sie in der Regel viel niedriger und im Sommer viel höher als die des Grundwassers. Bei einem Exfiltrationsprozess führt das exfiltrierende Grundwasser zur Ausbildung eines konkaven Temperaturprofils, bei Infiltrationsprozessen zu einem konvexen Profil. Diese Temperaturschwankungen wirken sich auch auf das vom Wasser durchströmte Flussbettsediment aus. Im kalten Winter ist bei einer Grundwasserexfiltration das Sediment wärmer als das Oberflächenwasser, im Sommer ist es kälter. Liegt eine Grundwasserinfiltration vor, sind die Temperaturverhältnisse im Sediment genau umgekehrt. Grundwasserexfiltration und -infiltration bedingen somit die vertikale Temperaturverteilung im Flussbett. Sie ist das Ergebnis des Wärmetransportes mit dem fließenden Wasser in den Poren (advektiver Wärmetransport), des Wärmetransports durch die thermische Eigenbewegung der Teilchen (Diffusion) sowie des Wärmetransportes durch Wärmeleitung innerhalb der Sedimentkörner und des Porenwinkelwassers (konduktiver Wärmetransport) (Suck 2008). Da bei dieser Methode von einer ausschließlich vertikalen Durchströmung des Sediments ausgegangen wird, ist die Bestimmung rein hyporheischer Flüsse kaum möglich, sondern es werden die Gesamtfluxe zwischen Grundwasser und Fliessgewässer unter Einschluss der hyporheischen Zone erfasst. Die Temperaturverteilungen können z. B. mit Hilfe einfacher, in das Sediment gestochener Temperaturlanzen gemessen werden, deren schematischer Aufbau in der nachfolgenden Abb. 4.19 gezeigt wird.

Mit Hilfe der innerhalb der Lanzen angeordneten Sensoren lassen sich nach einer Einschwingzeit von 15 bis 30 Minuten die Temperaturen in den verschiedenen Tiefen sehr genau bestimmen, wobei oftmals nicht die Temperaturen selbst, sondern die Differenzen

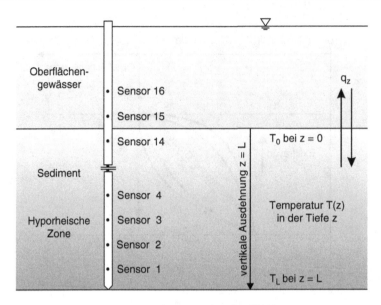

Abb. 4.19 Schema einer Temperaturmesslanze (nach Meltz 2011)

zur mittleren Fließgewässertemperatur ermittelt werden. Das Ergebnis ist dann ein Vertikalprofil der Temperaturverteilung im Sediment, welches auch mathematisch berechnet werden kann. Unter vereinfachenden Annahmen und plausiblen Randbedingungen kann die eindimensionale Wärmeleitungsgleichung (4.107) – hier für den vertikalen Fall – analytisch gelöst werden (Schmidt et al. 2007), und man erhält für die Temperatur T [°C] in einer gegebenen Tiefe z [m] die Funktion

$$T(z) = \left(\frac{\exp\left(-\frac{q_z \rho_f c_f}{K_{fs}}z\right) - 1}{\exp\left(-\frac{q_z \rho_f c_f}{K_{fs}}L\right) - 1} \times (T_L - T_0) \right) + T_0, \qquad (4.24)$$

mit den bereits in Abschn. 3.7.2 eingeführten Parametern. Nimmt man an, dass alle in dieser Formel auftretenden Materialparameter innerhalb der durchströmten Länge L konstant sind, dann bleibt die vertikale Strömungsgeschwindigkeit q_z [ms^{-1}] die einzige Unbekannte, welche sich aus der Minimierung der Fehlerfunktion

$$O(q_z) = \sum_{j=1}^{N} \left[T_j - \left(\frac{\exp\left(\frac{q_z \rho_f c_f}{K_{fs}}(L - z_j)\right) - 1}{\exp\left(\frac{q_z \rho_f c_f}{K_{fs}}L\right) - 1} \times (T_0 - T_L) + T_L \right) \right]^2 \qquad (4.25)$$

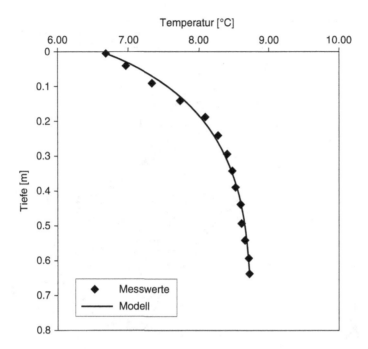

Abb. 4.20 Gemessenes Temperaturprofil und optimierte Anpassungskurve nach Gl. (4.24)

berechnen lässt, wobei T_j die gemessenen Temperaturen und N ist die Anzahl der Messpunkte bedeuten. In Abb. 4.20 ist ein gemessenes Temperaturprofil einer optimierten Temperaturverteilungskurve gegenübergestellt. Die Messungen fanden vorwiegend in einer Muddeauflage (organische Sedimente mit einer Porosität von über 50 % und K-Werten zwischen 10^{-5} und 10^{-8} ms^{-1}) am Freienbrinker Altarm statt, und es ließ sich aus diesem Profil eine Exfiltrationsrate von etwa 176 Lm^{-2}d^{-1} berechnen.

Weitere, zur gleichen Zeit an 15 Transekten quer zum Strom aufgenommene Profile ergaben ebenfalls Exfiltration, lediglich eines wies auf Infiltration hin. Anhand zweier Messkampagnen im März und Juni 2008 konnten die Amplitude und die Verteilung der Austauschraten bestimmt werden. Die maximalen Exfiltrationsraten lagen dabei zwischen 364 Lm^{-2}d^{-1} im März und 568 Lm^{-2}d^{-1} im Juni, die maximalen Infiltrationsraten dagegen nur bei etwa 45–50 Lm^{-2}d^{-1}. Die räumliche Verteilung dieses Austauschs ist in der folgenden Abb. 4.21 für die Kampagne im März 2008 dargestellt und zeigt sehr deutlich eine heterogene Verteilung der Exfiltration, hervorgerufen durch lokale hydraulische Effekte, vor allem aber durch die ebenfalls sehr heterogene Morphologie des Flussbettes. Die Muddemächtigkeiten liegen zwischen 15 cm und 1.5 m, was die vertikale Strömung entsprechend beeinflussen kann.

Im Zuge von Revitalisierungsmaßnahmen wurden 2009 die Mudde aus dem Freienbrinker Altarm weitgehend entfernt und natürliche Durchflussverhältnisse wiederhergestellt. Das aus Fein- und Mittelsanden bestehende Flussbett weist nun

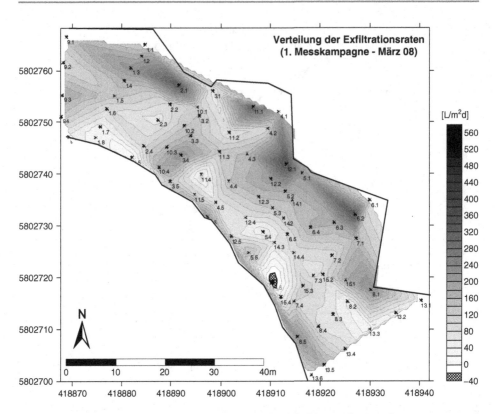

Abb. 4.21 Räumliche Verteilung der an insgesamt 77 Messpunkten aufgenommenen und berechneten Ex- und Infiltrationsraten für die Kampagne im März 2008 (nach Suck 2008)

hydraulische Leitfähigkeiten zwischen 10^{-4} und 10^{-3} ms^{-1} auf, die Porosität liegt bei 30 %, die Morphologie des Flussbetts ist verändert. Eine erneute Untersuchung des hyporheischen Austauschs im Jahre 2010 am selben Gewässerabschnitt lieferte folgende Ergebnisse. Zunächst wurden neben den beiden typischen Temperaturprofilen, welche für Ex- bzw. Infiltration von Grundwasser stehen, zwei weitere Profiltypen identifiziert, welche als charakteristisch für den vertikalen und horizontalen hyporheischen Austausch angesehen werden können (Abb. 4.22).

Die beiden zusätzlichen Profile deuten darauf hin, dass sich ohne die hydraulisch eher als Abdeckung wirkende Muddeschicht neue räumliche Verteilungen von Ex- und Infiltrationsmustern eingestellt haben, wobei gerade die Abweichung von den klassischen Profilen interessant ist. Eine graphische Interpretation dieser Ergebnisse ist in der Abb. 4.23 dargestellt.

Die Ursachen für den sowohl in vertikaler als auch in horizontaler Richtung verlaufenden hyporheischen Austausch können in der Existenz von kleineren Dünen bzw. Riffle und Pool-Sequenzen gesehen werden. In jedem Fall aber zeigt auch dieses Ergebnis die große

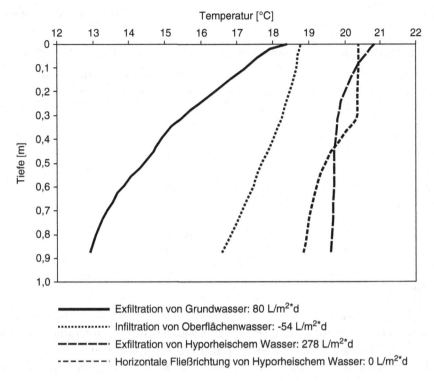

Temperatur [°C]

━━━━━ Exfiltration von Grundwasser: 80 L/m^{2*}d

·············· Infiltration von Oberflächenwasser: -54 L/m^{2*}d

━ ━ ━ ━ ' Exfiltration von Hyporheischem Wasser: 278 L/m^{2*}d

- - - - - - Horizontale Fließrichtung von Hyporheischem Wasser: 0 L/m^{2*}d

Abb. 4.22 Charakteristische Vertikalprofile der Temperatur im Flussbett des Freienbrinker Altarms (nach Meltz 2010)

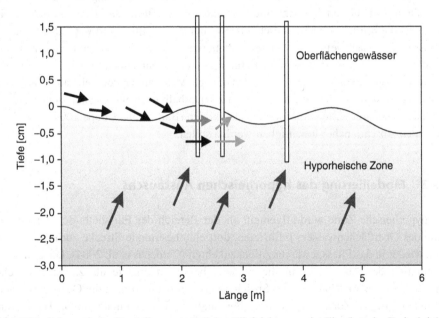

Abb. 4.23 Schematische Darstellungen möglicher Fließrichtungen im Flussbett des Freienbrinker Altarms (nach Meltz 2010)

Tab. 4.2 Hyporheische Austauschtypen und –raten am Freienbrinker Altarm (Meltz 2010)

	Exfiltration von Grundwasser	Infiltration von Oberflächenwasser	Exfiltration aus der Hyporheischen Zone	Horizontales Strömen in der Hyporheischen Zone
Anzahl der Messpunkte	71	9	11	12
Min q_z^*	13,15	−55,05	137,73	0
Max q_z^*	184,25	−6,77	355,52	0
Median q_z^*	100,19	−25,81	231,08	0
Mittelwert q_z^*	94,38	−26,73	240,50	0
Summe q_z^*	6700,78	−240,57	2645,47	
Summe ges. q_z^*			9105,67	

$^*q_z$ in $[Lm^{-2}d]$

Heterogenität der Austauschprozesse, bedingt vor allem durch die Gewässerbettmorphologie. Auch die Raten des Austauschs weichen von den Ergebnissen der Untersuchungen bei einer Muddeauflage ab, wie die nachfolgende Tab. 4.2 demonstriert.

Der Anteil der Infiltration von Oberflächenwasser in den Untergrund ist zwar immer noch gering im Vergleich zur Exfiltration (was vor allem an den relativ gleich bleibenden hydraulischen Verhältnissen liegt), aber jetzt tritt diese Infiltration bereits an mehreren Messstellen auf, und außerdem sind diese nicht mit den vorangegangenen identisch.

Während mit diesen Studien eine evidente lokale räumliche Heterogenität gezeigt wurde, ist die zeitliche Dynamik nicht ohne weiteres mit Hilfe derartiger Temperaturprofilmessungen nachweisbar. Letztere benötigt deutliche Differenzen zwischen Oberflächen- und Grundwassertemperaturen, welche idealerweise nur im Winter bzw. Sommer gegeben sind. Außerdem sind derartige Messkampagnen sehr aufwändig und lassen mehrere Wiederholungen nur selten zu. Deshalb erscheint es sinnvoller, zeitliche Veränderungen mit Hilfe von Modellen abzubilden (Barlow und Coupe 2009), wie sie im folgenden Abschn. näher beschrieben werden sollen.

4.2.3 Modellierung des hyporheischen Austauschs

Die hyporheische Zone wird allgemein als der Bereich des Flussbetts definiert, in den Teile des Oberflächenwassers infiltrieren, dort eine bestimmte Strecke zurücklegen, um dann wieder in das Fliessgewässer zurückzukehren (Cardenas et al. 2004). Die einfachste Abstraktion des Austauschs in dieser Zone besteht darin, sie als Zwischenspeicher darzustellen. Zur Abschätzung der Speicherkapazität benötigt man die Querschnittfläche der hyporheischen Zone, A_{HZ}, und die Porosität des Sedimentmaterials, n. Harvey und Wagner (2000) geben anhand zweier einfacher Varianten für rechteckige

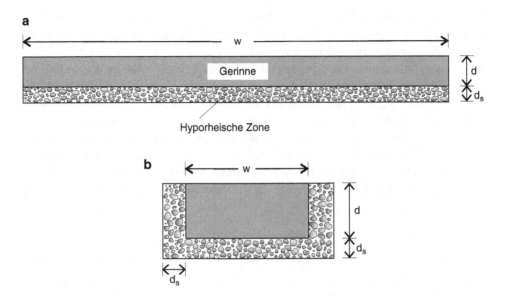

Abb. 4.24 Schema zur vertikalen räumlichen Ausdehnung der hyporheischen Zone, d_{HZ}

Querschnittsgeometrien – siehe Abb. 4.24 – eine Formel zur Abschätzung der Mächtigkeit bzw. vertikalen Ausdehnung der Zone an.

Im oberen Teil (a) der Abbildung ist die vertikale Ausdehnung der hyporheischen Zone, d_{HZ}, geringer als die des Fliessgewässers, d, die horizontale identisch mit der Flussbreite, w, so dass für die Querschnittsflächen gilt: $A_{HZ} < A$, letztere ist der Fliessge­wässerquerschnitt. Außerdem wird angenommen, dass die Breite des Gewässers deutlich größer ist als seine Tiefe, d. h. $w/d > 20$. Die vertikale Dimension der hyporheischen Zone berechnet sich dann nach folgender Formel

$$d_{HZ} = \frac{A_{HZ}}{wn}. \tag{4.26}$$

Hierbei wird vorausgesetzt, dass die Zwischenspeicherung nahezu ausschließlich unterhalb des Gewässers stattfindet, was der Realität vor allem dann nicht entspricht, wenn man bedenkt, dass Flüsse von Auen umgeben sind. Ein etwas realistischeres Schema ist deshalb im Teil (b) der Abb. 4.24 dargestellt, bei welchem die hyporheische Zone das Fliessgewässer umgibt, dessen Breite damit geringer als die der hyporheischen Zone ist. Die vertikale Dimension der hyporheischen Zone lässt sich nun wie folgt abschätzen

$$d_{HZ} = \frac{2A_{HZ}}{n\left[(w+2d) + \sqrt{(w+2d)^2 + 8A_{HZ}}\right]}, \tag{4.27}$$

und diese Formel ist breiter anwendbar als (4.25), und zwar für geometrische Verhältnisse, bei denen $w/d \ll 20$ ist. Um weitere Informationen zum hyporheischen Austausch zu bekommen, sind Tracerversuche notwendig. Bei einem solchen Experiment werden zum Anfang eines Fliessgewässerabschnitts nicht reagierende, im Wasser lösliche Stoffe in einer konstanten Rate bzw. in Form eines Impulses injiziert und die Konzentrationen am Ende des Abschnitts als Zeitreihe gemessen. Die Zusammenhänge zwischen dem Verhalten des Tracers, der dem Fluss und den hyporheischen Fliesswegen folgt, und der Zwischenspeicherung im Sediment werden von den folgenden Faktoren bestimmt: Durchfluss bzw. Fliessgeschwindigkeit im Gerinne, Länge des Gewässerabschnitts und Eigenschaften der hyporheischen Zone wie Querschnittsfläche und Austauschkoeffizient. Diese lassen sich in der dimensionslosen Damkohler-Zahl Dal zusammenfassen,

$$Dal = \frac{\alpha \left(1 + \frac{A}{A_{HZ}}\right)}{u} L, \tag{4.28}$$

in der u die Fliessgeschwindigkeit in Gerinne [$\mathrm{ms^{-1}}$], L die Länge des Gewässerabschnitts [m], und α der Austauschkoeffizient [$\mathrm{s^{-1}}$] zwischen Flussbett und Gerinne bedeuten. Letzterer kann auch wie folgt definiert werden,

$$\alpha = \frac{q_{HZ}}{A}, \mathrm{bzw} \tag{4.29}$$

$$\alpha = \frac{A_{HZ}}{At_{HZ}}, \tag{4.30}$$

wobei in Anlehnung an Abb. 4.17 q_{HZ} der mittlere Fluss durch die hyporheische Zone pro Meter Fliesslänge [$\mathrm{m^3 s^{-1}\,m^{-1}}$], und t_{HZ} die mittlere Verweilzeit des Wassers in dieser Zone bedeuten.

Eine Damkohler-Zahl $Dal < 1$ ist ein Zeichen geringer Speicherung in der hyporheischen Zone, weil die Fliessgeschwindigkeit im Gerinne wesentlich größer als die Aufenthaltszeit in dieser Zone ist, umgekehrt ist es bei $Dal > 1$. Harvey und Wagner (2000) verweisen in diesem Zusammenhang darauf, dass in beiden Fällen die Bestimmung der Austauschparameter (z. B. α, q_{HZ}, A_{HZ}) schwierig wird, weil sich mehrere Prozesse im Fluss und im Sediment (Transport, Dispersion, Diffusion) überlagern und die Parameter nicht eindeutig identifiziert werden können. Die Sensitivität der Parameter ist am höchsten, wenn die Damkohler-Zahl etwa 1 beträgt.

Wie in Abb. 4.25 schematisch dargestellt, lässt sich der eindimensionale Transport eines gelösten Stoffes im Gerinne (Strömung in Fliessrichtung) mit zusätzlichem Austausch zwischen dem Fliessgewässer, der hyporheischen Zone und dem Grundwasser durch folgende Gleichungen beschreiben, welche die Grundlage des Modell OTIS (Runkel 1998) ist,

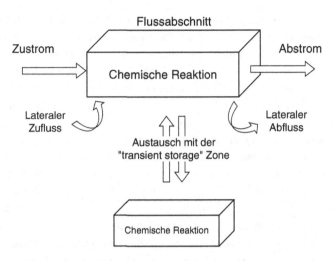

Abb. 4.25 Konzeptionelles „transient storage"-Modell

$$\frac{\partial C}{\partial t} + \frac{Q}{A}\frac{\partial C}{\partial x} - \frac{1}{A}\frac{\partial}{\partial x}\left(AD\frac{\partial C}{\partial x}\right) = \frac{q_{GW}^{in}}{A}\left(C_{GW} - C\right) + \alpha(C_{HZ} - C) - \lambda C, \qquad (4.31)$$

$$\frac{\partial C_{HZ}}{\partial t} = \alpha\frac{A}{A_{HZ}}(C - C_{HZ}) - \lambda_{HZ}C_{HZ}, \qquad (4.32)$$

dabei sind t [s] und x [m] die Koordinaten der Zeit und der Länge; C, C_{GW} und C_{HZ} [kgm^{-3}] die Konzentrationen des Tracers im Fliessgewässer, Grundwasser und in der hyporheischen Zone; Q [m^{3}s^{-1}] ist der Abfluss im Gerinneabschnitt, D [m^{2}s^{-1}] ist der Dispersionskoeffizient, A und A_{HZ} [m^2] sind die Querschnittsflächen des Fliessgewässers und der hyporheischen Zone, q_{GW}^{in} [ms^{-1}] ist der laterale Grundwasserzustrom am Anfang des Fliessgewässerabschnitts, α [s^{-1}] ist der Austauschkoeffizient, und λ und λ_{HZ} [s^{-1}] sind Konstanten zur Beschreibung eines möglichen biogeochemischen Abbaus erster Ordnung im Gewässer bzw. der hyporheischen Zone. Modelle dieses Typs werden auch als „transient-storage"-Modelle (TSM) bezeichnet. Geht man von einem nicht reagierenden, konservativen Stoff aus, dann entfallen die beiden Abbauterme in den Gl. (4.30) und (4.31).

Aufgrund der einschränkenden Annahmen (1-D Strömung im Gerinne, Wechselwirkungen mit dem Grundwasser und der hyporheischen Zone werden über summarische Parameter erfasst) wird die Beschreibung der realen Austauschmechanismen mit Hilfe der obigen Gleichungen stark idealisiert, aber gerade das macht die TSM-Modelle für die Anwendung im Feld sehr attraktiv. Sie verfügen über eine nur kleine Zahl zu bestimmender Parameter und vereinfachen die ansonsten sehr komplexen Prozesse im Gewässer und beim Austausch mit dem Untergrund. Briggs et al. (2009) erweiterten den TSM-Ansatz, indem sie zwischen einer langsamen und einer schnellen transienten Speicherkomponente unterscheiden; die langsame Speicherung bzw. auch der im Vergleich zur Fließgeschwindigkeit im Gerinne langsame Austausch findet wie zuvor durch die hyporheische Zone statt, die schnelle Komponente im Gewässer selbst, z. B. durch den Austausch mit Randzonen und Wasserpflanzen. Die Gleichungen für diesen 2-Speicherzonen-Ansatz entsprechen dem TSM-Modell, wobei eine zusätzliche Gleichung in Analogie zu (4.31) für die schnelle Speicherung hinzugefügt wird. Wörman et al. (2002) nutzen die Annahme sinusförmiger hydraulischer Druckschwankungen an der Sediment-Gewässer-Grenzfläche, um dann aus einer Kombination von Wahrscheinlichkeitsverteilungsfunktionen für die Verweilzeiten und der analytischen Lösung der Konvektions-Dispersionsgleichung (4.30) ein so genanntes „advective-storage-path"-Modell (ASP) zu generieren. In einem ähnlichen Kontext ergänzen Cardenas et al. (2004) diesen Ansatz, indem sie zusätzlich die Heterogenität des Sedimentmaterials (hydraulische Durchlässigkeiten) betrachten. Sie kommen zu dem Schluss, dass diese Heterogenität zur Zunahme der Vielfalt an hyporheischen Austauschmustern führt. Berücksichtigt man außerdem noch die Turbulenz bei der Modellierung der Fliessgewässerströmung, so führt das folgerichtig auf sehr komplexe Modelle, bei denen beispielsweise die Navier-Stokes Gleichungen für die Gewässerströmung und Grundwassermodelle miteinander gekoppelt werden (Cardenas und Wilson 2007). Solche Modelle sind bisher vor allem theoretisch erprobt und auf Laborversuche angewendet worden. Mit ihrer Hilfe lassen sich im Rahmen der dort festgelegten Bedingungen, z. B. der Geometrie des Gewässerbetts sowie der minimalen und maximalen hydraulischen Drücke entlang des Gewässer-Sediment-Interfaces, quantitative Zusammenhänge zwischen den turbulenten Strukturen im Gewässer und der Strömung in der hyporheischen Zone ableiten.

Ein Schritt in Richtung Modellierung des hyporheischen Austauschs in größeren Systemen, d. h. für Fliessgewässerabschnitte oder Teile von Einzugsgebieten, erfordert jedoch weniger die Berücksichtigung kleinskaliger morphologischer Bedingungen, sondern die Integration der auf diesen größeren Skalen dominierenden Prozesse. Es werden – wie bereits im Abschn. 4.2.4 beschrieben – vereinfachte Modelle zur Beschreibung der Strömung im Gerinne (Routing, 1D-Saint-Venant Gleichung o. ä.) mit Grundwassermodellen gekoppelt, wobei oftmals noch die Simulation der Stofftransports hinzukommt, um Tracerversuche oder den Wärmetransport im System Fliessgewässer – hyporheische Zone – Grundwasser simulieren zu können. So modellieren Hester und Doyle (2008) die Auswirkungen von kleineren morphologischen Gradienten auf den hyporheischen Austausch in einem 3 m breiten und 30 m langen Flussabschnitt mit Hilfe von HEC-RAS (USACE 2002), MODFLOW (Harbaugh et al. 2000) und MODPATH (Pollock 1994). Letzteres Modell dient dabei zur Berechnung von Strompfaden im Untergrund, aufgrund derer der Anteil des durch die hyporheische Zone fließenden Oberflächenwassers quantifiziert und visualisiert werden kann. Die Strompfade bilden zugleich die Grundlage für die Simulation des Stofftransports. Lautz und Siegel (2006) modellieren die hyporheischen Austauschprozesse an einem ähnlich großen Gewässerabschnitt und verwenden zusätzlich das Stofftransportmodell MT3D (Zheng 1990) zur Simulation der Mischung von Oberflächen- und Grundwasser in der hyporheischen Zone (Grund- und Oberflächenwasser unterscheiden sich im Na/Ca-Verhältnis). Sie definieren diese als Bereich, in dem sich mindestens 10 % des Oberflächenwassers mit einer mittleren Aufenthaltszeit von 10 Tagen befinden müssen und vergleichen die Simulationen mit Feldmessungen.

Wie bereits im vorigen Abschnitt beschrieben, eignet sich die Temperatur als „natürlicher" Tracer ebenfalls zur Abschätzung der Mächtigkeit der hyporheischen Zone oder zur Ermittlung der Verweilzeiten. Eine Möglichkeit der Simulation von Strömung und Temperaturausbreitung in einem solchen System besteht darin, die Dynamik im Fliessgewässer vereinfacht durch die transienten Wasserstände als Randbedingungen eines Grundwasserströmungsmodells wiederzugeben, und analog bei der Simulation des Wärmetransports zu verfahren (Barlow und Coupe 2009). Die nachfolgende Abb. 4.26 zeigt ein zweidimensionales, vertikal-ebenes Schema für die Modellierung der Strömungsverhältnisse unter einer Flussaue (Spree und Altarm bei Freienbrink) mit den dazugehörigen Randbedingungen.

An beiden Seiten des Gebietes werden die gemessenen Standrohrspiegelhöhen als Randbedingungen gesetzt. Gleiches gilt für die Wasserstände in der Spree und im Altarm. Die mittlere Grundwasserneubildung wirkt als Randbedingung auf die Landoberfläche. Eine ähnliche Konfiguration ergibt sich für die Modellierung des Wärmetransports, siehe Abb. 4.27.

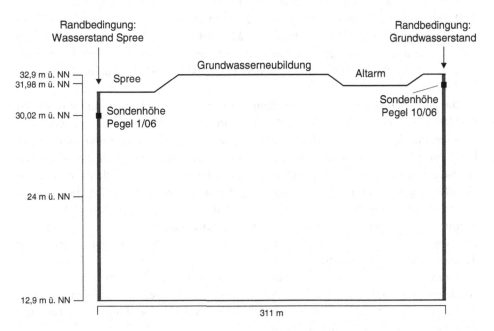

Abb. 4.26 Schema für die Simulation der Grundwasserströmung und des Austauschs mit den beiden Fliessgewässerabschnitten (Spree, Altarm) (nach Nützmann et al. 2014)

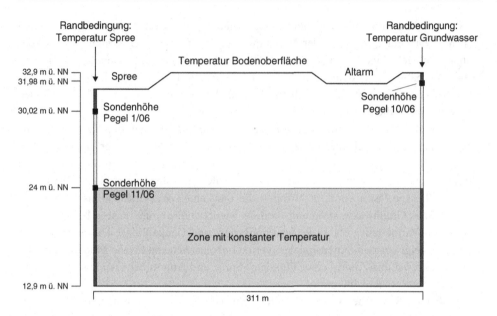

Abb. 4.27 Schema für die Simulation des Wärmetransports im Grundwasser und des Austauschs mit den beiden Fliessgewässerabschnitten (Spree, Altarm) (nach Nützmann et al. 2014)

Im Unterschied zur Strömungsmodellierung müssen hier die Temperaturen an beiden Rändern nicht nur zeitlich veränderlich sondern auch tiefenabhängig vorgegeben werden, weil sich, wie zuvor beschrieben, zwischen Oberflächen- und Grundwasser thermische Gradienten ausbilden. Durch mehrjährige Messreihen auch in größeren Tiefen des Aquifers konnte eine so genannte isothermale Zone ab 10 m unter Flur identifiziert werden, in der die Temperatur während der Untersuchungen um weniger als 1 °C variierte.

Die gekoppelten Strömungs- und Temperatursimulationen wurden mit dem Modell SUTRA (Voss und Provost 2002) durchgeführt und ergaben, dass sich signifikante Temperaturänderungen, d. h. Wärmeaustauschprozesse, nur in der unmittelbaren Umgebung der Oberflächengewässer abspielen, was als Hinweis für einen hyporheischen Austausch gelten kann (Levers 2009). Außerdem konnten die saisonalen Einflüsse der Oberflächengewässertemperaturen auf die hyporheische Zone gut wiedergegeben werden. Die maximale vertikale Ausbreitung des durch die Spree bzw. den Altarm bedingten Wärmetransports reicht bei beiden Oberflächengewässern bis etwa 10 m unter den jeweiligen Wasserspiegel in den Untergrund hinein, die maximale horizontale Temperaturausbreitung beträgt etwa 20 m. Damit gehen die Reichweiten der Temperaturänderungen weit über die in der Literatur (z. B. in Lautz und Siegel 2006) beschriebene Ausdehnung der hyporheischen Zone hinaus, und es bleibt weiteren Forschungen überlassen, die Einflüsse dieser Temperaturänderungen auf biogeochemische Stoffumsatzprozesse im Untergrund zu untersuchen.

4.3 Aquatisch-terrestrische Wechselwirkungen: Hydrologie und Biogeochemie

4.3.1 Flussauen als Retentionsräume und Pufferzonen

Aufgrund der oftmaligen hydraulischen Einheit von Oberflächen- und Grundwasser wirken sich Wasserstandsschwankungen im Fluss, ob natürlichen oder anthropogenen Ursprungs, auf das Grundwasser aus, ebenso wie Grundwasseranhebungen bzw. –absenkungen das Abflussgeschehen im Fliessgewässer beeinflussen (Winter et al. 1998). Erst recht trifft das auf hydrologische Extreme wie Hoch- und Niedrigwässer zu, die die umgebende Landschaft nachhaltig beeinflussen. Aber auch umgekehrt sind die Topographie, Struktur und hydrologische Konnektivität der Landschaft für die Abflussbildung von Bedeutung. Landschaftselemente wie Auen und Polder sind als temporäre Überschwemmungsflächen in der Lage bzw. dafür angelegt, Hochwässer in ihrer Dynamik zu steuern, d. h. vor allem deren Scheitel zu dämpfen. Dabei wirken diese Landschaftselemente als Speicher, welche das aus dem Fluss stammende Wasser aufnehmen und mit entsprechender Verzögerung wieder zurückgeben. Mit der Überflutung von Flächen werden natürlich auch die im Oberflächenwasser gelösten und mit ihm transportierten Stoffe verfrachtet, so dass sich die Retentionswirkung auch auf diese bezieht.

Beispielsweise konnte durch Untersuchungen an einem regelmäßig im Winter überfluteten Oderpolder im Nationalpark Unteres Odertal nachgewiesen werden, dass die im Oderwasser befindlichen Schwebstoffe zwischen 33 % und 70 % auf dem Polder zurückgehalten werden. während des Hochwassers 1997 waren es sogar 90 % (Engelhardt et al. 1998). Unabhängig von der Menge des in die Oder eingetragenen Schwebstoffs fand auf dem Polder ein Rückhalt von mindestens 50 % des an Partikel gebundenen Phosphors statt (Abb. 4.28a), während der Polder für partikulären Stickstoff (Abb. 4.28b) und Kohlenstoff saisonabhängig auch als Quelle fungieren kann. Für den schwebstoffgebundenen Transport von Schwermetallen wie z. B. Blei, Cadmium, Kupfer und Zink wurden Retentionen zwischen 63 % und 90 % ermittelt (Abb. 4.28c).

Diese Stoffbilanzen zeigen, welche Bedeutung Überflutungsflächen für die Wasserqualität des Flusses haben können, sie belegen aber auch die Möglichkeit einer kontaminierenden Wirkung solcher Überschwemmungen für Polder- und Auenböden. Damit wird die gewässerbegleitende Landschaft ein integraler Bestandteil des Gewässerschutzes, und das Verständnis der komplexen Zusammenhänge zwischen Fluss und Landschaft ist erforderlich (Geller et al. 1998; Hayashi und Rosenberry 2002; Wood et al. 2007; Thoms et al. 2009; Hester und Gooseff 2010). Bereits vor der Implementierung der Europäischen Wasserrahmenrichtlinie (WRRL 2001) wurden für viele Flüsse oder Flussabschnitte in Deutschland in diesem Sinne Verbesserungskonzepte diskutiert und entwickelt. Ein Beispiel dafür und für die weit greifenden Wechselwirkungen zwischen Fluss und Aue und der Beeinflussung durch den Menschen ist die Untere Spree. In Abb. 4.29 ist ein Abschnitt der Unteren Spree bei Freienbrink

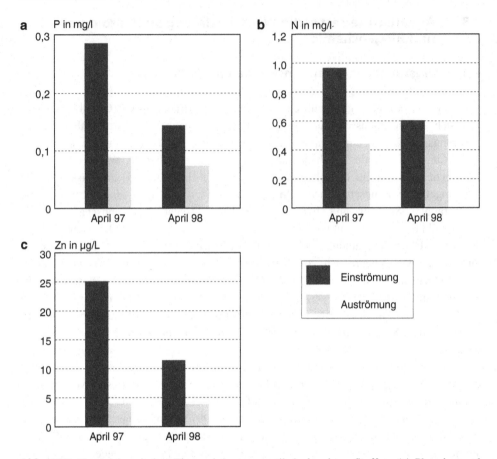

Abb. 4.28 Vergleich zwischen Ein- und Austrag partikelgebundener Stoffe – (**a**) Phosphor und (**b**) Stickstoff und (**c**) Zink auf dem Polder A/B im Nationalpark Unteres Odertal während der Winterflutungen im April 1997 und 1998 (Engelhardt et al. 1998)

dargestellt, einmal Ende des 18. Jahrhunderts (a) mit vielen aktiven Mäandern und Seitenarmen, dann 2000 (b) in seiner jetzigen, begradigten Form.

Besonders im 20. Jahrhundert wurden durch Begradigung des Flusslaufes die morphologischen und hydraulischen Verhältnisse stark verändert, was zur Erhöhung des Gefälles und zur Beschleunigung des Abflusses führte. Die angelegten Uferbefestigungen unterbanden die Seitenerosion, so dass sich das Gleichgewicht zwischen Feststoff-nachlieferung, -Transport und –Ablagerung verschob und eine freie Laufverlagerung der Spree verhinderte. Damit wurde die Tiefenerosion des Flussbetts erhöht, was wiede-rum zur Verringerung des Wasserstandes im Fluss führte. In Folge dessen gab es im gesamten Einzugsgebiet Grundwasserabsenkungen, die nun in Trockenzeiten zu extremen Niedrigwässern führen können. Zudem ist durch die wasserbaulichen Maßnahmen das Moorwachstum gestoppt worden, und durch zusätzliche Meliorationsmaßnahmen setzte

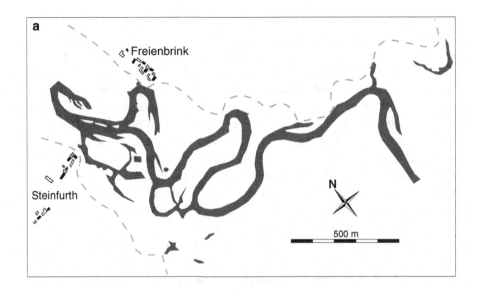

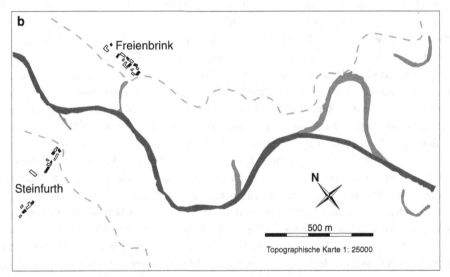

Abb. 4.29 Abschnitt der Unteren Spree bei Freienbrink um (**a**) 1779 und (**b**) 2000

eine Moordegradierung ein. Die unter natürlichen Bedingungen als Stoffsenke fungierende Flussniederung (Moorwachstum, Sedimentation von partikulärem Material bei Überflutung) setzt seitdem Nährstoffe, vor allem Phosphor frei und trägt somit zur Eutrophierung des Fließgewässers bei. Überlagert wird dies durch den bereits eingetretenen Rückgang der Einleitung von Grubenwässern infolge der Einschränkung des Braunkohlenbergbaus (Gelbrecht 1996).

Für die Planung wasserbaulicher Maßnahmen an der Elbe wie Deichrückverlegungen aus Gründen der Auenregeneration oder des Hochwasserschutzes, Veränderungen der Vorlandvegetation (Auwaldentwicklung) sowie die Schaffung von Flutmulden war es wichtig, zu erwartende hydraulische Verhältnisse mit Hilfe von Simulationsrechnungen abzubilden, um auf der Grundlage dieser Ergebnisse Auswirkungen quantitativ beurteilen und bewerten zu können (Geller et al. 1998). Auch die Untersuchung der mit dem Boden- und Grundwasser einhergehenden Stofftransporte kann einen bedeutenden Zugang zur Aufklärung der Wechselwirkungen zwischen den Oberflächengewässern mit ihren Uferstreifen, Talniederungen und grundwasserferneren Einzugsgebieten ermöglichen. Die klassische Hydrologie als vorwiegend physikalisch geprägte Wissenschaft abiotischer Naturzusammenhänge entwickelt sich so schrittweise zur Ökohydrologie, bei der die Wechselwirkungen zwischen hydrologischen Systemzuständen und biologischen Prozessen betrachtet und untersucht werden. In einem Übersichtsartikel zeigen Hayashi und Rosenberry (2002) auf, welche Bedeutung die hydrologischen Wechselwirkungen zwischen Grundwasser und Fluss für die Ökologie des Fliessgewässers haben (Abesser et al. 2011). Der Grundwassereinfluss sorgt im Idealfall für einen stabilen Basisabfluss, Habitatbedingungen mit relativ konstanten Temperaturen und normalerweise auch für moderate Nährstoffeinträge. Darüber hinaus beeinflusst das Grundwasser das Oberflächengewässer indirekt durch die Wasserversorgung der Vegetation in der Aue und die Steuerung der Uferstabilität. Veränderungen dieser Verhältnisse, z. B. ein variierender Basisabfluss mit nachfolgenden Veränderungen der Temperatur und der Wasserqualität können sich sehr schnell auf die Habitatbedingungen für Fischen und Kleinlebewesen auswirken. Die hyporheische Zone bildet einerseits die Grenze zum Fliessgewässer, andererseits die zum Grundwasser, und sie ist somit eine Grenzschicht im doppelten Sinne. Entsprechend groß ist ihr Einfluss auf die Temperaturbedingungen sowie die Nährstoffregulierung und den Abbau von Stoffen. Infolge des dauernden Wechsels von Hoch- und Niedrigwasser haben sich typische Auenformen und Pflanzen-gesellschaften herausgebildet, wie in der nachfolgenden Abb. 4.30 zu sehen ist.

Neben hydrologischen Einflüssen sind diese Pflanzengesellschaften natürlich auch anthropogenen geprägt. Einer Studie von Webb und Leake (2006) über die Entwicklung der Auenvegetation im Südwesten der USA zufolge, lassen sich sowohl reduzierende (z. B. durch Ausweitung der Landwirtschaft) als auch verstärkende Wirkungen (Rückgang der Biberpopulationen) feststellen, deren ökologische Konsequenzen schwer abzuschät-zen sind. Auch die Vegetation im Fliessgewässer hat einen großen Einfluss auf die Austauschprozesse (Salehin et al. 2003). Mit Hilfe von Tracerexperimenten in Flüssen mit und ohne Vegetation konnte nachgewiesen werden, dass die Vegetation vor allem die Fliessgeschwindigkeiten, die Mischungsverhältnisse im Fluss und die Intensität des hyporheischen Austauschs wesentlich beeinflusst. Durch das mechanische Entfernen der Vegetation, verbunden mit einem teilweisen Ausbaggern von Sedimenten, werden die Geometrie der Gewässersohle und damit die effektiven Austauschraten mehr oder weniger stark verändert.

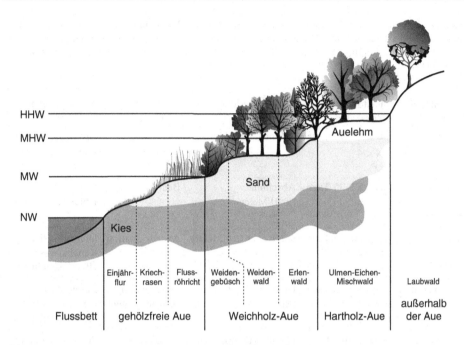

Abb. 4.30 Typische Zonierung der Pflanzengesellschaften in der Flussaue (HHW – höchster Wasserstand, MHW – mittlerer höchster Wasserstand, MW – mittlerer Wasserstand, NW – niedrigster Wasserstand)

Der Wasseraustausch zwischen Fluss und Aquifer ist eine der treibenden Kräfte zur Vernetzung aquatischer und terrestrischer Lebensgemeinschaften. Die Abflussdynamik im Fliessgewässer und die Wechselwirkungen mit der Umgebung haben zur Herausbildung typischer Landschaftsformen beigetragen, mit Folgen für die Struktur und die Funktion dieser flussbegleitenden Ökosysteme. Die Heterogenität des Austauschs zwischen Oberflächen- und Grundwasser ist in jeder räumlichen und zeitlichen Ebene verschieden ausgeprägt, und die auf diesen Ebenen stattfindenden hydrologischen Prozesse haben verschiedene ökologische und gesellschaftliche Implikationen, wie die nachfolgende Tab. 4.3 zeigt.

Dabei sind von den Autoren die Dauer eines hydrologischen Ereignisses (D), die Häufigkeit (F) und die Intensität (I) bezogen auf ein mittleres Abflussereignis im Jahr als bestimmende hydrologische Faktoren herausgearbeitet worden.

Neben den hydrologischen Mechanismen wird der Austausch zwischen aquatischen und terrestrischen Systemen auch durch die aus dem Einzugsgebiet in die Flusssysteme verfrachteten Nährstoffe, vor allem Stickstoff und Phosphor, und die organische Substanz bestimmt. Mit dem aus dem Gewässervorland in die Flüsse strömenden Wasser werden entlang aller ober- und unterirdischen Abflusspfade chemische Substanzen von einer funktionalen Einheit (im Sinne der Gliederung der Ökosysteme) in die andere transportiert, wobei diverse biogeochemische Reaktionen stattfinden. Das in der Aue den Fluss begleitende Grundwasser kann als eine Art Übergangssystem mit zwei

Tab. 4.3 Hydrologische Faktoren, die auf verschiedenen Raum- und Zeitskalen den Austausch zwischen Oberflächen- und Grundwasser beeinflussen. Angegeben sind ebenfalls für jede Raumskala die wesentlichen Einflüsse auf die Ökologie und die Gewässernutzung (nach Breil et al. 2007)

Einzugsgebiet (km^2)	Hydrologische Faktoren Zeitskalen	Flussökosystem Raumskalen	Biologische Einflüsse	Anthropogene Einflüsse
>10000	D > 22–45 Tage	Sektor (>100 Meter)	Menschen	Große Staudämme, Flussumleitungen
	N < 4			
	M > 2			
1000 bis 10000	D = 22–25 Tage	Abschnitt (>10 Meter)	Bäume	Begradigungen, Brücken
	N < 6			
	M > 1			
100 bis 1000	D = 20–25 Tage	Ausschnitt (>1 Meter)	Auenvegetation	Uferstabilisierung, Kanalisierung, Ufereinschnitt
	N < 8			
	M > 0.5			
<100 Meter	D = 15–20 Tage	Unterabschnitt (Meter)	Bioturbation (Fische) Algen	Zusatz, Enfernung von Arten Flussmodifikation
	N = 10			
	M < 0.5			
<10 Meter	D** = Stunden	Partikel (Dezimeter)	Bioturbation (Invertebraten)	Porenverdichtung (clogging) Sedimentation
	N** >> 10			
	M** << 0.5			

D: mittlere Dauer des Ereignisses pro Jahr
N: mittlere Anzahl von Ereignissen pro Jahr
M: mittlere relative Stärke des Ereignisses (logarithmische Skale)
**: Zeitskala nur geschätzt

Grenzzonen betrachtet werden; die eine trennt es vom weiter im Inland befindlichen terrestrisch geprägten Grundwasser, die andere ist die Sediment-Fließgewässer-Grenze (Triska et al. 1993). Hier kommt es zu einem wechselseitigen Austausch zwischen Fließgewässer und Grundwasser mit zeitlich sehr variablen Fließzeiten, welche die biogeochemischen Reaktionen steuern. So z. B. zeigte sich, dass bei längeren Transportwegen im Grundwasserleiter die Konzentrationen von Nitrat und DOC (gelöste organische Substanz) niedrig sind, die von Ammonium hoch, bei kurzen Fließwegen und - zeiten sind die Verhältnisse umgekehrt. In Abhängigkeit vom Sauerstofftransport und - verbrauch entlang der Strombahnen können sich im Grundwasser entlang des Gewässer- abschnitts sowohl oxische als auch anoxische Bedingungen einstellen, ebenso wie unterhalb der an den Stoffumsetzungen beteiligten hyporheischen Zone. Eng an die Zyklen der Nährstoffe gekoppelt sind die Kohlenstoffkreisläufe, welche für die Gewässer-Land- Wechselwirkungen eine besondere Bedeutung haben, da terrestrisch gebildeter Kohlen- stoff (z. B. Laub und dessen Zersetzungsprodukte) sowohl auf ober- als auch auf unterirdischen Fliesswegen in Seen und Flüsse verfrachtet wird und dort die aquatischen Ökosysteme beeinflusst (Burkert et al. 2004; Lohse et al. 2009).

4.3.2 Auen- und Flussgebietsmanagement

Die bereits seit hunderten von Jahren anhaltende Bewirtschaftung der Gewässer und der angrenzenden Auen haben zu tief greifenden Veränderungen der Flusslandschaften geführt, so dass es heute in Europa und vielen Teilen der Welt so gut wie keine natürlichen, d. h. sich selbst überlassenen Fließgewässer mehr gibt (Tockner et al. 2009; CHR-KHR 1993). Mit jedem Eingriff in die Flüsse, gleich welcher Größe, werden auch die Bedingungen für den Austausch mit dem Grundwasser verändert. Ebenso wirken sich Landnutzungsänderungen kurz- und mittelfristig auf die Abflussbildung der Fliessgewässer aus. Sie führen einerseits zur Veränderungen der unterirdischen Bilanzgrößen (Boden- und Grundwasserspeicherung), andererseits beeinflussen sie aber auch die Regulation der Wasserstände im Fließgewässer (Nützmann et al. 2011). Trotz oder manchmal auch gerade wegen der regulierenden Eingriffe in die Fliessgewässer stellen Hochwasserereignisse und ihre Folgen nicht nur die in den Flusstälern siedelnden Menschen sondern die Gesellschaft im Allgemeinen vor große Herausforderungen verbunden mit hohem Ressourceneinsatz. Aber auch Dürren, ob klimatisch oder anthropogen bedingt, haben wirtschaftliche Auswirkungen, möglicherweise können sie sogar kostspieliger als Überschwemmungen werden (Tallaksen und Lanen 2004). In jedem Fall stehen diese hydrologischen Extreme mit der Landnutzung im Einzugsgebiet – insbesondere in den Fluss begleitenden Auen – in einem engen Zusammenhang.

Definiert man Landnutzung als die Art und Weise der Beanspruchung von Landoberflächen und Böden durch den Menschen, dann kann man grob zwischen landwirtschaftlichen (Ackerflächen, Dauerkulturen, Grünland), forstlichen (Laub- und Mischwald, Nadelwald), Siedlungs-, Feucht- und Wasserflächen unterscheiden. Über die Regulierung des Bodenwasserhaushalts z. B. durch Be- und Entwässerungsmaßnahmen, wird Einfluss auf die Versickerung und damit die Grundwasserneubildung genommen, was bei versiegelten Flächen zur völligen Unterbindung derselben führt. Bei unversiegelten, mit Vegetation bedeckten Böden, ist die Verdunstungsleistung des Pflanzenbestandes von herausragender Bedeutung für die Höhe der Grundwasserneubildung (Miegel et al. 2007). Hier spielt auch die Höhe des Grundwasserstandes unter Flur für die Art und Weise der Wechselwirkungen zwischen ungesättigter und gesättigter Zone eine wesentliche Rolle. Einerseits wird durch die von Pflanzenwurzeln induzierte Aufnahme von Wasser aus dem Kapillarsaum oder der ungesättigten Zone dieser Flurabstand beeinflusst, andererseits prägt natürlich auch der Grundwasserflurabstand die Pflanzengesellschaften selbst. In diesem Kontext kann man also auch von „wasserabhängigen Landökosystemen" sprechen, um diese Zusammenhänge und Wechselwirkungen zu verdeutlichen (Konold 2007). Die Betrachtung historischer Eingriffe in Gewässerlandschaften und die daraus entstandenen anthropogen geprägten Ökosysteme wird oftmals gegensätzlich diskutiert. In dem zitierten Aufsatz von Konold (2007) dagegen werden Beispiele dafür angeführt, dass Eingriffe in den Landschaftwasserhaushalt und naturschutzfachliche Interessen sich nicht gegenseitig ausschließen müssen. Frühzeitliche Mühlenstaue, mittelalterliche Bewässerungsanlagen, ehemalige Abbauflächen von Ton, Sand, Kies, Mergel, Schotter und Werksteinen haben die Ausbildung sehr spezifischer Kulturlandschaften bewirkt, wie z. B. spezifische Auenböden und Auenmikroreliefs, Moore, Feuchtgebiete und diverse, von Oberflächengewässern gespeiste Stillgewässer, ephemere Tümpel, Kalkflachmoore, Röhrichte und vieles andere mehr (Konold 2007; Zerbe und Wiegleb 2007). Auch am Beispiel der oberen Donau lässt sich zeigen, dass alleine mit der Revitalisierung der Auen neben dem Hochwasserschutz (Schaffung bzw. Reaktivierung von Retentionsräumen) auch wesentliche Effekte für die wassergebundenen und grundwasserabhängigen Biozönosen erzielt werden können (Hasch und Jessel 2004). Dabei wird unter Revitalisierung im Wesentlichen die Wiederherstellung der Funktion der Auen verstanden (z. B. ihre Hydro- und Morphodynamik, die Senken- und Retentionsfunktion, die Gewährleistung der Grundwasserneubildung), die nicht unbedingt an einen historischen, möglichst „naturnahen" Zustand gebunden sein muss, da dieser nur schwer oder gar nicht zu definieren ist, weil Flussauen schon seit langer Zeit Kulturlandschaften sind (Konold 2007).

Das Hochwasser der Oder im Jahre 1997 machte deutlich, wie sehr und mit welchen Folgen eine Flusslandschaft in der Vergangenheit umgestaltet worden ist. Die Oder wurde vor allem im 18. und 19. Jahrhundert ausgebaut und begradigt, was im Bereich der Glatzer Neiße und im Bereich von Güstebiese bis Hohensaaten zur einer Laufverkürzung von insgesamt 187 Flusskilometern führte (LUA 1997). Das natürliche Überschwemmungsgebiet wurde dabei im Zuge aller Regulierungsmaßnahmen um etwa 75 % von 3700 km^2 auf 860 km^2 reduziert. Die Oder weist aufgrund dieser Umgestaltungen im Bereich des Oderbruchs ein beträchtliches Gefälle von etwa 15 m auf, während für die restliche Fließstrecke bis zur Mündung nur noch 3 m Gefälle verbleiben. Auch wenn im Oderbruch in den letzten 300 Jahren verschiedene kulturtechnische Maßnahmen (vor allem Hochwasserschutz und Entwässerung) dazu geführt haben, dass sich eine produktive Landwirtschaft entwickeln und etablieren konnte, bleibt die Steuerung und Optimierung des Wasserregimes bei den sehr heterogenen Bodenverhältnissen, dem ständigen Drängewasserzustrom aus der Oder in den angrenzenden Aquifer, und den allgemein hohen Grundwasserständen der Dreh- und Angelpunkt für eine nachhaltige agrarische Nutzung (Müller 2000). Das darüber hinaus bestehende latente Problem fehlender bzw. nicht ausreichender Überschwemmungsflächen ist nicht nur typisch für die Oder. Das kann angesichts der insbesondere im 20. Jahrhundert stattgefundenen Besiedlungen und Siedlungsverdichtungen in unmittelbarer Nähe der mitteleuropäischen Flüsse festgestellt werden (Grabs und Moser 2015). Vergleichbar wie bei der Anpassung an die Klimaveränderung ist auch hier ein Diskurs auf den maßgeblichen gesellschaftlichen Ebenen zu führen, der zu einer Neubewertung der Nutzungsansprüche führen kann (DKKV 2015; Belz et al. 2014).

Von der Länderarbeitsgemeinschaft Wasser (LAWA) wurden umfangreiche Maßnahmenkataloge für die Land- und Forstwirtschaft erarbeitet, die Vorschläge für einen nachhaltigen, vorbeugenden Hochwasserschutz durch schonende Flächenbewirtschaftung und die Wiederherstellung von Bach- und Flussauen beinhalten (LAWA

2005). Solche Bewirtschaftungsmaßnahmen zielen auf folgende hydrologische Beeinflussungen ab:

• Förderung des natürlichen Hochwasserrückhaltevermögens,
• Bremsung des Hochwasserabflusses,
• Erhöhung der Rauhigkeit des Abflusskorridors,
• Bremsung und Infiltration von seitlich zufließendem Oberflächenabfluss,

und beinhalten u. a. Maßnahmen wie die Schaffung von Ausgleichsflächen im Sinne der Bodenordnung und -nutzung, den Tausch von Nutzungen mit Flächen außerhalb der Aue, den Rückbau von Drainagen, die Abflussdämpfung durch Laufverlängerung. Maßnahmen für den präventiven Hochwasserschutz sind von der Länderarbeitsgemeinschaft Wasser im Rahmen des Nationalen Hochwasserschutzprogramms beschrieben worden (LAWA 2014).

Zudem ist jede wasserbauliche Maßnahme ein Eingriff in die Oberflächengewässer, in dessen Folge sich nicht nur die Wasserstände der Fließgewässer, sondern auch der anstehenden Grundwasserleiter der Aue verändern. Als wesentliche Eingriffe sind hier Stauanlagen (z. B. Speicher oder Talsperren) und Kanäle zu nennen. Stauanlagen dienen der Energiegewinnung, dem Ausgleich von Abflussschwankungen, der Kappung von Hochwasserabflüssen, der Einhaltung von Mindestwasserabflüssen und nicht zuletzt auch der Verbesserung der Schiffbarkeit durch Haltung von Betriebswasserständen. Durch Staustufen an Flüssen entstehen erhebliche Veränderungen wie z. B. Vergrößerung des Gewässerquerschnitts, der Gewässeroberfläche und des Speichervolumens, Verringerung der Fließgeschwindigkeiten im Staubereich, Erhöhung der Aufenthaltszeiten. Diese Veränderungen betreffen nicht nur den Staubereich, sondern auch die hydraulisch-morphologischen Verhältnisse flussabwärts. Während im Staubereich der Wasserspiegel von Oberflächengewässer und angrenzendem Grundwasser angehoben wird, kommt es hinter dem Staubauwerk bei Tiefenerosion zu Absenkungen, wobei tiefere Grundwasserstände meist mit geringeren Ertragsleistungen bei landwirtschaftlichen Kulturen verbunden sind (DWA 2013). Talsperren stellen wasserbaulich, hydromorphologisch, hydrologisch, thermisch und ökologisch den schwerwiegendsten Eingriff in ein Fließgewässersystem dar. Kanäle sind per Definition künstliche Gewässer, die der Schifffahrt, der Abführung überschüssigen Wassers und / oder dem Ausgleich von Wasserverlusten, u. a. durch Schleusenbetrieb, Versickerungsverluste und Verdunstung dienen. Können diese Verluste nicht aus dem Einzugsgebiet ausgeglichen werden, erfordert dies Überleitungen aus benachbarten Flussgebieten mit entsprechenden Entnahme-, Überleitungs- und Einleitungsbauwerken. Überleitungen kommen auch für die Flutung von Tagebaurestlöchern einschließlich ihrer Grundwasserabsenkungstrichter zum Einsatz.

Es liegt auf der Hand, dass solche Veränderungen nicht ohne Folgen für die hydrologischen und ökologischen Wechselwirkungen zwischen Grundwasser und Fliessgewässer bleiben können. In erster Linie sind hierbei die veränderten Wasserstände als Antrieb der Austauschprozesse, aber auch Veränderungen in der Durchlässigkeit der

Sohle zu nennen. Nicht selten kann es zur Umkehr der Strömungsrichtung zwischen beiden Wasserkörpern kommen, was sich u. a. in einem Wechsel der Redoxverhältnisse in den Sedimenten der Fliessgewässer niederschlägt. Deshalb beziehen noch weiter gehende Forderungen explizit die hyporheische Zone in Fluss- bzw. Flussgebietsrevitalisierungsmaßnahmen ein und betonen die fundamentale Bedeutung dieses Lebensraumes für die Wiederherstellung der ökologischen Funktion der Flüsse (Hester und Gooseff 2010). Die Infiltration von Flusswasser in den Aquifer durch die hyporheische Zone sorgt für einen gerichteten Transport von gelösten Stoffen (Sauerstoff, Nährstoffe, organische Spurenstoffe) direkt zu den mikrobiellen Gesellschaften im Sediment und ermöglicht die Herausbildung verschiedener biogeochemischer Bedingungen (oxidierende und reduzierende Bedingungen). Außerdem werden in dieser Zone die im Vergleich zum Grundwasser starken Temperaturschwankungen in den Fließgewässern abgepuffert, was z. B. für Fische und ihren Laich von großer Bedeutung ist. Nicht zuletzt ist die hyporheische Zone der Lebensraum für Makroinvertebraten (Mückenlarven u. a.), die ebenfalls einen wichtigen Beitrag zum Wasser- und Stoffaustausch zwischen Fluss und Grundwasser leisten (Roskosch et al. 2010).

Die wasserwirtschaftliche Bedeutung der Wechselwirkungen zwischen Oberflächen- und Grundwasser ist auch am zunehmenden Forschungsumfang ablesbar, welcher dem gemeinsamen bzw. gekoppelten Management der beiden Ressourcen gewidmet ist. Dabei geht es um solche Aspekte wie die optimale Bewirtschaftung der Wassermengen und deren Auswirkungen auf die Wasserqualität sowie die Renaturierung bzw. Revitalisierung und Bewirtschaftung von Flussauen und Niedermoorgebieten. Zu den Maßnahmen gehört dabei auch die Steuerung der Flusswasserstände zur Regulierung des Grundwasserstandes oberflächennaher Grundwasserleiter in der direkten Umgebung von Fließgewässern (Vogt et al. 2010). Dabei treffen oft gegensätzliche Nutzungsinteressen aufeinander, wobei, wie weiter oben gezeigt wurde, sich naturschutzfachliche und wasserwirtschaftliche Interessen nicht notwendiger Weise widersprechen müssen (Konold 2007).

Seen

5

5.1 Seen und ihre Einzugsgebiete

5.1.1 Seentypen

Die Binnengewässer der Erde bedecken weniger als 2 % der Landoberfläche, und ihr Wasservolumen beträgt etwa $2.8 \times 10^5 \text{km}^3$, was wiederum weniger als 1 % der gesamten Süßwasservorräte ausmacht (Meybeck 1995). Dieses Volumen ist sehr ungleichmäßig über die Erde verteilt. Damit haben die Seen zwar nur einen vergleichsweise geringen Anteil am verfügbaren Süßwasser auf der Erde, jedoch liegt dieser um mehr als eine Größenordnung über dem der Fließgewässer (Baumgartner und Liebscher 1990). Obgleich eine genaue Definition von Seen nicht einfach ist, da sie sich durch ihre Genese, Größe und hydrologische Charakteristika mehr oder weniger stark unterscheiden, sind sie doch ganz allgemein als „allseitig umschlossene Wasseransammlung in einer Vertiefung der Erdoberfläche" zu beschreiben (Forel 1901). Aber bereits beim Attribut „allseitig umschlossen" lassen sich Zweifel anmelden, denn viele Seen werden von Flüssen durchquert, so dass die Umschließung nicht vollständig sein muss. Ebenso sind mit dieser Beschreibung auch die künstlichen, von Menschen geschaffenen Gewässer wie z. B. Stauseen oder Talsperren gemeint, welche aber häufig von entsprechenden Betrachtungen ausgenommen sind (Dokulil et al. 2001).

Dies mag verdeutlichen, warum man sich in der Hydrologie mit Seen relativ wenig beschäftigt hat, und warum sich die Seenkunde (Limnologie) von einer zunächst geographischen zu einer mehr und mehr biologischen Wissenschaft entwickelt hat (Schwoerbel 1999). Der geographische Aspekt bezieht sich dabei vor allem auf die Vielfalt der Entstehung von Seen und ihrer Verteilung auf der Landoberfläche, der biologische Aspekt zielt auf die Erforschung der Lebewesen in Seen und ihren vielfältigen Wechselwirkungen.

© Springer Fachmedien Wiesbaden 2016
G. Nützmann, H. Moser, *Elemente einer analytischen Hydrologie*,
DOI 10.1007/978-3-658-00311-1_5

Die Entstehung von Seen hängt von einer Vielzahl geologischer, geomorphologischer und klimatologischer Prozessen ab, die zum Teil bereits in früheren Zeiten der Erdentwicklung stattgefunden haben. In seinem Standardwerk zur Limnologie (A Treatise on Limnology) fasst Hutchinson diese in folgende Gruppen zusammen: Seen tektonischen Ursprungs, Vulkanseen, Gletscherseen, nach Eiszeiten entstandene Seen, Flussseen, Karstseen, Küstenseen, Kraterseen und einige andere mehr (Hutchinson 1957). Jede Entstehungsart hat somit nicht nur Vertreter eines bestimmten Typs von Seen hervorgebracht, sondern ist aufgrund ihrer naturräumlichen Spezifik auch für deren Verteilungsmuster auf der Erde verantwortlich. In einer Übersicht über die 25 größten Seen der Welt (das Kaspische Meer ausgenommen) geordnet nach ihrer Fläche mit Angabe des Volumens, der maximalen Tiefe, der Lage, Entstehung sowie des Mischungstyps in Dokulil et al. (2001) fällt auf, dass bis auf einen Lagunensee alle anderen tektonischen oder glazialen Ursprungs sind, und dass die Seen tektonischen Ursprungs in der Mehrzahl auch die tieferen Seen sind. Zwei Seen, der Aral glazialen und der Tschad tektonischen Ursprungs, stechen dadurch hervor, dass sie große natürliche oder anthropogen verursachte Wasserspiegelschwankungen aufweisen; der Aralsee hat seit den 60er-Jahren des vorigen Jahrhundert mehr als die Hälfte seiner Oberfläche und zwei Drittel seines Volumens eingebüßt. Ähnliche Entwicklungen, wenngleich auch wesentlich geringeren Ausmaßes, sind an Seen im Nordosten Deutschlands zu beobachten (Germer et al. 2010), verursacht durch künstlichen Anschluss der Seen an die Vorflut, Veränderungen des Gebietswasserhaushalts (Niederschlag/Verdunstung) oder lokale Eingriffe in den für die Seen wichtigen Grundwasserhaushalt. Bemerkenswert dabei ist, dass die einzelne Ursachen bzw. Kombinationen mehrerer für eine solche Entwicklung nicht einfach zu erkennen sind, wo es sich doch – aus hydrologischer Sicht – um relativ einfache Wasserkörper mit überschaubaren Bilanzgrößen handelt. Aber auch das täuscht, denn so vielfältig die Entstehung und Gestalt von Binnengewässern ist, so vielseitig sind auch ihr Wasserhaushalt und damit verbunden die ökologischen Verhältnisse. Ähnlich den Gewässern spielt auch für den Wasserhaushalt von Seen neben den klimatischen Bedingungen das Einzugsgebiet eine herausragende Rolle. In der nachfolgenden Tab. 5.1 sind ausgewählte Seen Deutschlands und ihre hydrologischen Kenngrößen zusammengestellt.

Hier zeigt sich bereits, dass Seen außer durch die geringer variablen morphologischen Parameter wie maximale und mittlere Tiefe sowie Seevolumen vor allem durch die Art und Weise der Landnutzung beeinflusst werden. Die Verhältnisse zwischen Wald, Siedlungs- und landwirtschaftlichen Flächen spielen sowohl für die ober- und unterirdischen Zu- und Abflüsse eine Rolle als auch für die stofflichen Einträge in die Seen (Hupfer und Kleeberg 2005). Eine weitere, bedeutende Einflussgröße ist das Klima, welches sich vor allem durch die Temperatur- und Niederschlagsregime auf den Seewasserhaushalt auswirkt. Dies wird beispielsweise an kleineren Seen und Mooren in Nordostbrandenburg deutlich, die keiner direkten wasserbaulichern Veränderung unterlagen, und deren Wasserspiegel ebenfalls merkbar abgesunken sind und jetzt künstlich gestützt werden müssen (Mauersberger 2010).

Tab. 5.1 Ausgewählte Seen Deutschlands und ihre hydrologischen Kenngrößen

Gewässername	Fläche, km²	maximale Tiefe, m	mittlere Tiefe, m[1]	Seevolumen, Mrd. m³	Umgebungs-faktor[2]	Wald, %	Landwirtschaft, %	Siedlung, %
Ammersee	46,600	81,10	37,60	1,7500	20,30	38,20	42,8	4,6
Arendsee	5,140	48,70	28,60	0,1470	5,80	37,60	34,6	9,4
Bodensee	571,500	254,00	85,00	48,5200	21,95	27,10	43,7	5,7
Chiemsee	79,900	73,40	25,60	2,0480	7,60	43,80	34,6	5,8
Müggelsee	7,200	7,50	4,85	0,0350	943,00	39,00		8,3
Großer Plöner See	29,970	58,00	12,40	0,3720	11,70	12,00	60,0	
Kummerower See	32,500	23,30	8,10	0,2630	35,50	19,10	69,3	4,9
Laacher See	3,310	51,00	31,10	0,1030	2,70	36,00	26,0	2,5
Außenmüritz	105,300	28,10	6,50	0,6800	6,30	26,00	48,4	4,5
Plauer See	38,400	25,50	6,80	0,3000	28,90	27,40	47,4	4,6
Sacrower See	1,072	36,00	18,01	0,0193	7,37	78,00	5,9	1,3
Scharmützelsee	12,090	29,50	9,00	0,1080		60,00	30,0	10,0
Schweriner See	35,200	52,40	9,40	0,3310	2,40	13,40	45,0	12,1
Starnberger See	56,400	127,80	53,20	2,9990	5,58	33,40	35,1	8,8
Stechlinsee	4,250	68,50	22,80	0,0970	2,91	80,00		
Steinhuder Meer	29,100	2,90	1,35	0,0420	1,80	35,00	55,0	10,0

1) Seevolumen/Seeoberfläche
2) Verhältnis von Einzugsgebietsfläche zu Seevolumen (ohne Dimension)

Aus hydrologischer Sicht waren Seen wohl lange Zeit nicht so interessant, weil sich die klassischen Abflussbildungsprozesse dort völlig anders darstellen, bzw. es sie so wie bei Fließgewässern nicht gibt. Außerdem werden durch die im Vergleich mit Fließgewässern größeren und quasi-stationären Wasserkörper viele Umwelteinflüsse abgepuffert und in ihrer Wirkung erst Jahre später wahrgenommen. Und nicht zuletzt wird dies durch das nichtlineare Verhalten der Gewässerökosysteme unterstützt: der Wechsel von einer Stufe der Wasserqualität (Trophie) in die andere geschieht mitunter schnell, die dafür verantwortlichen Prozesse beginnen aber bereits lange Zeit vorher.

Um den Wasserhaushalt von Seen verstehen und die einzelnen Bilanzgrößen quantifizieren zu können, müssen sowohl die im Einzugsgebiet stattfindenden externen als auch die seeinternen Strömungs- und Transportprozesse und ihre grundlegenden Mechanismen verstanden werden, ebenso wie die gerade erwähnten klimatischen und anthropogenen Einflüsse darauf. Dies soll in den folgenden Abschnitten dargelegt werden, ergänzt durch einen Abschnitt zur Seenmodellierung und ihre praktischen Anwendungsmöglichkeiten.

Zur Charakterisierung von Seen können verschiedene Merkmale herangezogen werden, wobei im Allgemeinen folgende Typen unterschieden werden (leicht gekürzt nach Dokulil et al. 2001, siehe auch Jöhnk 2001):

Natürliche stehende Gewässer

- Seen: Gewässer mit einer mittleren Tiefe über 2 m, die thermisch geschichtet oder immer durchmischt sein können
- Weiher: relativ großflächige, aber seichte natürliche Gewässer mit einer mittleren Tiefe unter 2 m
- Tümpel, Sölle: zeitweilig austrocknende Gewässer meist kleiner Größe (Fläche)

Künstliche stehende Gewässer

- Stauseen, Talsperren: künstlich errichtete Seen, oft als angestauter Fluss, meist mit größerer Tiefe, die verschiedenen Zwecken dienen (Trinkwasserreservoir, Energiegewinnung, Bewässerung)
- Teiche: künstlich angelegte Flachgewässer, oft zur Fischproduktion
- Bergbaurestseen: besondere Form von stehenden Gewässern, die nach der Gewinnung von Sand, Kies, Ton, Kohle entstehen; entwickeln manchmal mit dem Wiederanstieg des Grundwassers recht tiefe Seen

Besondere stehende Gewässer

- Flachseen: Gewässer von geringer Tiefe, geringer als 2 m, ungeschichtet, meist nährstoffreich
- Moorgewässer: Wasserflächen in Hoch- oder Niedermooren; nach ihrer Größe und Entstehung mit unterschiedlichen Namen versehen (Kolk, Blänke, Torfstich); führen oftmals Braunwasser als Folge des hohen Huminstoffgehalts.

Es fällt bei dieser Einteilung auf, dass oftmals die Größe, d. h. die Oberfläche des Gewässers und dessen Tiefe zur Kennzeichnung herangezogen werden. Daneben gibt es noch weitere Einteilungen, die sich aber nicht wesentlich unterscheiden. Kleine Wiesentümpel, die das ganze Jahr über Wasser führen, wären demnach als Weiher einzuordnen, sehr große Flachseen, wie z. B. der Neusiedler See, Österreich, mit einer Tiefe von unter 2 m, wären ebenfalls als Weiher anzusprechen. Daran mag zu erkennen sein, dass die Einteilung in „tief", „flach" bzw. in „klein" und „groß" recht willkürlich ausfällt, und dass es nach einer objektiveren Typisierung verlangt, wie z. B. der Einteilung nach der Entstehung (Hutchinson 1957) oder nach morphologischen Kriterien (Dokulil et al. 2001), wobei letztere die Entstehung als ein Merkmal neben anderen wie der Geomorphologie, Geologie, oder Morphometrie beinhaltet. Weitere Möglichkeiten sind die Einteilung nach Schichtungs- und Mischungstyp, nach der Dauer des Auftretens von Gewässern bzw. nach dem Nährstoffgehalt oder der bevorzugten Besiedlung mit einer Fischart (Bachforellensee, Felchen- bzw. Maränensee, Blei- Brassensee, Hecht-Schleiensee, Zandersee).

Da die erstmalig von Davis (1882) vorgenommene künstliche Unterteilung nach seebildenden Kräften (Gliederung in aufbauende, zerstörende und versperrende Kräfte) die regionalen Besonderheiten von Seen nicht ausreichend wiedergibt, wurde versucht, die Entstehung empirisch aus regionalen Gegebenheiten abzuleiten, was zu der von Hutchinson (1957) vorgeschlagenen morphogenetischen Klassifizierung von Seen führte. Aus hydrologischer Sicht empfehlen sich jedoch auch die Einteilungen nach der Dauer der Wasserführung bzw. nach den einem See zugeordneten Wasserläufen.

Bei ersterer unterscheidet man nach (Rössert 1976):

- Permanent oder nahezu ständig vorhandenen Seen
- Saisonalen Seen; treten je nach Jahreszeit und Klima regelmäßig auf (z. B. Überschwemmungsseen)
- Periodische Seen; weniger häufig und regelmäßig mit Wasser gefüllt als saisonale Seen (z. B. Endseen, Karstseen).

Die Klassifikation nach Wasserläufen gliedert Seen in:

- Durchströmte Seen: Seen mit einem oberirdischen Zu- und Abfluss (Bodensee, Deutschland)
- Flussseen: von einem Wasserlauf gebildete Seen (Großer Müggelsee, Wannsee, Deutschland)
- Quellseen: mit oberirdischem Abfluss, jedoch ohne Zufluss (Eibsee, Deutschland)
- Endseen: mit oberirdischem Zufluss, jedoch ohne Abfluss (Neusiedler See, Österreich, Balaton, Ungarn)
- Periodisch abflusslose Seen: periodisch durch Trockenheit abflusslos (Tanganjika See, Afrika).

In geologischen Zeiträumen gesehen sind Seen temporäre Gebilde. Vor allem durch Sedimentation oder Veränderungen der Abflussverhältnisse verlanden sie langsam bzw. laufen leer. Die Zeitspannen sind recht unterschiedlich und reichen vom sehr kurzzeitigen Auftreten (z. B. Bergsturzseen können im Verlauf von einigen Tagen bis Jahren wieder verschwinden) bis zu langen Lebensdauern. Mit Ausnahme weniger tektonischer Seen (z. B. Baikal) sind die Seen auf der Erde jünger als 20.000 Jahre, und die meisten von ihnen sind durch Eiszeiten entstanden. Dies fällt z. B. besonders im Norden Deutschlands auf, wo sich nach der Weichseleiszeit vor über 10.000 Jahren ganze Seenplatten, d. h. Regionen mit einer überdurchschnittlich hohen Seendichte herausgebildet haben (Mecklenburgische Seenplatte, Schleswig-Holsteinsche Seenplatte). Die Entstehung solcher Seenplatten kann auch auf andere Weise geschehen, z. B. durch den Eingriff des Menschen wie bei der Lausitzer Seenplatte und dem Sächsischen Seenland. Diese Landschaften entstanden durch Rekultivierung und Renaturierung ehemaliger Braunkohlentagebaue. Das Fränkische Seenland wurde dagegen angelegt, um die Wasserverteilung zwischen Nord- und Südbayern auszugleichen.

Die bereits angesprochene Klassifizierung nach dem Schichtungs- bzw. Durchmischungsverhalten stellt als wichtigstes Merkmal die Temperaturverhältnisse in einem See in den Vordergrund (siehe dazu Abschn. 5.1.4), woraus sich dann eine Einteilung in tropische, subtropische, temperierte, subpolare und polare Seen entwickeln lässt, d. h. eine Art geographischer Typisierung der Seen in Relation zu den Klimazonen der Erde. Ebenfalls konzentriert auf die Thermik von Seen und deren unterschiedliche Ausprägung begründet Hutchinson (1957) seine Klassifikation in Seen mit unterschiedlichem Durchmischungsverhalten:

- Amiktische Seen: ganzjährig eisbedeckt, geringe Temperaturvariation, Wärmezufuhr nur als direkte Sonneneinstrahlung durch die Eisdecke (Antarktis, selten in der Arktis, Hochgebirge)
- Kalt monomiktische Seen: Wassertemperatur ganzjährig unter 40 °C (Arktis, Hochgebirge)
- Dimiktische Seen: regelmäßiger Wechsel zwischen Schichtung und Mischung, zweimalige Vollzirkulation pro Jahr, typisch für kühlere temperierte Regionen der Erde
- Warm monomiktische Seen: Temperatur immer oberhalb von 40 °C, Zirkulationsphase nur im Sommer, in warmen ozeanisch-temperierten Klimaten
- Oligomiktische Seen: Temperaturen stets wesentlich höher als 40 °C, tropische Seen mit seltenen Mischungsphasen
- Polymiktische Seen: Seen mit häufiger oder ständiger Zirkulation, lassen sich weiter in kalt polymiktische und warm polymiktische Seen unterteilen (äquatorialer Bereich, tropische Hochgebirgsseen).

Dabei zeigt sich, dass bei einer solchen Einteilung durchaus verschiedene Seentypen in gleichen Klimazonen auftreten können. Die Klassifikation nach dem

Durchmischungsregime ist für die Gewässerökologie von großer Bedeutung, da das chemische Milieu und die Lebensbedingungen für die Unterwasserflora und -fauna stark von den Temperaturverhältnissen abhängen. Aus hydrologischer Sicht spielen jedoch noch weitere Faktoren eine Rolle, die den Wasserhaushalt des Sees direkt oder indirekt beeinflussen, nämlich die morphometrischen Parameter des Gewässers und sein Einzugsgebiet.

Die wesentlichen morphometrischen Parameter sind beispielsweise (nach Hutchinson 1957; Dokulil et al. 2001):

- Maximale Länge eines Sees l_{max} [m]: definiert als die größte Distanz zweier Uferpunkte, die nicht über Land aber über Inseln führen darf
- Maximale Breite eines Sees: b_{max} [m]: Linie im rechten Winkel zu l_{max}, verbindet ebenfalls zwei am weitesten voneinander entfernten Uferpunkte
- Mittlere Breite eines Sees b [m]: Quotient aus der Wasserfläche des Sees A_0 [m^2] und der maximalen Länge,

$$b = \frac{A_0}{l_{\max}}, \tag{5.1}$$

- Maximale Tiefe eines Sees z_{max} [m]: größte gemessene Tiefe
- Mittlere Tiefe eines Sees z [m]: Quotient aus dem Seevolumen V [m^3] und der Wasserfläche A_0 [m^2] (Seeoberfläche bei $z = 0$),

$$z = \frac{V}{A_0}, \tag{5.2}$$

wobei sich das Volumen wie folgt berechnen lässt

$$V = \int\limits_{z=0}^{z=z_m} A_z dz, \tag{5.3}$$

A_z ist dabei die Wasserfläche in der jeweiligen Höhe z zwischen dem tiefsten Punkt z_{max} und der Seeoberfläche $z = 0$.
- Wasserfläche (Seeoberfläche) A_0 [m^2]: durch Planimetrie bzw. aus digitalisierten Koordinaten des Seeumrisses berechnete Fläche (abzüglich aller Inseln). Die Flächen A_z für jede Tiefenlinie sind in gleicher Weise zu bestimmen. Das Verhältnis von Wassertiefe zur jeweiligen Fläche heißt hypsographische Kurve, aus der sich das Integral (5.3) näherungsweise berechnen lässt. In Abb. 5.1 sind die hypsographischen Kurven von vier europäischen Seen dargestellt.

Abb. 5.1 Hypsographische
Kurven für den Vänern
(Finnland), den Ammersee
(Deutschland), den Mondsee
und den Höllerersee (beide
Österreich) (nach Dokulil
et al. 2001)

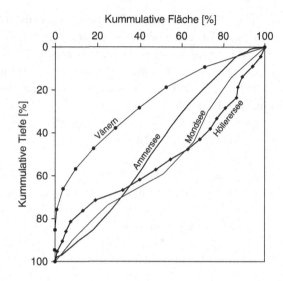

Auch wenn die meisten dieser morphometrischen Parameter eher beschreibender Natur sind, werden sie doch oft genutzt, um den jeweiligen See grob zu charakterisieren. Weitere Parameter und Beispiele ihrer Nutzung findet man in Wetzel und Likens (1991). Die Basis jeder morphometrischen Analyse ist die Tiefenkarte des Gewässers. Sie kann durch Lotung entlang eines vorgegebenen Rasters erfolgen bzw. durch die Aufnahme von Echolotprofilen mit satellitengestützter Ortung. Das Profil eines Sees ist in verschiedene Zonen gegliedert, die einerseits die Wasserverhältnisse, andererseits die Licht- und Temperaturverhältnisse und damit die Lebensbedingungen beschreiben, siehe Abb. 5.2.

Die Uferzone (Benthal, Litoral) setzt sich aus dem Kliff und dem trockenen und periodisch feuchten Strand zusammen, gefolgt von der Uferbank, der Halde und dem Profundal. Ausgehend von der Wasseroberfläche untergliedert sich der Seekörper in das Epilimnion (sauerstoffreiche, durchlichtete Zone), das Metalimnion (Sprungschicht, Übergangszone), und das Hypolimnion (untere, ca. 4 °C homogen kalte Wasserschicht, sauerstoffarm). Die Bildung und Dynamik dieser Zonen ist mit der Thermik von Seen verbunden und wird in Abschn. 5.2.4 näher erläutert.

Die Umgebung eines Sees ist für seinen Wasserhaushalt von großer Bedeutung (Grüneberg et al. 1999). Genau wie Fließgewässer haben auch Seen Einzugsgebiete im hydrologischen Sinne, d. h. ein von Wasserscheiden begrenztes Gebiet, welches sowohl auf der Landoberfläche als auch im Untergrund in den See entwässert. Hat man lange Zeit Seen als quasi abgeschlossene Systeme betrachtet (Thienemann 1925), so hat sich heute die Erkenntnis durchgesetzt, dass Seen und ihre Einzugsgebiete nicht voneinander zu trennen sind. Die Einzugsgebiete können sehr vielgestaltig sein, je nachdem, in welcher Landschaftsform sie sich befinden, und vor allem durch die hydrologischen

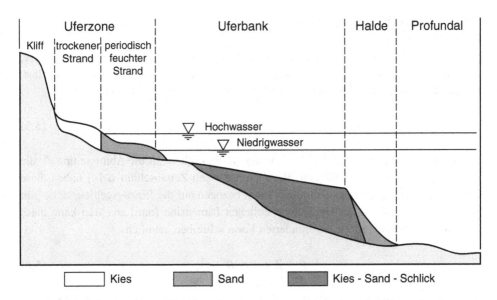

Abb. 5.2 Profil eines Sees

Zusammenhänge unterhalb der Landoberfläche überlappen sich manchmal die Einzugsbiete, oder es gehören mehrere Seen in ein und dasselbe Einzugsbiet.

Die Flächengröße und die Landnutzung bestimmen zu großen Teilen, wie viel Niederschlag, der auf das Einzugsgebiet fällt, auch wirklich den See erreicht. Ein charakteristischer Parameter, der diese Verhältnisse beschreibt, ist der Umgebungsfaktor u_F, der Quotient aus der Einzugsgebietsfläche A_E [km^2] zur Seefläche A_0,

$$u_F = \frac{A_E}{A_0}. \tag{5.4}$$

Je größer der Umgebungsfaktor, desto größer das Einzugsgebiet, bei Kraterseen ist das Gegenteil der Fall, da ihr Einzugsgebiet am Kraterrand endet. Das Volumen und die chemische Zusammensetzung des dem See zufließenden Wassers werden wesentlich vom Einzugsgebiet beeinflusst, z. B. durch dessen Geologie, Bodenart und -struktur, Vegetation, Flächennutzung und nicht zuletzt durch die unterirdischen Fließsysteme. Die klimatischen Verhältnisse sind sowohl bestimmend für die Höhe und Häufigkeit der lokalen Niederschläge über Land und Wasserflächen als auch für deren Verdunstung.

Im Prinzip gilt das über die morphometrischen Parameter und das Einzugsgebiet von Seen gesagte sowohl für natürliche als auch für künstliche Gewässer, also auch für Stauseen, Talsperren und Bergbaufolgeseen. Da künstliche Gewässer aber zu bestimmten Zwecken angelegt wurden, sind oftmals ihre äußeren Formen und die Komponenten ihres Wasserhaushalts stark von dieser Nutzung geprägt.

5.1.2 Wasserbilanz von Seen

Will man die Wasserbilanz eines Sees aufstellen, so sind sämtliche Zu- und Abflüsse, ober- wie unterirdisch zu erfassen, außerdem noch die Variation des Seevolumens selbst. Daraus folgt dann im einfachsten, stationären Fall eine Gleichung der Form

$$P + Z - E - R = dV, \tag{5.5}$$

in der P den Niederschlag, E die Verdunstung, Z die Zuflüsse, R die Abflüsse und dV die Änderung des Volumens bedeuten. Bezogen auf einen Zeitabschnitt $\Delta t[a]$ haben diese Größen die Dimension eines Volumens $[m^3]$, bezogen auf die Einzugsgebietsfläche gibt man sie auch in der in der Hydrologie üblichen Dimension [mm] an. Man kann diese Gleichung auch in einer etwas veränderten Form schreiben, nämlich

$$P + Z = E + R = \overline{D}, \tag{5.6}$$

mit $\overline{D}$ als mittlerem Durchsatz $[m^3\ a^{-1}]$, d. h. dem Wasservolumen, welches dem See in einer bestimmten Zeit über den Niederschlag und die Zuflüsse hinzugefügt und über die Verdunstung und die Abflüsse wieder entnommen wird. Mit Hilfe dieses Durchsatzes lässt sich dann die mittlere Verweilzeit $\bar{t}[m^3m^{-3}a]$ eines Wassermoleküls in einem See berechnen,

$$\bar{t} = \frac{V}{\overline{D}}, \tag{5.7}$$

als ein Maß für die mittlere Dauer des Austauschs des gesamten Seevolumens. Diese Zahl hat für die Einschätzung der Eutrophierung von Seen eine große Bedeutung in der Limnologie.

Führt man die unter- und oberirdischer Zu- und Abflüsse getrennt auf (mit den Indizes O und U gekennzeichnet), ergibt sich daraus

$$P + Z_O + Z_U - R_O - R_U - E = dV, \tag{5.8}$$

wobei bei Betrachtung längerer Bilanzzeiträume $dV \approx 0$ gesetzt werden kann, wenn man davon ausgeht, dass sich die Schwankungen des Seewasserspiegels und damit auch des Volumens ausgleichen. Durch Umformen erhält man auch

$$E = P + Z_O + Z_U - R_O - R_U - dV, \tag{5.9}$$

mit der Verdunstung als Unbekannte (Dingman 2008). So einfach diese Bilanzgleichung auch aussieht, so schwierig ist die praktische Umsetzung, denn die Messung oder

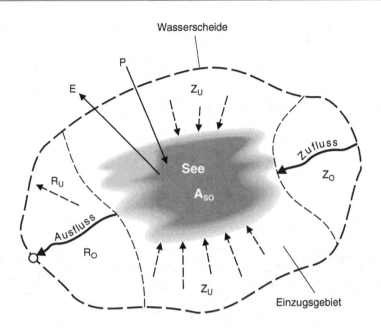

Abb. 5.3 Bilanzschema für einen See

Modellierung der einzelnen Größen stellt eine manchmal nur ungenügend zu lösende Aufgabe dar.

In Abb. 5.3 ist dieses Bilanzierungsschema für einen See in seinem zugehörigen Einzugsgebiet dargestellt.

Man erkennt hier außerdem, dass neben der Trennung von ober- und unterirdischen Zu- bzw. Abflüssen auch bei den Niederschlägen und Verdunstungen zwischen See und landseitigem Einzugsgebiet differenziert wurde. Dies ist oftmals notwendig, weil sich Niederschlagsintensität, -Häufigkeit und -Verteilung über Land- und Wasserflächen stark unterscheiden können. Nur bei kleineren Gewässern wird diese Unterteilung nicht vonnöten sein. Ebenso ist zwischen Verdunstung von freien Wasserflächen und Landflächen zu unterscheiden, da die verschiedenen, den Verdunstungsprozess beeinflussenden und steuernden Größen sehr unterschiedlich sind DWVK (1996). Damit wird aber die Aufgabe, die zur Bilanzierung notwendigen Größen zu bestimmen, nicht einfacher. Würde man zur Berechnung des Wasserhaushalts tatsächlich nach Gl. (5.9) verfahren, dann kann man leicht sehen, dass alle Fehler in der Bestimmung der Größen auf der rechten Seite der Gleichung in die Bestimmung der Verdunstung einfließen. Winter (1981) hat die Unsicherheiten bei der Messung einiger Bilanzgrößen zusammengestellt, siehe Tab. 5.2.

Im Kap. 1 wurden bereits Verfahren vorgestellt, mit denen gewöhnlich Niederschlag und Verdunstung über Land- und Wasserflächen gemessen oder berechnet werden, und es wurden auch die methodischen Probleme bei der Ermittlung von flächenbezogenen Größen aus Punktmessungen diskutiert. Vor allem jedoch für die unterirdischen Bilanzgrößen, z. B. den Grundwasserzufluss, können die Fehler bis zu 100 % betragen

Tab. 5.2 Größenordnung der Unsicherheiten in der Bestimmung von Niederschlag und oberirdischem Zu- und Abfluss bei der Aufstellung von Seebilanzen. Die Zahlen stellen Prozentangaben der „wahren" Werte dar, die Zahlen ohne Klammern entsprechen der „besten" Messmethode, die in Klammern der „normal gebräuchlichen" Methoden (Winter 1981)

Zeitinterval	Niederschlag	Zustrom (Oberfl.) Abweichungen	Abstrom (Oberfl.)
täglich	60–75	5–15 (50)	5 (15)
monatlich	10–25	5–15 (50)	5 (15)
saisonal/jährlich	5–10	5–15 (30)	5 (15)

a

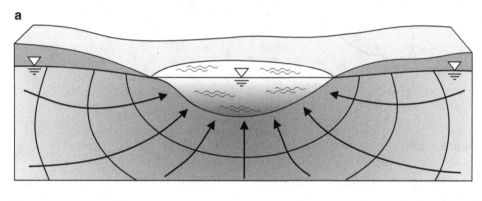

b

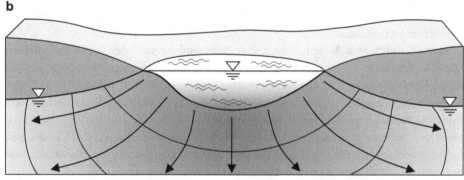

Abb. 5.4 Seen vom (a) Zuflusstyp und (b) Abflusstyp in Abhängigkeit von den Relationen der hydraulischen Höhen; (a) Grundwasserzufluss zu einem See, (b) Seewasserabfluss in den Aquifer (nach Winter et al. 1998)

(LaBaugh et al. 1997). Das Verständnis der Wechselwirkungen zwischen dem Grundwasser und Seen ist sehr oft von mathematischen Simulationen idealisierte Verhältnisse geprägt (siehe Abb. 5.4).

Diese beschreiben eine mehr oder weniger homogene Verteilung der Gradienten der hydraulischen Höhen vom höheren Grundwasserspiegel und niedrigeren Seewasserstand, um dann nach Darcy die Grundwasserzuströme zu berechnen (vgl. Abschn. 3.6.3). In ähnlicher Weise kann man dies für den Abfluss eines Sees in den Grundwasserleiter tun, hierbei ist das Verhältnis der hydraulischen Höhen umgekehrt, der Seewasserspiegel liegt dann über dem des Grundwasserleiters. Oftmals sind jedoch die hydrogeologischen Bedingungen (Schichtenfolgen mit abwechselnd geringen und hohen hydraulischen Leitfähigkeiten) dergestalt, dass ein gleichmäßiger Grundwasserzufluss über das Tiefenprofil nicht erwartet werden kann und räumliche Unterschiede beim Zu- und Abfluss entstehen. Zudem spielen die hydraulischen Leitfähigkeiten der Seesedimente eine wichtige Rolle, da auch sie größere Anteile an organischem Material aufweisen. Diese schwach durchlässigen Ablagerungen können die räumliche Verteilung des Austauschs mit dem Grundwasser stärker beeinflussen als bei Fließgewässern. In flachen Randbereichen spielen solche Ablagerungen jedoch kaum eine Rolle, da hier durch den beständigen Wellenschlag die feinkörnigen Sedimente ausgespült werden können und somit ein freier Wasseraustausch möglich ist.

Treten bei einem See beide Typen gleichzeitig auf, wird er als Durchströmungssee bezeichnet. Bei einem zeitlich stabilen regionalen Grundwasserregime, in das dieser See eingebettet ist, können auch die Zu- und Abflussverhältnisse stabil sein. Es ist aber zu beobachten, dass sich mit der zeitlichen Veränderung des gesamten hydrologischen Regimes im Einzugsgebiet (Wechsel von feuchten und trockenen Perioden) auch Veränderungen der unterirdischen Fließbedingungen einstellen, so dass zumindest lokal aus dem stetigen Grundwasserzufluss in den See ein temporärer Abfluss von Seewasser in den Aquifer entstehen kann (Ginzel 1999; Holzbecher 2001). Solche Wechsel sind insbesondere bei Seen in eiszeitlich entstandenen Landschaften zu beobachten (Richter 1997; Vietinghoff 1995).

Zur Messung des Grundwasserzustroms in einen See kann man sich ähnlich wie bei Fließgewässern die unterschiedlichen Temperaturen beider Wasserkörper zunutze machen (vgl. Abschn. 4.3). Vor allem in den Zirkulationsphasen der Seen (Frühjahr, Herbst) lassen sich diese Methoden verlässlich anwenden. Der homogen durchmischte See hat in diesem Zeitraum eine Temperatur von etwa 4 °C und ist damit unter durchschnittlichen Witterungsbedingungen deutlich kühler als das zuströmende Grundwasser. Diese Bedingungen vorausgesetzt, ist der Zutritt von Grundwasser durch Temperaturen > 4 °C unmittelbar am Gewässergrund detektierbar. Bei polymiktischen Seen (durchmischter Wasserkörper mit Temperaturen deutlich über 10 °C) ist die Nutzung der Wassertemperatur als Tracer auch im Sommer möglich. Gleiches gilt für dimiktische Seen, wenn Grundwasser im Epilimnion (Temperatur deutlich über 10 °C) oder im Hypolimnion (Temperatur um 4 °C) zutritt. Unter den beschriebenen Gegebenheiten lassen sich mit Hilfe des Distributed Temperature Sensing (DTS) die räumlichen Verteilungsmuster des dem See zuströmenden Grundwassers erfassen. Beim DTS handelt es sich um eine faseroptische Methode der Temperaturmessung. Ein Laserimpuls, der durch ein Glasfaserkabel geschickt wird, verursacht verschiedene Rückstreuungssignale, die zum Teil temperaturabhängig sind (Raman-Effekt) und deren Messung die Bestimmung der Temperatur entlang des Kabelverlaufs erlaubt. Die Verlegung eines derartigen

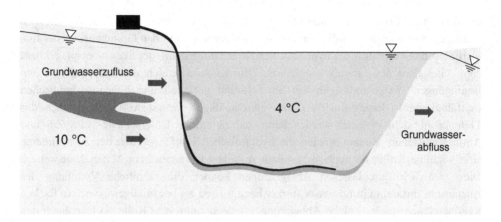

Abb. 5.5 Schematische Darstellung des Einsatzes eine DTS-Messsystems in einem See mit Grundwasserzu- und -abstrom (verändert, nach Meinigmann & Lewandowski in DWA 2013)

Kabels am Gewässergrund ermöglicht so die Erfassung von Wassertemperaturen auf einer Länge von bis zu 30 km mit einer Auflösung von bis zu einem Meter (Abb. 5.5).

Moderne DTS-Geräte haben eine Temperaturauflösung von bis zu 0,03 °C und eine zeitliche Auflösung von deutlich weniger als sechzig Sekunden (Selker et al. 2006). Auf diese Weise können Exfiltrationsprozesse von Grundwasser in Oberflächengewässer lokalisiert, und die Effektivität weiterer Untersuchungen durch die gezielte Auswahl von geeigneten Bereichen gesteigert werden. Nachteile des DTS sind die Abhängigkeit von ausreichenden Temperaturdifferenzen zwischen See- und Grundwasser und die Reaktion auf die Exposition in starke Sonneneinstrahlung. Letzteres verursacht fehlerhafte Temperaturergebnisse und kann daher zu Fehlinterpretationen führen. Während mit Hilfe der DTS-Messung die Eintrittsstellen des Grundwassers in einen See lokalisiert werden, ohne jedoch diesen Zufluss genauer quantifizieren zu können, lässt sich dies mit Hilfe der in Abschn. 4.3.2 beschriebenen Temperaturprofilmethode relativ zufrieden stellend durchführen. Erwähnt werden muss aber, dass die Anwendung dieser Methode bisher noch auf die obersten flachen Uferbereiche beschränkt ist, und dass es sich um ein Punktmessverfahren handelt, d. h. eine Interpolation zur Gewinnung von flächenhaften Raten notwendig ist.

Zur Messung der aus dem Grundwasser in den See strömenden Wasservolumina können Seepagemeter benutzt werden. Es handelt sich dabei um die einzige direkte Methode zur Messung von Exfiltration, die prinzipiell sowohl die Quantifizierung als auch die stoffliche Analyse des exfiltrierenden Grundwassers ermöglicht. Das einströmende Wasser wird über einen zylindrischen Körper, dessen offene Unterseite in das Sediment gedrückt wird, aufgefangen. Durch eine Öffnung in der ansonsten geschlossenen Oberseite des Zylinders wird es über einen Schlauch in einen Plastikbeutel geführt (Abb. 5.6).

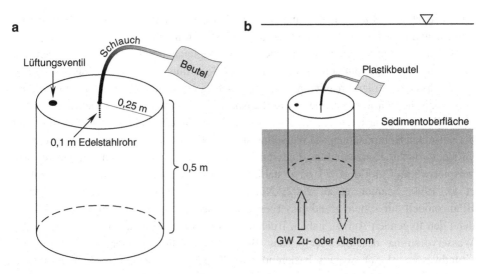

Abb. 5.6 Aufbau und Funktionsweise eines Seepagemeters (nach Fleckenstein et al. 2009)

Der Volumenstrom V_S [m³ m⁻² s⁻¹] über die Sediment-Wasser-Grenzfläche kann durch die Zu- bzw. Abnahme des Gewichtes des Beutels und die Zeit, die das Seepagemeter ausgebracht war, berechnet werden. Der Beutel des Seepagemeters sollte in einem geeigneten Gefäß vor Wellenschlag in Seen geschützt sein, da sonst die Wellenbewegung wie eine Pumpbewegung zu hohe Fließraten erzeugen kann. Direkt nacheinander wiederholte Messungen am gleichen Standort zeigen zum Teil erhebliche zeitliche Schwankungen der Exfiltrationsraten. Rosenberry und Morin (2004) haben ein elektromagnetisches Seepagemeter benutzt, bei dem anstelle des Beutels kontinuierlich die Exfiltrationsrate gemessen wird. Sie konnten zeigen, dass diese Raten zum Teil im Minutenbereich variieren. Hierfür sind Schwankungen des Luftdrucks und des Wasserstandes oder windinduzierte Seiches (interne Wellen eines Sees, siehe Abschn. 5.2.3) verantwortlich.

Insgesamt bleibt festzuhalten, dass Seepagemeter-Messungen fehleranfällig sind und viel Erfahrung erfordern. Es handelt sich bei diesen Geräten meist um Eigenbauten aus einem stabilen Material, beispielsweise halbierte Ölfässer. Der Durchmesser und damit die Größe des Zylinders sollten sich an einer möglichst bequemen Handhabung und an der Genauigkeit der benötigten Messdaten orientieren. Je größer das Seepagemeter, desto exakter können auch kleine Fließraten erfasst werden. Mit zunehmendem Umfang erhöht sich jedoch auch die Gefahr von Undichtigkeiten bei der Einbringung in das Sediment, vor allem in groben und unebenen Sedimenten (Rosenberry und LaBaugh 2008). Beim Einbringen der Geräte in den Gewässergrund ist auf eine absolute Abdichtung der abgedeckten Fläche zu achten. Vor allem Steine, Totholz und Wasservegetation erschweren den korrekten Einbau ins Sediment. In solchen Fällen werden die Seepage-Raten oft unterschätzt. Eine Zusammenfassung von Handhabung, Fehlerquellen und Optimierungs-vorschlägen ist bei Rosenberry und LaBaugh (2008) zu finden.

Bislang wurden die einzelnen Terme der Bilanzgleichung als stationär, d. h. zeitlich unveränderlich angenommen. Aber auch wenn Seen durch ihr großes Wasservolumen vergleichsweise träge reagieren, haben doch jahreszeitliche Schwankungen der hydrologischen Größen auf die Wasserhaushaltsbilanz einen Einfluss und lassen diese ebenfalls zeitlich variieren. Außerdem lassen sich die Unsicherheiten bei der Bestimmung der einzelnen Komponenten der Wasserhaushaltsbilanz durch Hinzunahme einer weiteren Größe, z. B. der Konzentration eines im Wasser gelösten, nicht reaktiven Stoffes wie beispielsweise Chlorid (Cl^-) oder stabiler Isotope deutlich verringern (Krabbenhoft et al. 1990; Scanlon et al. 2002; Nützman et al. 2003). Ein Drei-Komponenten Bilanzmodell für einen grundwassergespeisten See in seinem Einzugsgebiet könnte dann den folgenden Aufbau haben. Bilanziert werden die zeitlichen Veränderungen der Wasservolumina des Sees (V_L), des Boden- oder Sickerwassers (V_{SW}) und des Grundwassers (V_{GW}), woraus basierend auf Gl. (5.8) das folgende Gleichungssystem entsteht

$$\frac{dV_L}{dt} = P_L - E + Z_O + Z_U - R_O - R_U \qquad (5.10a)$$

$$\frac{dV_{SW}}{dt} = P_S - ET - GW_{neu} \qquad (5.10b)$$

$$\frac{dV_{GW}}{dt} = GW_{neu} - Z_U + R_U, \qquad (5.10c)$$

in dem die zeitlichen Veränderungen der drei Komponenten durch die entsprechenden Zu- bzw. Abflüsse definiert werden: Die Änderung des Seevolumens wird nach Gl. (5.10a) durch die auf den See fallenden Niederschläge (P_L), die Seeverdunstung (E), sowie die unterirdischen und oberirdischen Zu- und Abflüsse (Z_O, Z_U, R_O, R_U) bestimmt. Die Sickerwasserbilanz (5.10b) speist sich aus dem auf die Landflächen fallenden Nieder-schlag (P_S), Verlustterme sind die Evapotranspiration (ET) und die Grundwasser-neubildung (GW_{neu}). Letztere beeinflusst das Grundwasservolumen gemeinsam mit dem unterirdischen Abfluss aus dem See (R_U) positiv, als Verlustterm tritt in (5.10c) der Grundwasserzufluss in den See (Z_U) auf. Lassen sich die auf den jeweils rechten Seiten der Gleichungen stehenden Größen in gleicher zeitlicher Auflösung (Tages-, Monats- oder Jahreswerte) messen oder berechnen, dann ist das System (6.10), bestehend aus drei gewöhnlichen Differentialgleichungen, lösbar. Koppelt man nun noch daran die Bilanz für einen Stoff (z. B. Cl^-), ausgedrückt durch die seine Konzentration c [kg m^{-3}], der in allen drei Komponenten vorkommt (c_L, c_{SW}, c_{GW}), dann ergibt sich ein sehr ähnliches Gleichungssystem

$$V_L \frac{dc_L}{dt} = c_P P_L + c_R Z_O + c_{GW} Z_U - c_L R_O - c_L R_U \qquad (5.11a)$$

$$V_{SW} \frac{dc_{SW}}{dt} = c_P P_S - c_{SW} GW_{neu} \qquad (5.11b)$$

$$V_{GW} \frac{dc_{GW}}{dt} = c_{SW} GW_{neu} - c_{GW} Z_U + c_L R_U. \qquad (5.11c)$$

Im Unterschied zur reinen Wasserbilanz fehlen hier die Verdunstungsterme, weil Chlorid sowohl bei Verdunstung des Seewassers als auch bei der Evapotranspiration über Landoberflächen nicht in die Atmosphäre gelangt, sondern in den drei Komponenten Seewasser, Sickerwasser und Grundwasser verbleibt. Dennoch bleibt auch hier das mitunter schwer zu lösende Problem der sehr häufigen Messung dieser Konzentrationen in allen Zu- und Abflüssen und in den drei im Mittelpunkt stehenden Komponenten, möglichst in gleicher Frequenz, so dass eine solche Bilanzierung letzten Endes wissenschaftlichen Projekten vorbehalten bleibt.

5.1.3 Hydrodynamik von Seen

Die physikalischen Grundlagen der Hydrodynamik von Seen basieren auf der Bilanz von Impuls, Masse und Energie und können durch die Navier-Stokes-Gleichungen für inkompressible Fluide mathematisch beschrieben werden (Jöhnk 2001). Die Herleitung dieser Zusammenhänge ist in verschiedenen Aufsätzen und Büchern nachzuschlagen, von denen hier nur zwei zitiert werden sollen (Imberger und Hamblin 1982; Hutter 1993). Die nachfolgenden Ausführungen beschränken sich auf die für die Hydrologie wesentlichen Mechanismen und Prozesse und folgen der Systematik von Hutchinson (1957).

Der Wasserkörper von Seen ist ständig in Teilen oder komplett in Bewegung, so dass der vielfach verwendete Begriff „Standgewässer" im physikalischen Sinne nicht zutrifft. Auslösende Kräfte für diese Bewegungen sind Wind, Strahlung, Temperatur, Luftzirkulation und -feuchte, Zu- und Abflüsse, die Konzentrationen gelöster Stoffe im Seewasser sowie die Erdrotation. Anthropogene Einflüsse wie Wellenschlag durch Schiffe, Wasserentnahmen oder -Einleitungen sowie andere künstlich induzierte Wasserbewegungen ergänzen dies. Infolge derartiger Einwirkungen gerät der Wasserkörper in Bewegung und es bilden sich Strömungen aus, deren wichtigstes Merkmal die *Turbulenz* ist. Diese bedeutet, dass sich die Wassermoleküle nicht in geordneten Bahnen parallel zu einer Hauptstromrichtung bewegen, sondern dass an jedem beliebigen Punkt im See die Geschwindigkeiten und Beschleunigungen wechseln können. Als Kriterium für eine turbulente Strömung gilt die Reynolds-Zahl (4.30). Bei der Bewegung von Fluiden in porösen Medien, z. B. des Grundwassers, spricht man von einer laminaren Strömung solange die Reynoldszahl unterhalb der kritischen Schwelle $Re < 10$ bleibt, bei $Re > 10$ kann Turbulenz auftreten. Bei einer freien Strömung in einem Kanal, der wesentlich breiter als tief ist, beginnt die turbulente Strömung bei Re = 310. Übertragen auf einen Flachsee mit einer mittleren Tiefe von 1 m bedeutet das eine kritische Geschwindigkeit von 0.03 cm s^{-1} (Hutchinson 1957). Die zeitliche Änderung der Geschwindigkeit (bzw. des Impulses) wird durch folgende Prozesse erzeugt: advektiver Transport, Coriolis-Beschleunigung (hat keinen Einfluss auf kleinere Seen), Druckgradient, Auftrieb, und die durch Geschwindigkeitsgradienten erzeugte Diffusion (Jöhnk 2001). Im Allgemeinen hat das Turbulenzfeld eine Ausdehnung von Millimetern bis zu einigen Metern. Neben der Turbulenz treten noch interne und Oberflächenwellen, Zirkulationsströmungen und nicht zuletzt durch Wind oder Auftrieb verursachte Strömungen auf (Imberger und Hamblin 1982).

Definiert man an einem festen Punkt im Wasser die Geschwindigkeit, z. B. entlang der x-Achse, dann kann diese stationär sein, systematisch variieren, oder stochastisch, d. h. zufällig verteilt sein. Definiert man die Geschwindigkeit mit $u(t)$, dann ergibt sich eine mittlere Geschwindigkeit über ein Zeitintervall $t*$ durch

$$\bar{u} = \frac{1}{t*} \int_0^{t*} u(t) dt. \tag{5.12}$$

Nimmt man weiter an, dass die Variation der Geschwindigkeit keiner Systematik unterliegt, dann kann man eine so genannte Grundgeschwindigkeit $\bar{u}$ definieren als

$$\bar{u} = \lim_{t \to \infty} \frac{1}{t*} \int_0^{t*} u(t) dt \tag{5.13}$$

und die aktuelle Geschwindigkeit ergibt sich aus der Summe der Grundgeschwindigkeit und ihrer Varianz bzw. Fluktuation $u'(t)$,

$$u(t) = \bar{u} + u'(t), \tag{5.14}$$

welche positiv, negativ oder Null werden kann. Die über die Zeit gemittelte turbulente Geschwindigkeit zum Quadrat ergibt sich dann zu

$$\bar{u'}^2 = \lim_{t \to \infty} \frac{1}{t*} \int_0^{t*} u'2(t) \, dt \tag{5.15}$$

und kann als Maß der Intensität der Turbulenz entlang der x-Achse gelten. Schreibt man dies ebenfalls für die y- und z-Achse mit $\bar{v'}^2$ und $\bar{w'}^2$, dann kann man mit

$$TKE = \frac{1}{2}\left(\overline{u'}^2 + \overline{v'}^2 + \overline{w'}^2\right) \tag{5.16}$$

die turbulente kinetische Energie $\left(\approx 10^{-6} J \ kg^{-1}\right)$ beschrieben werden (Wuest und Lorke 2003). Wenn nun mit dieser turbulenten Geschwindigkeit z. B. ein im Wasser gelöster Stoff oder die Wärme bewegt wird, dann verläuft auch diese Bewegung irregulär oder stochastisch. Gleiches gilt auch für den Impulstransport. Flüssigkeiten sind mehr oder weniger zäh, d. h. sie besitzen eine innere Reibung, welche dazu führt, dass die Bewegung (der Impuls) eines Flüssigkeitspaketes auf seine Umgebung übertragen wird. In Anlehnung an laminare Verhältnisse wird auch der turbulente Transport als Funktion von Schubspannung und Viskosität parametrisiert

$$\tau = -A_{vx}\frac{d\overline{u'}}{dx} \tag{5.17}$$

mit der Schubspannung (shear stress) τ [N m^{-2}], auch als Reynoldsspannung bezeichnet, und einem Proportionalitätsfaktor A_{vx}, der Eddy Viskosität (oder Eddy Diffusivität) genannt wird.

In der Strömungslehre versteht man unter Eddy Diffusion die Ausbreitung eines Stoffes in einem strömenden Fluid durch turbulente Vermischung, die im Gegensatz zur molekularen Diffusion als Wirbeldiffusion wesentlich schneller verläuft. Im Unterschied zur molekularen sind die turbulenten Diffusivitäten keine Materialgrößen mehr, sondern sie sind abhängig von der Strömung, dem Ort innerhalb der Strömung und von den mechanischen und thermischen Turbulenzbedingungen. Um eine genaue Beschreibung der turbulenten Mischungsvorgänge in einem See zu erhalten, muss die turbulente Diffusivität aus einem physikalischen Modell abgeleitet werden. Aufgrund der Skalenabhängigkeiten ist dies jedoch nur unter starken Vereinfachungen möglich (siehe Abschn. 5.4.2). Die Eddy Viskosität kann auch zur Berechnung der Mischungslänge (Prandtl'scher Mischungslängenansatz) eines geschichteten Sees benutzt werden (Hutchinson 1957).

Im Gegensatz zu den Wasserbewegungen im Untergrund sind turbulente Strömungen zufällig verteilt und weisen komplexe Strukturen mit starken Geschwindigkeits- und Druckschwankungen auf. Sie sind durch Mischungsprozesse aufgrund hoher Querströmungen immer instationär und dreidimensional. Turbulente Strömungen bestehen aus Wirbeln unterschiedlicher Größe. Die Größe der großen Wirbel wird durch die Geometrie des Gewässers bestimmt, die der kleineren Wirbel von den viskosen Reibungskräften, wobei eine größere Reynoldszahl Re zu kleineren Wirbeln führt. Zur Beschreibung der turbulenten Strömung in einem See ist deshalb die Bestimmung des Turbulenzspektrums wichtig, welches die Aufteilung der kinetischen Energie der turbulenten Bewegung in Anteile vornimmt, die durch Wirbel unterschiedlicher Größe verursacht werden.

Weitaus stärkere und in ihrer räumlichen Ausdehnung auch größere Bewegungen des Wasserkörpers von Seen werden durch das *Strömungsregime* verursacht, welches durch äußere Kräfte angetrieben wird. Hutchinson (1957) unterscheidet zwischen nicht-periodischen und periodischen Kräften. Zu den ersteren zählt das Zu- und Abflusssystem, ungleichförmige Erwärmung der Seeoberfläche, den Eintrag gelöster Stoffe und die Veränderungen des Luftdrucks und des Windes. Als periodische Kräfte lassen sich die vor allem saisonalen Störungen durch Luftdruck und Windfelder einordnen. Während die Eigenschaften der Strömung in großen Seen denen von Küstenregionen oder Ozeanen sehr ähnlich sind, gibt es bei kleineren Gewässern größere Einflüsse der Uferzonen und Bodenrauhigkeit auf das Regime.

Die theoretische Grundlage zur Beschreibung dieser Strömungen wird durch die Navier-Stokes-Gleichungen für inkompressible Fluide gegeben. Wird bereits hier vereinfachend die Dichteabhängigkeit nur im Auftriebsterm berücksichtigt (Boussinesq-Annahme), dann ergibt sich unter Verwendung der Summenkonvention ($i \in \{1, 2, 3\} \equiv \{x, y, z\}$), siehe auch Abschn. 3.6.2) die folgende Gleichung

$$\frac{\partial u_i}{\partial t} + u_j \frac{\partial u_i}{\partial x_j} + f\epsilon_{ki3}u_k = -\frac{1}{\rho_0}\frac{\partial p}{\partial x_i} - \frac{\rho}{\rho_0}g\delta_{i3} + \mu\frac{\partial^2 u_i}{\partial x_j^2} \tag{5.18}$$

in der u_i eine Geschwindigkeitskomponente, p der hydrostatische Druck, ρ die Dichte, ρ_0 eine Referenzdichte (z. B. die beim Dichtemaximum des Wassers bei 4 °C), g die Schwerebeschleunigung, f die Corioliskraft [s^{-1}] und μ die dynamische Viskosität von Wasser ist (Jöhnk 2001). Für ein inkompressibles Fluid lautet die Bilanz- bzw. Kontinuitätsgleichung

$$\frac{\partial u_i}{\partial x_i} = 0 \tag{5.19}$$

Um die durch Turbulenz erzeugten Phänomene beschreiben zu können, geht man von der Annahme aus, dass sich alle Felder (Geschwindigkeit, Temperatur, etc.) additiv in einen mittleren Anteil zur Beschreibung der großskaligen Bewegungen (z. B. windgetriebene Zirkulation) und einen Fluktuationsanteil aufspalten lassen, welcher die durch Turbulenz erzeugten Abweichungen von diesem Mittel beschreibt (siehe Gl. 5.15). Dies gilt für Temperatur, Dichte und Druck, so dass schließlich ein Gleichungssystem aus mehreren partiellen Differentialgleichungen mit entsprechenden Zustandsgleichungen entsteht, welches nur numerisch, und auch dann meistens nur unter vereinfachenden Annahmen gelöst werden kann (Jöhnk 2001).

Am häufigsten werden Strömungen in Seen durch Wind induziert. Bei einem stetigen Windeinfluss mit konstanter Intensität kann es zu einer Verschiebung der Wasseroberflä-che kommen, auf der vom Wind abgewandten Seite (Luv) sinkt der Wasserspiegel, auf der dem Wind zugekehrten Seite (Lee) wird die Wasserfläche angehoben, siehe Abb. 5.7.

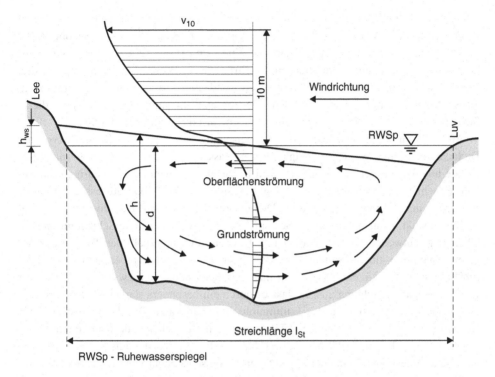

Abb. 5.7 Schema für die Windeinwirkung auf einen See

Gleichzeitig wird, wie in Abb. 5.7 zu erkennen ist, durch den Wind eine Zirkulations-strömung im See initiiert, die zu einer vertikalen Durchmischung führen kann, wenn die Tiefe des Sees nicht zu groß ist. Neben der Windgeschwindigkeit und -dauer hängt diese Durchmischung ganz allgemein von der Flächengröße und Tiefe eines Sees ab. Bei Seen mit großer Wasserfläche und vergleichbar geringer Tiefe bilden sich so genannte Ekman-Spiralen aus (Hutchinson 1957), zwei verschiedene Strömungsregime innerhalb des Sees, charakterisiert durch eine gleichförmige Strömung über allen Tiefen und eine zweite in Bodennähe in gegensätzlicher Richtung. Ein ähnliches Bild von entgegen gesetzten Zirkulationsströmungen ergibt sich bei einem geschichteten See mit zwei Schichten unterschiedlicher Dichte. Während bis in die sechziger Jahre des letzten Jahrhunderts versucht wurde, diese verschiedenen Phänomene mit Hilfe empirischer Formeln zu beschreiben, um die entstehenden Geschwindigkeiten und die zu erwartenden Durchmischungstiefen quantifizieren zu können, wurden im Anschluss daran immer bessere Sonden und entsprechende Messverfahren sowie komplexere Modelle entwickelt. Plate und Wengefeld (1979) betrachteten z. B. den Transport von Impuls, Wärme und Masse an der Seeoberfläche als ein „boundary-layer" Problem. Sie gehen dabei davon aus, dass die Strömung des Windes auf die Wasseroberfläche in zweierlei Weise wirkt: einerseits werden Wellen erzeugt und andererseits ergibt sich dadurch ein Wechsel im

Energiestatus des Wasserkörpers. Für beide Prozesse kann die Energiebilanz getrennt formuliert werden (Wasser und Luft), und die gesamte Energie, die auf die Seeoberfläche wirkt, ist die Summe der beiden Bilanzen. Wuest und Lorke (2003) gehen davon aus, dass infolge kleinskaliger Turbulenzen die Strömung in Seen zur Ausbildung von drei Zonen führt: einer turbulente Oberflächen- und einer Bodenschicht sowie einem Zwischenbereich mit relativ schwach ausgeprägten Strömungen. Als Folge dieser Strömungen wird der Wasserkörper eines Sees mehr oder weniger durchmischt.

Außer durch Windeinwirkung wird das Mischungsverhalten eines Sees sehr von der Dichteanomalie des Wassers geprägt. Reines Wasser erreicht bei 4 °C seine maximale Dichte und diese Eigenschaft ist spezifisch für Seen mit einem relativ niedrigen Salzgehalt. Frischwasserseen haben einen Salzgehalt unter 1 $[g\ kg^{-1}]$. Ozeanwasser mit einem Salzgehalt um 35 $[g\ kg^{-1}]$ weist keine Dichteanomalie mehr auf. Da schwereres Wasser zu Boden sinkt, kann sich in einem See auf zweierlei Art eine stabile Schichtung bilden. Oben liegt entweder kälteres Wasser mit Temperaturen unterhalb der Temperatur des Dichtemaximums über wärmerem Wasser, oder Wasser mit Temperaturen über 4 °C schichtet sich über kälteres Wasser. In manchen Seen bildet sich zwar eine stabile aber recht schwache Schichtung aus, so dass es durch ein besonders starkes Windereignis zu einer drastischen Vertiefung des Epilimnions kommen kann. Die daraus resultierende Einmischung von nährstoffhaltigem Tiefenwasser hat entscheidende Konsequenzen für die biologische Produktivität des Sees (Jöhnk 2001). Das Verständnis der Schichtungs- vorgänge ist deshalb besonders aus gewässerökologischer Sicht von großer Bedeutung.

Ein weiteres Phänomen sind die vom Wind induzierten so genannten *Seiches*, nach Hutchinson (1957) stationäre Oszillationen eines Sees oder Teilen davon. Sie entstehen nach dem Abflauen von Winden, die zunächst das Wasser auf der Leeseite angestaut haben. Da die Strömung noch energiegeladen ist und der Wind als Antriebskraft fehlt, kehrt sie sich in die Gegenrichtung um. Auf diese Weise geraten Schichten des Sees in Schwingungen, deren Periode wenige Minuten bis einige Stunden dauern kann. Hutchinson (1957) stellt für longitudinale Seiches Perioden von ca. 2 min (Loch Treig, Schottland) bis 177 min (Vettersee, Schweden) zusammen, für das Kaspische Meer werden Zeiträume von bis zu 5.5 h beobachtet. Die beiden Antriebskräfte für die Entste- hung von Seiches sind lokale Wind- und Druckunterschiede auf und unter der Wasser- oberfläche, die Ausprägung der Seiches (Periode, Schwingungsamplitude) wird von der Windstärke, der geographischen Lage und Umgebung des Sees beeinflusst. Bei geschichteten Seen können interne Seiches auftreten, d. h. die einzelnen Schichten verschiedener Dichte schwingen unabhängig voneinander. In Abb. 5.8 sind für einen nahezu parabolischen Seequerschnitt das Strömungsregime und die Lage der internen Seiche dargestellt.

Dabei wurde vorausgesetzt, dass der See in zwei Schichten geteilt ist, die leichtere befindet sich oben, die schwerere unten. An der Grenzfläche zwischen beiden Schichten, wo die Dichteunterschiede am Größten werden, können turbulente Strömungen auftreten. Unter der Annahme einfacher Seegeometrien können dann empirische Formeln zur Berechnung der Periodenlänge der Seiches hergeleitet werden. Bei einer rechteckigen

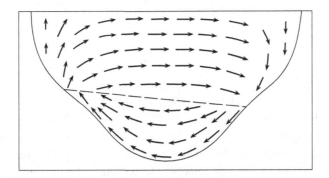

Abb. 5.8 Schema einer internen Seiche (nach Hutchinson 1957)

Seeform mit der Länge 1 und konstanter Tiefe sowie zwei Schichten mit den Mächtigkeiten z_1 und z_2 und den Dichten ρ_1 und ρ_2 erhält man z. B. als Näherung für die Periodenlänge T_i [s] die Formel

$$T_i = \frac{2l}{\sqrt{\dfrac{g\,(\rho_2 - \rho_1)}{\rho_2/z_2 + \rho_1/z_1}}}, \tag{5.20}$$

(siehe Hutchinson 1957). Für viele Anwendungen erscheint es aber sinnvoll, Seen als ein 3-Schicht-System zu betrachten (vgl. Wuest und Lorke 2003), wobei der mathematische Aufwand zur Berechnung der Periodenlängen etc. erwartungsgemäß wächst. Neben dem Wind als auslösende Kraft kann auch die Temperaturschichtung ausschlaggebend für die Auslösung von internen Seiches sein. Kirillin et al. (2009) beobachteten Seiche-ähnliche Temperaturoszillationen im eisbedeckten Müggelsee in einer geringmächtigen Wasserschicht direkt über dem Sediment. Diese Schwingungen wurden unmittelbar nach dem Zufrieren des Sees durch die Freisetzung potentieller Energie der Thermokline initiiert und hatten über mehrere Wochen Bestand ohne Zufuhr externer Energie.

Als letzte, durch Windeinwirkung auf Seeoberflächen entstehende Bewegungen des Wasserkörpers sollen die *Wellen* Erwähnung finden. Ihre Entstehung beruht – unter den Annahmen der klassischen Hydrodynamik – auf der Wechselwirkung von dynamischen Luft- und Wasserdruckgegensätzen an der Seeoberfläche. Die Geschwindigkeit v_w [ms-1], mit der eine Welle an der Seeoberfläche entlang gleitet, lässt sich nach den folgenden Formeln berechnen

$$v_w = \sqrt{\frac{g}{\kappa} + \frac{T}{\rho}\kappa \tanh \kappa z} \tag{5.21}$$

mit

$$\kappa = \frac{2\pi}{l_w}, \qquad\qquad\qquad (5.22)$$

dabei sind T die Oberflächenspannung des Wassers (bei 20 °C etwa $73 \times 10^{-3} \mathrm{Nm}^{-1}$), z die Wassertiefe [m] und l_w die Wellenlänge [m]. Wellen, deren Ausbreitungsgeschwindigkeit proportional zur Quadratwurzel ihrer Länge ist, d. h. $v_w \approx \sqrt{l_w}$, werden auch als Gravitationswellen bezeichnet. Die den Wellen innewohnende Energie ist zum Teil potentielle und zum Teil kinetische Energie. Die potentielle Energie pflanzt sich mit der Wellenbewegung fort, die kinetische Energie bleibt hinter der sich ausbreitenden Welle zurück und wird von der nächsten Welle aufgenommen. Deshalb muss die Gesamtenergie einer Welle um die Hälfte je zurückgelegter Wellenlänge reduziert werden.

5.1.4   Thermik von Seen

In den temperierten Klimazonen der Erde weist die Seeoberfläche einen deutlichen jährlichen Temperaturzyklus auf, der durch den Wärmetransport durch die Wasseroberfläche, die Solarstrahlung, langwellige Strahlung der Atmosphäre und der Wasseroberfläche sowie den Wärmefluss infolge Niederschlag und Verdunstung bestimmt wird. Außerdem spielen noch die ober- und unterirdischen Zuflüsse und der permanente thermische Kontakt mit den Seesedimenten eine Rolle. Nur bei Seen in Äquatornähe und bei solchen, die ständig eisbedeckt sind, variiert die Oberflächentemperatur gering (Boehrer und Schultze 2008).

Durch die Erwärmung der Wasseroberfläche über den kritischen Wert von 4 °C kann sich das wärmere und leichtere Wasser mit Hilfe der auf die Oberfläche angreifenden Winde bis zu einer bestimmten Tiefe mischen und es entstehen so Dichteunterschiede in der Wassersäule, die zur Entwicklung einer stabilen (Sommer)Schichtung führen. Im Herbst vollzieht sich durch die Abkühlung des Sees von der Wasseroberfläche aus der umgekehrte Prozess, der die letztendlich ebenfalls stabile Winterschichtung zur Folge hat. Die sich erwärmende oder abkühlende obere Schicht eines Sees wird Epilimnion genannt, die darunter liegende Schicht Metalimnion oder Sprungschicht, und die darunter befindliche, kältere, die sich nicht mit dem Epilimnion während der Schichtungsphasen vermischt heißt Hypolimnion (siehe Abb. 5.2). Die verschiedenen Temperaturprofile eines auf diese Weise geschichteten Sees sind in Abb. 5.9 dargestellt.

Nimmt man diese Mischungsvorgänge als weiteres Merkmale für Seen, dann kann man diese unterscheiden in monomiktische (der See erreicht einmal im Jahr eine Periode der völligen Durchmischung, bei der sich die gesamte Wassersäule durchmischt, so dass eine homotherme Schichtung vorliegt), dimiktische (die Volldurchmischung wird zweimal pro Jahr erreicht) und polymiktisch (es finden mehrere Volldurchmischungen statt). Seen, die sich nie mischen, heißen amiktische Seen (Jöhnk 2001). Die meisten Flachseen sind

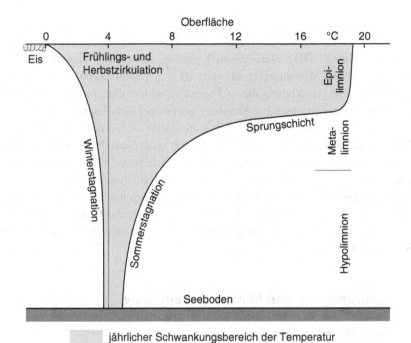

Abb. 5.9 Jahreszeitliche Temperaturprofile in einem geschichteten See

polymiktisch, ebenso Seen in stark windexponierter Lage oder mit extremen Tag-Nacht-Schwankungen im Wärmefluss über deren Oberfläche. Bei dieser Einteilung wird die Zirkulation stets auf die ganze Wassersäule bezogen, und man bezeichnet diese Seen als holomiktisch. Ist die durch Wind und Wärme eingetragene Energie nicht ausreichend, den gesamten See zu durchmischen, dann bleibt die bodennahe Schicht von dieser Durchmischung ausgeschlossen und der See wird meromiktisch genannt. Die Mischungsprozesse und die daraus resultierende Schichtungsstruktur sind für biogeochemische Prozesse von großer Bedeutung. Für biologische Prozesse, z. B. das Phytoplanktonwachstum, ist die aktiv mischende Schicht entscheidend dafür, wie viel Licht die Algen bekommen und wie die Nährstoffe in der Schicht verteilt sind. Von Interesse ist deshalb die Mischungstiefe, d. h. die Wassertiefe des Sees, bis zu der die Mischung vordringt. Stärkere Windereignisse lassen diese weiter in die Tiefe vordringen. Im Allgemeinen wir die Mischungstiefe jedoch durch die Thermokline definiert, den Punkt des maximalen Temperaturgradienten. Die Mischungstiefe bzw. die Ausdehnung des Epilimnions und die Dauer der Stagnationsperioden, in der eine Trennung zwischen Epi- und Hypolimnion vorliegt, sind ebenfalls wichtige Parameter für die Planktonentwicklung. Deshalb wird versucht, diese Werte aus allgemein zugänglichen morphologischen Daten eines Sees und seiner geographischen Lage zu ermitteln. Die meisten Arbeiten beziehen sich dabei auf einen von Berger (1955) aufgestellten Zusammenhang zwischen der Mischungstiefe z_{mix} [m] und der Seeoberfläche A_0 [m²]

$$z_{mix} = K \sqrt[4]{A_0} \qquad\qquad (5.23)$$

wobei $K \approx 1$ (Jöhnk 2001). Diese Formel gibt an, ab welcher Tiefe H [m] ein See möglicher Weise ein Monolimnion aufweist ($H > z_w$). Jöhnk (2001) verweist darauf, dass eine unkritische Anwendung dieser Formel zu fehlerhaften Interpretationen führen kann, weil die Voraussetzungen zur Ableitung der Formel nicht berücksichtig wurden. Er gibt noch eine weitere charakteristische Mischungsgröße an, nämlich die Tiefe, bis zu der die Mischung durch Windschub reichen kann. Dabei muss die stabilisierende Wirkung der Dichteschichtung überwunden werden, so dass die Tiefe gesucht wird, in der die Produktion von turbulenter kinetischer Energie gleich der Produktion von kinetischer Energie durch den Auftrieb ist. Unter Annahme eines logarithmischen Geschwindigkeitsprofils folgt daraus, dass diese charakteristische Mischungstiefe für das Epilimnion proportional zur dritten Potenz der Reibungsgeschwindigkeit oder zur dritten Potenz der Windgeschwindigkeit ist (Jöhnk 2001).

5.2   Anthropogene und klimatische Einflüsse

5.2.1   Eutrophierung und Sedimentation

Seen unterliegen sehr unterschiedlichen Nutzungen durch den Menschen, die durchaus miteinander konkurrieren können. Dies betrifft z. B. die Nutzung von Seen für Erholung, Fremdenverkehr und Tourismus, welche im Gegensatz zu den Ansprüchen des Natur- und Landschaftsschutzes oder der land- bzw. forstwirtschaftlichen Nutzung stehen können, aber nicht notwendigerweise auch müssen (Konold 2007). Unter den von Menschen verursachten Belastungen von Seen ist die Eutrophierung (Nährstoffanreicherung) eine der wesentlichsten. Hauptursache der Eutrophierung sind übermäßig hohe Konzentrationen der Makronährstoffe Nitrat (N) und Phosphor (P), welche z. B. durch den direkten Eintrag von Abwässern, die diffusen Belastungen durch nährstoffhaltiges Sicker- und Grundwasser oder die Bodenerosion hervorgerufen werden können. Als Folgen dieser Stoffeinträge ist u. a. starke Algenentwicklung, zunehmende Trübung und der Sauerstoffmangel im Meta- und Hypolimnion zu beobachten. Neben den anthropogen verursachten Nährstoffeinträgen gibt es noch eine Reihe weiterer Faktoren, die für ein verstärktes Algen- und Wasserpflanzenwachstum im See sorgen, nämlich die klimatischen und hydrologischen Bedingungen (Globalstrahlung, Temperatur, Zu- und Abflüsse, mittlere Verweilzeiten), die Hydrodynamik (Schichtung, Strömung, Turbulenz) und die Sedimentation.

Die Einträge von N und P aus natürlichen bzw. naturnahen Landschaften sind relativ gering. Beim Phosphor liegt das einerseits an der Fixierung in der terrestrischen Biomasse und andererseits am hohen Sorptionsvermögen in Böden. Auch die Erosion spielt bei potentiell natürlichen Verhältnissen, d. h. überwiegend Waldbedeckung der Landoberfläche, keine Rolle, sondern sie kommt erst durch die Ackernutzung voll zum

Tragen. Die P-Konzentrationen in Seen mit naturnaher Umgebung und vernachlässigbarem menschlichen Einfluss (Seen im Alpen- und Voralpengebiet sowie in Mittelgebirgen) liegen im Bereich von 10 µg l^{-1} (Hamm 2001).

Beim Stickstoff sind die Bedingungen etwas komplizierter, das der N-Kreislauf komplexer ist und z. B. auch den Austausch mit der Atmosphäre mit einschließt. Hamm (2001) führt N-Einträge aus Einzugsgebieten in Bereichen von 1 bis 5 kg ha^{-1} a^{-1} als weitgehend natürlich an, die dazugehörigen N-Konzentrationen in Seen liegen dann bei wenigen mg l^{-1} und liegen vorwiegend in Form von Nitrat-N vor.

Anthropogene Einträge können zu wesentlich höheren Konzentrationen führen, sie reichen beim Stickstoff bis 80 kg ha^{-1} a^{-1} und beim Phosphor übersteigen sie die 1 kg ha^{-1} a^{-1} – Schwelle (Hamm 2001). Wie sich diese Einträge auf die Konzentrationsentwicklung zweier Seen auswirken, zeigen die beiden nachfolgenden Abb. 5.10 und 5.11.

Beim Bodensee nimmt in den dargestellten 20 Jahren die Phosphorbelastung stetig ab bis unter 10 µg P l^{-1}, während die Nitratkonzentrationen auf konstant niedrigem Niveau verharren. Die P-Einträge in den Bodensee stammen dabei zum größten Teil aus der ‚natürlichen‘ Bodenerosion (Hamm 2001). Die Müritz zeigt ein anderes Bild, denn die P-Belastungen variieren sehr stark und liegen auch 2005 noch über 40 µg l^{-1}. Die ebenfalls zeitlich wenig variierenden Nitratkonzentrationen in der Müritz sind im Vergleich zum Bodensee wesentlich geringer, was u. a. auf die Landnutzung im

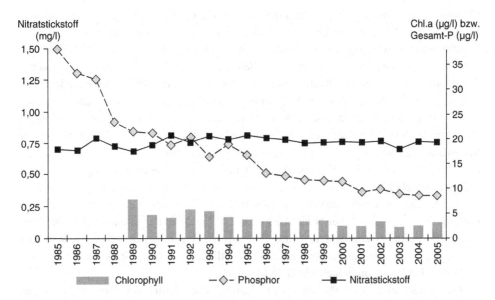

Abb. 5.10 Zeitliche Entwicklung der Wasserbeschaffenheit des Bodensees, gemessen an den Parametern N, P und Chlorophyll-a (Institut für Seenforschung der Landesanstalt für Umwelt, Messungen und Naturschutz Baden-Württemberg 2006)

Entwicklung der Wasserbeschaffenheit der Müritz (Außenmüritz)

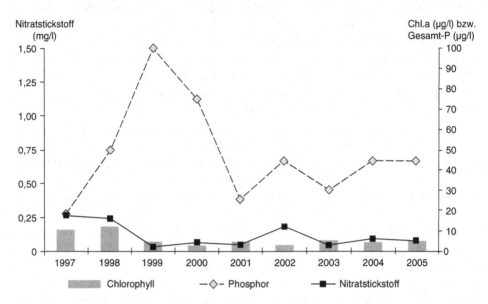

Abb. 5.11 Zeitliche Entwicklung der Wasserbeschaffenheit der Müritz (Außenmüritz), gemessen an den Parametern N, P und Chlorophyll-a (Umweltministerium Mecklenburg-Vorpommern 2006)

Einzugsgebiet zurückzuführen sein dürfte. Für einen Rückgang der P-Konzentration in Seen gibt es mehrere äußere Ursachen, z. B. die Weiterentwicklung der Klärtechnik, die Erhöhung der Anschlussdichte, insbesondere im ländlichen Bereich, und nicht zuletzt die Einführung phosphatfreier Waschmittel. Viele Seen sind durch den Bau so genannter Ringkanalisationen fast vollständig abwasserfrei geworden. Der im Norden Brandenburgs liegende Stechlinsee gilt als einer der letzten größeren oligotrophen, d. h. nährstoffarmen Seen der gesamten nordostdeutschen Tiefebene. Die anthropogenen Belastungen zwischen 1955 und 1990 wurden zum Teil durch die Nährstoffbindungskapazität seiner Sedimente abgefangen, so dass die Gesamtphosphatkonzentrationen unterhalb von 20 µg P l^{-1} liegen, und sich der See damit an der Schwelle zu einem mesotrophen Zustand befindet (Koschel 1998).

Weitere Eintragsmöglichkeiten von Nährstoffen in Seen liefern die Niederschläge (bei P ca. 10–30 kg ha^{-1} a^{-1}, bei N ca. 0.6 kg ha^{-1} a^{-1}), sowie das Grundwasser. Die über unterirdische Abflusskomponenten (inkl. Drainagen) eingetragenen Nährstoffe stammen vorwiegend von Auswaschungen landwirtschaftlicher Flächen (Starkregenereignisse) sowie von Leckagen undichter Abwasserleitungen.

Zur Berechnung der Phosphorkonzentration und damit zur Einschätzung des Nährstoffstatus eines Sees wird oft das Vollenweider-Modell angewandt (Vollenweider 1976). Seine Herleitung ist bei Hamm (2001) auf S. 245 zu finden. Nach dem

Vollenweider-Modell beträgt bei Volldurchmischung eines Sees die kritische P-Konzentration 10 µg l^{-1}, oberhalb derer verlässt er den oligotrophen Zustand; der mesothrophe Bereich erstreckt sich von 10 bis 20 µg l^{-1}, und ab 20 µg l^{-1} gilt nach diesem Ansatz ein See als eutroph.

Nach dem Vollenweider-Ansatz lässt sich auch die kritische Phosphor-Flächenbelastung des Einzugsgebiets abschätzen,

$$L_c = a \; q_s \left(1 + \sqrt{\frac{\bar{z}}{q_s}} \right), mit \; 10 \leq a \leq 20, \tag{5.24}$$

in der L_c die kritische Phosphor-Flächenbelastung in [mg P m^{-2} a^{-1}], q_s die hydraulische Belastung in [m a^{-1}], und $\bar{z}$ die mittlere Tiefe in [m] bedeuten; die hydraulische Belastung ergibt sich aus $q_s \cong \bar{z}/\tau_w$, wobei τ_w die mittlere Verweilzeit eines Wassermoleküls im See ist. Damit ist es möglich, aus morphometrischen und hydraulischen Parametern eines Sees abzuschätzen, wie hoch die P-Belastung ausfallen kann bzw. auf welcher Trophiestufe sich der See befindet. Durch zahlreiche Untersuchungen wurde eine grundsätzliche Abhängigkeit der mittleren Chlorophyll-a-Konzentration in Seen vom jeweiligen P-Niveau im Frühjahr bei Volldurchmischung bzw. von der mittleren jährlichen P-Konzentration festgestellt. In einem weiteren Schritt wurde deshalb das Vollenweider-Modell um diese Relationen ergänzt. Die Prozesse der Eutrophierung und Reologotrophierung verlaufen, wie man heute weiß, nicht spiegelbildlich, sondern haben eine unterschiedliche Dynamik und Komplexität.

Wie oben bereits erwähnt, wird der Stoffhaushalt von Gewässern wesentlich von den Sedimentationsbedingungen und den an der obersten Sedimentschicht (Sediment-Wasser-Grenzschicht) stattfindenden biogeochemischen Umsetzungen geprägt (Hupfer 2001). Unter Sedimentation versteht man die gravitationsbedingte Abwärtsbewegung von Partikeln, wobei die Art und Weise der Sedimentation von der Größe, Dichte und dem Gewicht der Partikel, aber auch von der Dichte, Viskosität und Turbulenz des Wassers abhängig ist. Die Gegenbewegung wird Resuspension (Aufwirbelung) genannt, und beschreibt die Rücklösung bereits sedimentierter Partikel oder Stoffe aus den obersten Sedimentschichten in die Wassersäule unter bestimmten hydraulischen und geochemischen Bedingungen. Von Bedeutung sind vor allem die Bodenschubspannungen an der Sediment-Wasser-Grenzfläche, und Hupfer (2001) gibt an, dass bei einer Schubspannungsgeschwindigkeit über 0.5 bis 5 cm s^{-1} Resuspension einsetzen kann. Die Partikel können verschiedene Herkunft haben, entweder stammen sie aus dem Einzugsgebiet (allochton) oder sie werden im See selber gebildet (autochton). Damit zeigt sich ein weiteres Mal, dass die im See stattfindenden Prozesse nahezu untrennbar mit dem Einzugsgebiet verbunden sind, in vielen Fällen werden sie sogar von dort initiiert und kontrolliert.

In durchflossenen Seen bilden sich häufig longitudinale Gradienten der Sedimentbeschaffenheit vom Zufluss in Richtung Abfluss aus. Es kommt zu einer Sortierung der

Partikelgrößen und zu großen Unterschieden in der stofflichen Zusammensetzung der Sedimente entlang des Gradienten. Es liegt auf der Hand, dass die Seeform und -größe sowie die Uferbeschaffenheit und Landnutzung in der nahen Umgebung einen Einfluss auf die Sedimentation und Sedimentbeschaffenheit haben, ebenso natürlich die aus der Atmosphäre stammenden Einträge in Quantität und Qualität. Seesedimente unterscheiden sich in ihren physikalischen und chemischen Eigenschaften, das sind z. B. Partikelgröße, Mineralzusammensetzung chemische und organische Bestandteile, wobei der Kalkgehalt eine besonders wichtige Rolle spielt. Die im Sediment ständig stattfindenden biogeochemischen Abbau- und Umsetzungsprozesse (Diagnese) führen dazu, dass einerseits ein Teil der sedimentierten Stoffe aus der obersten Zone wieder in den Wasserkörper zurück gelangen, andererseits aber die abgelagerten Sedimentschichten „altern". Die Schichtung des Sediments und die Sedimentzusammensetzung der verschiedenen Schichten verraten also etwas über die Entstehung des Sediments und die dabei vorherrschenden Bedingungen im See. So lassen sich aus dem Vorkommen verschiedener Kieselalgenschalen im Sediment von Seen der Nährstoffstatus des jeweiligen Gewässers bis auf Jahrhunderte zurückverfolgen und die dazugehörigen Umweltbedingungen rekonstruieren.

Die biogeochemischen Umsatzprozesse in den obersten Sedimentschichten können durch Bioturbation und Bioirrigation verstärkt und beschleunigt werden. Diese Begriffe stehen für das aktive Bauen von Röhren und das Pumpen von Seewasser durch dieselben, welches vor allem von Larven verschiedener Insektenarten in ihren Entwicklungsstadien unter Wasser betrieben wird. So baut die Larve der Zuckmücke, *Chironomus plumosus*, im vierten Stadium ihrer Entwicklung U-förmige Wohnröhren vorwiegend in flachen Seen und ernährt sich durch das von eigenen Bewegungen initiierte durchströmende sauerstoff- und nährstoffreiche Wasser (Roskosch et al 2010). Dabei wurden Fließgeschwindigkeiten in der Röhre von 14.9 mm s^{-1} und Pumpraten von knapp über 60 ml h^{-1} gemessen. In der folgenden Abb. 5.12 sind die durch die Bioirrigation verursachten Prozesse schematisch dargestellt.

Bei einer Populationsdichte von 745 Larven pro m^2 (diese Zahl wurde durch wiederholte Messungen bestätigt) könnte somit das gesamte Wasservolumen des Müggelsees innerhalb von 5 Tagen durch die Röhren gepumpt und damit in seiner chemischen Zusammensetzung verändert werden. Außerdem konnte festgestellt werden, dass auch in schlammigen Sedimenten ein advektiver Transport durch Bioirrigation verursacht wird, der bei der Bilanzierung nicht zu vernachlässigen ist. Steigende Wassertemperaturen resultieren aufgrund steigender Fließgeschwindigkeit in einem signifikanten Anstieg der Pumprate sowie der Eintragsrate von Überstandswasser ins Sediment. Ein abfallender Sauerstoffgehalt verlängert die Pumpzeit und führt zu einer sinkenden Fließgeschwindigkeit. Außerdem wird aus den Untersuchungen eine jahreszeitliche Variabilität der Bioirrigation sichtbar, welche unabhängig von konstanten Laborbedingungen auftritt (Roskosch 2011).

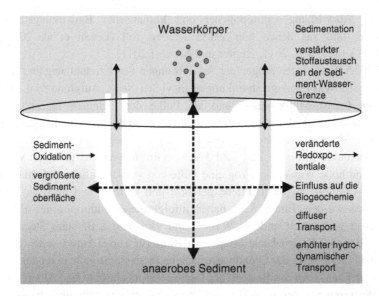

Abb. 5.12 Schema der an die Bioirrigation gekoppelten hydrodynamischen und biogeochemischen Prozesse (nach Roskosch 2011)

5.2.2 Landnutzung und Klima

Durch Besiedlung, land-, forstwirtschaftliche und industrielle Nutzung haben sich in den vorigen Jahrhunderten die Gewässereinzugsgebiete grundlegend verändert. Insbesondere an Seen und ihren Sedimente lassen sich solche Veränderungen gut dokumentieren, da sie als topographisch tiefste Punkte in der Landschaft eine Art integrales „Gedächtnis" aufweisen, welches die Entwicklungen der terrestrischen Umgebung, des Grundwassers und der Atmosphäre über einen längeren Zeitraum widerspiegelt. Für Seen gehören neben der Eutrophierung (siehe voriger Abschnitt) und der Kontamination durch Schadstoffe die Versauerung und Versalzung zu den weltweit häufigsten Problemen, die größtenteils durch eine veränderte und intensivierte Landnutzung verursacht wurden. Hinzu kommt, dass sich potentielle Gefährdungen nicht nur aus der unmittelbaren Umgebung der Gewässer und der dort betriebenen jeweiligen Flächennutzung ergeben, sondern auch weit entfernte Ursachen haben können, z. B. der atmosphärische Eintrag von Luftschadstoffen und die Entwicklung der Klimaverhältnisse, insbesondere der Temperatur (UN/ECE 1993, Tuovinen et al. 1994). Aufgrund verschiedener Anzeichen globaler klimatischer Veränderungen und der in den letzten Jahren stark forcierten Klimaforschung sind beispielsweise für Nordostdeutschland und insbesondere für die Region Berlin-Brandenburg mehrere wissenschaftliche Berichte entstanden, die sich mit dem

Thema der Auswirkung anthropogener und klimatischer Einwirkungen auf Seen beschäftigen, und aus denen hier zitiert werden soll (Lozán et al. 2005; Kaiser et al. 2010; Germer et al. 2011; Hupfer und Nixdorf 2011).

Als eine der deutlichsten Folgen der Auswirkungen von Landnutzung und Klimawandel zeigen sich Wasserspiegelabsenkungen in vielen Seen. Aufgrund von zahlreichen Stauanlagen (meist Mühlenstaue) und als Folge der „Kleinen Eiszeit" lagen die Wasserstände in Brandenburg im 17./18. Jahrhundert am höchsten, und es kam vereinzelt sogar zur Bildung neuer Seen (Driescher 2003). Belege für ebenfalls gestiegene Grundwasserstände in dieser Zeit sind Flachmoortorfe von nur geringer Mächtigkeit. Der anhaltend hohe Wasserstand zog eine Fülle von wasserbaulichen Maßnahmen nach sich, so dass Gräben angelegt, Fließe geräumt und vertieft, und Seen an die Vorflut angeschlossen wurden. Einige Seen haben infolge dieser anthropogenen Eingriffe ihr Einzugsgebiet gewechselt und ihr Wasserstand sank wie z. B. beim Stechlinsee, der durch den Bau des Polzowkanals statt zum Rhin zur Havel entwässerte (Hupfer und Nixdorf 2011). Wie stark das Grundwasser solche Prozesse beeinflussen oder möglicherweise steuern kann, zeigt das Beispiel des Luchseemoors (Juschus und Albert 2010). Hier sinkt der Wasserspiegel des im Moorgebiet liegende Luchsee kontinuierlich seit 30 Jahren, so dass er sich bereits oberhalb des aktuellen Grundwasserspiegels befindet, welcher selbst in diesem Zeitraum um bis zu 3.4 m gefallen ist. Zum Teil führt diese Entwicklung zu Initiativen wie dem Naturschutzgroßprojekt „Uckermärkische Seen" (Brandenburg), in dessen Rahmen Seen erworben und deren Wasserhaushalt durch verschiedene Maßnahmen gestützt wird. Diese bestehen u. a. aus Verfüllung von Gräben, Abschalten von Drainagen, Sohlanhebung von Fließgewässern, Bau von Sohlgleiten an Abflüssen von Seen und Mooren (Mauersberger 2010).

Die Beeinflussung eines Seewasserhaushalts (Redersdorfer See, Schorfheide-Chorin, Brandenburg) durch waldbauliche Eingriffe und klimatische Veränderungen wird von Natkhin et al. (2010) anhand der Simulation von Modellszenarien untersucht. Die Autoren stellen fest, dass ein Rückgang der Grundwasserneubildung unter den Waldflächen um ca. 71 mm a^{-1} im Zeitraum 1958–2007 etwa zu gleichen Teilen auf klimatische und Veränderungen der Waldstruktur (Altersstruktur und Unterwuchs) zurückzuführen ist. Ein sukzessiver Wandel von Kiefernbeständen zu Laubwäldern kann diese Veränderungen mindestens zeitweise kompensieren (Natkhin et al. 2010).

Auch aus anderen geographischen und klimatischen Regionen Europas gibt es vergleichbare Befunde. So berichten Herzig und Dokulil (2001) über den Neusiedler See, ein windexponierter Flachsee im Südosten Österreichs (max. Wassertiefe 1.8 m), dass die Wasserstände des nacheiszeitlichen Sees etwa 5 m über den jetzigen lagen. Es gab immer wieder Perioden der völligen Austrocknung (die letzte geschah zwischen 1865–1868), die mit anthropogenen Eingriffen an einem wichtigen Zufluss des Sees in Zusammenhang zu bringen sind. Zu Beginn des 20. Jahrhunderts wurde der See über den Bau des Einser-Kanals an die Donau angeschlossen, was natürlich den Abfluss beschleunigte. Um eine Austrocknung zu unterbinden, regelt jedoch eine Schleuse im Kanal den jetzigen Wasserstand des Sees.

Die Probleme der Gewässerbeeinflussung durch Landnutzung und Klima zeigen sich besonders deutlich an urbanen Gewässern, da hier ein ungleich hoher Nutzungsdruck vorliegt. Am Beispiel Berlins lässt sich die Multifunktionalität eines urbanen Gewässersystems exemplarisch gut darstellen:

- Die Gewässer dienen zur Aufnahme und Ableitung geklärten Abwassers und des Regenwassers
- Berlin bezieht aus den Oberflächengewässern über 70 % seines Rohwassers zur Trinkwasseraufbereitung durch Uferfiltration (siehe Abb. 5.13) und künstliche Grundwasseranreicherung
- Aus diesen Gewässern wird der Kühlwasserbedarf von Kraftwerken gedeckt
- Die Gewässer dienen – mit Ausnahme der innenstädtischen – Erholungszwecken
- An und auf diesen Gewässern wird eine intensive Angel- und Sportfischerei betrieben
- Die Gewässer erfüllen ökologische und klimatische Ausgleichsfunktionen innerhalb des dicht besiedelten Raumes
- Zusätzlich werden die Hauptfließgewässer (Havel, Dahme, Spree) von der Sport- und Berufsschifffahrt intensiv genutzt (Jahn 1998).

Zusätzlich erschwert wird diese Situation durch geringe Abflüsse von Spree und Havel, und das schon seit langer Zeit. So betrugen z. B. die Niedrigwasserabflüsse der Spree in den Jahren 1904, 1911 und 1934 NQ = 4.10 m^{3}s^{-1}, 6.7 m^{3}s^{-1} und 3.9 m^{3}s^{-1}, was auch zu

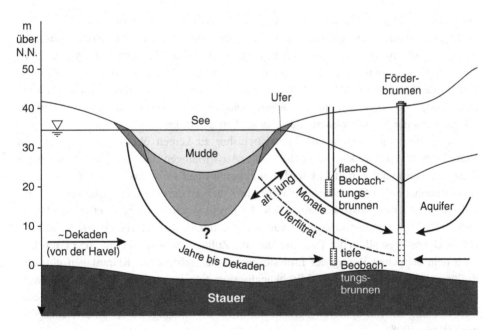

Abb. 5.13 Schema zur Uferfiltration mit Angabe der Fließzeiten des unterirdischen Wassers zum Förderbrunnen (KWB 2007)

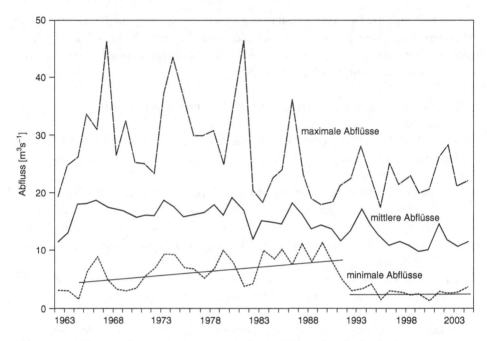

Abb. 5.14 Abflussentwicklung der Spree von 1963 bis 2005, Wehr „Große Tränke"

einer sehr geringen Erneuerungsrate der durchflossenen Seen führt (Jahn 1998). Die Festlegung eines nach ökologischen Kriterien notwendigen Mindestabflusses von $15 \, m^3 s^{-1}$ trifft insofern die Wirklichkeit nicht, weil in den 37 Jahren von 1961 bis 1997 dieser Abfluss 32-mal nicht erreicht wurde (Köhler et al. 2002). Die Abb. 5.14 zeigt den Abfluss der Spree unterhalb von Fürstenwalde am Wehr „Große Tränke" zwischen 1963 und 2005, und man erkennt unschwer, dass ab den 90ziger Jahren des vorigen Jahrhunderts die Niedrigwasserabflüsse unter $5 \, m^3 s^{-1}$ lagen.

Wenn diese Entwicklung alleine auch bisher zu keinen ökologisch bedenklichen Verhältnissen im Großen Müggelsee mit Auswirkungen auf die dort praktizierte Trinkwasserproduktion mittels Uferfiltration geführt hat, so ist das eine Folge wichtiger wasserhaushaltlicher Stützungsmaßnahmen im Oberlauf der Spree (Speicherbecken), der Pufferkapazität des Wasserkörpers, sowie der physikalischen und geochemischen Filter- und Abbaukapazität der sandigen Grundwasserleiter in den Uferbereichen (s. a. Fritz 2002). Dennoch ist allein die Tatsache, dass die Zuflüsse nach Berlin mit 265 t P pro Jahr etwa dem doppelten Betrag der Emissionen aus den städtischen Kläranlagen plus den Zuflüssen aus der Trenn- und Mischkanalisation entsprechen, ein deutlicher Hinweis darauf, dass nur mit Hilfe von Maßnahmen in den Einzugsgebieten langfristig eine Verbesserung der Eutrophierungsgefahr der Fließ- und Standgewässer zu erreichen sein wird (Klein 1998).

Tab. 5.3 Verlandung von Alpenseen

See	Gesamtzufuhr $10^3 m^3/a$	Verlandung $10^3 m^3/a$
Chiemsee	550	320
Ammersee	250	130
Bodensee	4000	3300

Ein wesentlicher anthropogener Eingriff sowohl in die terrestrischen Einzugsgebiete als auch in die Gewässer selbst ist der Bau und Betrieb von Stauseen und Talsperren. Die wesentlichen Aufgaben dieser Gewässer bestehen in der Speicherung von Wasser für die Landwirtschaft und Industrie, im Hochwasserschutz und in der Gewinnung von Energie. Viele Talsperren werden auch als Trinkwasserreservoire genutzt. Stauseeprojekt geben meistens auch wichtige Impulse für die Regionalentwicklung in infrastruktureller, wirtschaftlicher und auch sozialer Hinsicht (Nestmann und Stelzer 2005). Diese künstlich geschaffenen Seen sind zunächst ein großer Eingriff in das natürliche Gewässerregime, darüber hinaus bewirken sie aber auch grundlegende Veränderungen des ökologischen Systems. Der durch den Bau von Stauseen erfolgten Trennung von Habitaten wird mit Maßnahmen wie Fischpässen oder Umgehungsgewässern versucht entgegenzuwirken, andererseits können aber durch die veränderten Abflussbedingungen neue Feuchtgebiete und entsprechende Ökosysteme in der Umgebung dieser Seen entstehen. Ein großes Problem dieser Gewässer ist die durch Einschwemmung von Sedimenten aus den oberstromigen Bereichen mehr oder weniger schnell voranschreitende Verlandung, die die Lebenserwartung der Anlagen erheblich mindern kann. Das in der Öffentlichkeit oft negative Bild von Stauseen und Talsperren ist oftmals auf unausgewogene Großprojekte zurückzuführen, denn ohne künstliche Speicher wird in vielen Regionen der Welt auch in naher Zukunft das nutzbare Wasserdargebot nicht zu erreichen sein (Nestmann und Stelzer 2005).

Modellierung hydrologischer Prozesse 6

6.1 Historische Entwicklung

Die Geschichte mathematischer Modelle in der Hydrologie ist untrennbar mit der Entwicklung der Hydrologie als Wissenschaft verbunden. Frühe Zeugnisse aus Ägypten, Indien und China belegen, dass mit Hilfe der Aufzeichnungen von Wasserstand und Niederschlag versucht wurde, Hochwasserereignisse vorherzusagen und zu berechnen (Garbrecht 1985). Danach blieben über Jahrhunderte hinweg die Kenntnisse über den Wasserkreislauf und seine Beeinflussung weitgehend auf Beobachtungen und deren Interpretationen reduziert, wobei ein besonderes Einfühlungsvermögen in die natürlichen Prozesse und ein beachtliches handwerkliches Können zu bemerkenswerten wasserbaulichen Anlagen und Bauwerken führte. Auch während des Mittelalters gab es in Europa wenige Fortschritte auf dem Gebiet der Hydrologie und das Wissen fiel auf den Stand vor der Epoche der Griechen und Römer zurück (Kresser 1984). Dies änderte sich wesentlich, als Castelli (1578–1643) das Kontinuitätsgesetz wiederentdeckte und formelmäßig beschrieb (Dooge 2004), und in der Folge zum ersten Male den Begriff des Abfluss mathematisch definierte. Ab der Renaissance wurden das physikalische, mathematische und chemische Wissen erheblich erweitert und damit sowohl naturwissenschaftliche als auch mathematisch-theoretische Grundlagen geschaffen, die für die Entwicklung der hydrologischen Modellierung von Bedeutung waren. Dies betrifft z. B. sowohl die Formulierung physikalischer Zusammenhänge zwischen Geschwindigkeit und Druck und das Energieerhaltungsgesetz (Bernoulli) als auch die Entwicklung mathematischer Grundlagen verschiedener numerischer Lösungsverfahren für partielle Differentialgleichungen durch Euler (Biswas 1970). Das 19. Jahrhundert zeichnete sich dann vor allem durch einen enormen Aufschwung bei den experimentellen Untersuchungen aus, die von der Entwicklung erster graphischer und statistischer Auswertungsverfahren begleitet wurden. Herauszuheben sind ebenfalls in dieser Zeit

© Springer Fachmedien Wiesbaden 2016
G. Nützmann, H. Moser, *Elemente einer analytischen Hydrologie*,
DOI 10.1007/978-3-658-00311-1_6

die Fortschritte in der Hydromechanik. In den Jahren 1900 bis 1930 wurden die hydrologische Messtechnik und die analytisch-statistische Aufbereitung der Messdaten weiter entwickelt und das Spektrum der Messverfahren verbreitert. In den meisten Ländern Europas wurden die hydrologischen Messnetze verdichtet, die gemessenen Daten aufbereitet und in Jahrbüchern veröffentlicht, sowie die empirischen Vorhersagen der Wasserstände größerer Flüsse verbessert. Zunehmend kamen statistische Methoden in der Hydrologie zum Einsatz (Liebscher und Mendel 2010). Der weitere Schritt zur so genannten Systemhydrologie, d. h. der Beschreibung des Wasserkreislaufs als ein System, bestehend aus Komponenten, Verknüpfungen und Regeln, geschah dann ebenfalls in der Mitte des 20. Jahrhunderts, zunächst basiert auf empirischen Modellen, die, wenn möglich, schrittweise durch physikalisch begründete Modelle in Form von gewöhnlichen oder partiellen Differentialgleichungen ersetzt wurden (O'Kane 1992). Die Lösung dieser Gleichungen konnte gestützt auf die fortschreitende Entwicklung der Rechentechnik numerisch erfolgen und führte zu einem weiteren Aufschwung in der hydrologischen Modellierung. Die Beschleunigung der methodischen Entwicklung betraf u. a. die Beschreibung der Wasserbewegung in den verschiedenen Teilsystemen eines Flusseinzugsgebietes wie Gebietsniederschlag, Verdunstung, Schneeschmelze, Landoberflächen- und Gewässerabfluss, ungesättigte und gesättigte Bodenzone, Wechselbeziehung zwischen Grund- und Oberflächenabfluss sowie Schwebstoff-, Geschiebe- und Stofftransport. In ihrer umfangreichen und detaillierten Studie zur Entwicklung der hydrologischen Modellierung vom Altertum bis in die Gegenwart haben Liebscher und Mendel (2010) eine Vielzahl internationaler und nationaler Literatur zusammengetragen und ausgewertet, und damit diese Entwicklung umfassend und eindrucksvoll dokumentiert.

Es ist somit festzuhalten, dass seit etwa einem halben Jahrhundert mathematische hydrologische Modelle entwickelt und eingesetzt werden, um die komplexen Prozesse quantitativ zu beschreiben und abzubilden, und diese Entwicklung ist noch lange nicht abgeschlossen (Fowler 2011). Nicht nur die von Liebscher und Mendel (2010) als Indiz für eine solche Entwicklung genannten „IAHS Benchmark Papers in Hydrology Series" mit mittlerweile 6 Bänden, sondern vor allem internationale wissenschaftliche Tagungen wie die *Computational Methods in Water Resources* und international führende Zeitschriften wie *Advances in Water Resources, Journal of Hydrology, Water Resources Research* u. a. mit ihren ständigen Rubriken zur hydrologischen Modellierung belegen die Aktualität und Dynamik dieses Gebietes.

Doch nicht nur für die Hydrologie als Wissenschaft, sondern auch für die wasserwirtschaftliche Praxis sind hydrologische Modelle heute unverzichtbar. Von besonderer Bedeutung sind diese Modelle für das Management von Wasserressourcen, die Vorhersage von Wasserständen, Abflüssen und Beschaffenheitsparametern sowie die langzeitliche Prognose des quantitativen und qualitativen Zustands der ober- und unterirdischen Gewässer. Dafür stehen langjährig erprobte und praxistaugliche Modelle zur Verfügung und zahlreiche neue Entwicklungen drängen auf den Markt. Aufgrund der unterschiedlichen Wissensstände und damit der Möglichkeit zur Bildung deterministischer Zusammenhänge, und in Abhängigkeit der jeweilig verfügbaren Daten werden hydrologische Modelle heute oftmals ganz pragmatisch in modularer Form zusammengefasst, d. h., die unterschiedlichen Teile oder Kompartimente des Wasserkreislaufs werden in verschiedener Weise mathematisch formuliert (DWA 2013).

Die nachfolgenden Abschnitten dieses Kapitels sind aber nicht der großen Bandbreite hydrologischer Modelle und ihrer Anwendungsmöglichkeiten gewidmet, wie es z. B. ausführlich in Singh V. P. und D. Frevert (2002a; 2002b) geschieht, sondern es werden am Beispiel der Strömungen in porösen Medien (siehe Kap. 3) ausgehend von allgemeinen Erhaltungssätzen für Masse, Impuls und Energie und unter Verwendung so genannter Transporttheoreme grundlegende Vorgehensweisen bei der Ableitung, Lösung und Parametrisierung der Modellgleichungen beschrieben. Für diese Systeme ist der methodische Zugang anhand von thermodynamischen Erhaltungsgleichungen in konsistenter Form aufbereitet ist (Abriola 1984; Hassanizadeh und Gray 1979a, b; Diersch et al. 1983; Nützmann 1998).

Im Einzelnen betrifft das folgende Themen

- Wie entstehen die mathematischen Gleichungen, die einzelne hydrologische Prozesse beschreiben?
- Wie lassen sich diese Gleichungen numerisch lösen?
- Wie bestimmt man die in diesen Gleichungen auftretenden Parameter?

Im letzten Abschnitt werden – um die Aspekte der praktischen Anwendung von hydrologischen Modellen nicht zu vernachlässigen – so genannte Modelketten zur hydrologischen Modellierung bei der Klimafolgenforschung vorgestellt, um zu zeigen, wie mit Hilfe einer Reihe von Szenarioannahmen und aufeinander aufbauenden, vergleichsweise komplexen Simulationsmodellen versucht wird, regional differenzierte Aussagen abzuleiten und der wasserwirtschaftlichen Praxis als Optionen für das Management von Flusseinzugsgebieten zur Verfügung zu stellen.

6.2 Methodik der hydrologischen Modellbildung

Eines der grundlegenden Themen in der hydrologischen Praxis ist die Bestimmung von Wasservolumina, die sich an einem bestimmten Ort und zu einer bestimmten Zeit befinden. Ist dafür ein hinreichend großer Datensatz aus Messungen verfügbar, so lassen sich diese mit Hilfe von statistischen Methoden auswerten. Solche Auswertungen sind anwendbar für annähernd stationäre Verhältnisse und die Einschätzung von möglichen Langzeitentwicklungen, sie versagen jedoch bei sehr dynamischen Verhältnissen, wie z. B. während Flutereignissen oder der zeitlich hoch aufgelösten Abschätzung von Wasserstandsentwicklungen für das Wasserressourcenmanagement von Einzugsgebieten (Brutsaert 2005).

Als ein effektives Mittel zur mathematischen Beschreibung hydrologischer Prozesse hat sich die Systemtheorie erwiesen (Dyck und Peschke 1995). Unter einem Prozess wird dabei eine quantitative oder qualitative Veränderung der Systemgrößen mit der Zeit verstanden, wobei bei hydrologischen Prozessen zumeist die Änderung der Ortsko- ordinaten eines Wasserkörpers, seiner Temperatur, Dichte, seines Druckes oder anderer Eigenschaften betrachtet wird. Ein System wird als eine räumlich abgegrenzte Gesamtheit von Elementen angesehen wird, zwischen denen Energie-, Stoff- oder Informationsflüsse bestehen. Als Elemente des hydrologischen Systems treten die den physikalischen, chemischen und biologischen Teilprozessen des Wasser- und Stoffkreislaufs zugeord- neten Untersysteme auf (Einzugsgebiete von Gewässern, Flussabschnitte zwischen Pegeln, stehende Gewässer, abgrenzbare Teile von Grundwasserleitern o.ä.). Das hydrologische System in einem Einzugsgebiet setzt sich im Wesentlichen aus den Elementen Vegetationsdecke, Bodenoberfläche, Boden, Grundwasserleiter und Gewäs- sernetz zusammen. Jedes dieser Elemente stellt für sich wieder ein System dar, in welchem wiederum unterschiedliche Prozesse ablaufen. Wie im Kap. 3 beschrieben, lässt sich das System Boden- und Grundwasser als Mehrphasensystem z.B. in die Elemente Gas-, Wasser- und Festphasen unterteilen. Jedes dieser Elemente wird dann durch Parameter charakterisiert, welche feste oder variable Größen darstellen.

Nach Dyck und Peschke (1995) besteht das Wesentliche eines Systems immer darin, dass es einen „Eingang" gibt, an dem eine „Ursache" (Eingangsgröße, Impuls) *p(t)* auf das System einwirkt, eine so genannte „Systemoperation" (Übertragungsfunktion) *U* und einen „Ausgang" *q(t)*, an dem sich die Wirkung der Systemoperation zeigt (siehe Abb. 6.1).

Grundlage der mathematischen Modellierung ist die Systemoperation *U*, die die Eingabe *p(t)* in das System in die Ausgabe *q(t)* des Systems umwandelt, oder als Funktion geschrieben

$$q(t) = U\{p(t)\}. \tag{6.1}$$

Da diese Beziehungen bei hydrologischen Systemen näherungsweise als deterministisch angesehen werden können, lassen sich nach ihnen bei bekannten Systemoperatoren *U* aus bekannten Systemeingängen die entsprechenden Systemantworten berechnen. Die Vor- aussetzung dafür ist aber immer die die Ermittlung des Systemoperators, oder mit anderen Worten, die mathematische Beschreibung der im System erfolgenden Transformationen. Diese wird als Modell beschrieben, welches bestimmte Grundgesetze (Erhaltungssätze, Kontinuitäts- und Zustandsgleichungen), die Struktur des Systems (Geometrie, Topolo- gie) und die Parameter erfasst. Ein Modell ist immer eine Vereinfachung (Abstraktion) der Wirklichkeit. Es ist zwar wünschenswert, dass die beschriebenen Prozesse so genau wie möglich abgebildet werden, da aber auf Grund der Abstraktion immer Teile ausgeblendet werden (etwa durch eine vereinfachte Geometrie oder die Annahme homogener Systemeigenschaften), ergeben sich für jedes Modell entsprechende Fehler. Diese systematischen Modellfehler werden durch die zufälligen Fehler der gemessenen Parameter und Variablen verstärkt, so dass eine identische Abbildung eines Systems durch ein Modell nicht möglich ist (Mehlhorn 1998).

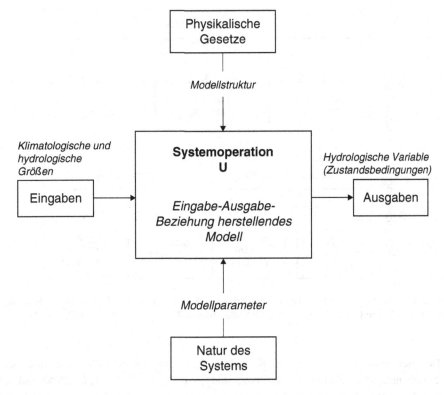

Abb. 6.1 Konzept der Systemoperation eines Eingabe-Ausgabe-Modells (nach Dyck und Peschke 1995)

Während der letzten Jahrzehnte wurde innerhalb der Hydrologie eine Vielzahl von mathematischen Modellen für unterschiedliche Anwendungen entwickelt, die nach unterschiedlichen Gesichtspunkten klassifiziert werden können (Becker und Serban 1990; Dyck und Peschke 1995; Kolditz 2002; Singh und Frevert 2002a; 2002b):

- Hauptanwendungsgebiet (Forschung, Simulation von Szenarien, Echtzeitvorhersage, Planung und Bemessung)
- Typ des hydrologischen Systems (nach der Größe von punktförmiger Einheitsfläche bis gesamtes Flussgebiet, nach einzelnen Systemelementen wie z. B. ungesättigte Zone, Grundwasserleiter oder Gewässernetz)
- Typ des hydrologischen Prozesses (Interzeption, Verdunstung, Grundwasserneubildung, Wellenablauf im Gewässernetz usw. oder Kombinationen einzelner Prozesse)
- Grad der Kausalität.

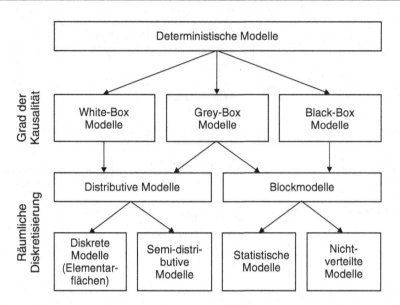

Abb. 6.2 Klassifikation mathematischer hydrologischer Modelle nach dem Grad der Kausalität und der räumlichen Diskretisierung (nach Baumgartner und Liebscher 1990; Mehlhorn 1998)

Bei der Einteilung nach der Kausalität liegt die Berücksichtigung des oben beschriebenen Systemprinzips zugrunde, und je nach Grad der Kausalität sind die verwendeten Parameter physikalischen Ursprungs. Die Gruppe der deterministischen Modelle berücksichtigen das Ursache-Wirkungs-Prinzip in verschiedener Weise. Eine differenzierte Klassifizierung der deterministischen Modelle ist Abb. 6.2 dargestellt.

Bei den so genannten White Box – Modellen wird eine Relation zwischen Input und Output in einem hydrologischem System oder Teilsystem gesucht, welche als Lösung einer thermodynamisch oder strömungsmechanisch basierten Erhaltungsgleichung für den Transport von Wasser im hydrologischen Kreislauf angesehen werden kann. Zur Ableitung solcher Gleichungen sind neben den Erhaltungssätzen für Masse, Impuls und Energie noch Randbedingungen, Phasenübergangsbedingungen, Zustandsgleichungen z. B. zur Beschreibung der Relation zwischen Druck und Dichte und weitere Parameter erforderlich (Bear 1972; Whitaker 1972; Hassanizadeh und Gray 1979a, b). Da im Allgemeinen die naturräumlichen Gegebenheiten hydrologischer Systeme, z. B. ihre geometrische und geomorphologische Beschaffenheit, äußerst komplex und vielseitig sind, werden für eine Anwendung physikalisch basierter Modelle Vereinfachungen, Schematisierungen oder gar eine Idealisierung realer Verhältnisse notwendig. Dafür sind aber diese Ansätze im Sinne ihrer physikalischen Gesetzmäßigkeiten übertragbar, d. h. ihre prinzipielle Anwendbarkeit beschränkt sich nicht nur auf ein Untersuchungsgebiet. Demgegenüber stehen die stochastischen Modelle, bei denen die Kausalität nicht vorrangig betrachtet wird.

Die Black-Box-Modelle folgen einer anderen Philosophie. Sie betrachten die physikalische Struktur der verschiedenen Komponenten des hydrologischen Kreislaufs als Black Box, d. h. sie suchen eine Relation zwischen dem Input, z. B. dem Niederschlag oder der Evapotranspiration, und dem Output, z. B. dem Abfluss oder dem Grundwasserstand. Folgerichtig sind dann die im konkreten Fall abgeleiteten mathematischen Relationen von den physikalischen Gesetzmäßigkeiten des betrachteten Systems entkoppelt und können nicht auf ein anderes System übertragen werden. Trotz dieses Mangels an Übereinstimmung zwischen den physikalischen Mechanismen und den abgeleiteten Input-Output-Relationen ist diese Art von Modellansatz sehr praktikabel, er bedarf dabei aber vor allem gut dokumentierter Algorithmen und objektiver Kriterien zur Identifikation der Prozesse. Während man mit Hilfe von Black Box – Modellen gegebene Systemzustände, d. h. bereits vorhandene Datensätze sehr gut reproduzieren kann, ist kaum zu erwarten, dass mit ihrer Hilfe nicht stationäre Entwicklungen des hydrologischen Systems genau berechnet werden können.

Eine dritte, zwischen den beiden soeben beschriebenen Ansätzen liegende Methodik führt zu den konzeptionellen Modellen, die auch als Grey Box – Modelle bezeichnet werden (Mehlhorn 1998). In der Gruppe dieser Modelle werden konzeptionelle Vereinfachungen zur Beschreibung der Systemzusammenhänge im vollständigen physikalischen Sinn gemacht. Die dabei verwendeten Parameter können physikalisch interpretierbar sein, oder sie werden wie bei den Black Box – Modellen anhand gemessener Daten bestimmt.

Die weitere Unterteilung der deterministischen Modelle erfolgt unter Berücksichtigung der räumlichen Heterogenität des hydrologischen Systems innerhalb des Modells. Dies kann z. B. dadurch realisiert werden, dass räumliche Verteilungen der Systemparameter in das Modell übernommen werden. Im Gegensatz zu den distributiven Modellen wird in den Blockmodellen die räumliche Heterogenität nicht beachtet.

6.3 Bilanzgleichungen und Skalenübergänge bei Mehrphasen-Mehrkomponentensystemen

Grundsätzlich ist die Beschreibung und Interpretation von Strömungs- und Transportvorgän-gen unterhalb der Erdoberfläche mit komplexen deterministischen Modellen möglich, da es sich um mehrere, oft gleichzeitig und meist in gegenseitiger Wechselwirkung ablaufende Prozesse handelt. In der natürlichen Umgebung lassen sich die Einzeleffekte nicht trennen, und erst die formale Beschreibung mit einem Modell erlaubt die Trennung und Theoriebildung (Kinzelbach 1992). So wurden in verschiedenen Disziplinen und aus jeweils unterschiedlicher Sicht Modelle für Strömung und Transport in der ungesättigten Zone und im Grundwasser seit Mitte des letzten Jahrhunderts entwickelt (Bear 1972, 1979; Dagan 1989; Marsily 1986). Dies betrifft vor allem die Bereiche Bodenkunde, Strömungsmechanik, Hydrologie, Erdöl/Erdgasforschung, Hydrogeologie und die chemische Verfahrenstechnik. Während in der Bodenkunde vor allem der standortspezifische Wassertransport im Zentrum des Interesse stand, galt in der Hydrologie den regionalen und einzugsgebietsspezifischen unterirdischen Abflussverhältnissen und den durch Niederschläge eingetragenen Nähr- und Schadstoffen entsprechende Aufmerksamkeit (Bear 1993). In der Erdöl- und Erdgastechnik wurden vor allem Zweiphasenströmungsprozesse in tieferen Festgesteinsbereichen untersucht, die bei der Verdrängung einer weniger viskosen Flüssigkeit durch eine viskosere entstehen (z. B. Ölverdrängung durch Wassereinpressung). Die chemische Verfahrenstechnik benötigt dagegen präzise Beschreibungen von Abläufen in technischen Reaktoren, die sich als Mehrphasen-Mehrkomponentengemische abbilden lassen (Whitaker 1973).

Eine Ableitung der Modellgleichungen für die Strömung und den Transport in Mehrphasen-Mehrkomponenten Systemen ist auf unterschiedliche Art und Weise möglich. Es lassen sich dabei makroskopische mechanische und phänomenologische Ansätze sowie ein theoretischer Zugang zur Formulierung der Modellgleichungen auf der Basis lokaler, d. h. punktbezogener Erhaltungssätze in einem Kontinuum unterscheiden. Sinn und Zweck solcher Herleitungen ist vor allem eine grundlegende Diskussion von Annahmen und Voraussetzungen, unter denen die jeweiligen Modellgleichungen gültig und damit anwendbar sind. Nachfolgend werden die Ableitung der Modellgleichungen für Strömungen im Untergrund in zusammengefasster Form mit den folgenden Zielen dargestellt

• Erläuterung des Mehrphasen-Mehrkomponentenkonzepts als ein allgemeiner Zugang zu den praktisch verwendbaren Modellgleichungen,
• Diskussion der makroskopischen Strömungsgleichung und ihrer Parameter, sowie die
• Reduzierung der allgemeinen Gleichung auf das anschließend zu betrachtende Zweiphasensystem mit den entsprechenden Annahmen und Voraussetzungen, wie es in Kap. 3 dargestellt ist.

Die Anwendung des Mehrphasenansatzes bedeutet, dass Strömungsprozesse in einem heterogenen porösen Medium betrachtet werden, welches sich aus einer endlichen Anzahl von Phasen zusammensetzt, siehe Abb. 6.3a als Beispiel für ein 3-Phasensystem (vgl. auch Abb. 3.2).

Als Phasen werden im verallgemeinerten Sinne alle Anteile des Mediums bezeichnet, die physikalisch unterschiedliche Eigenschaften aufweisen und sich durch Phasengrenzflächen voneinander abgrenzen, an denen sich die Eigenschaften des Systems diskontinuierlich ändern. Die einzelnen Phasen können sich wiederum aus einer Anzahl von Komponenten zusammensetzen, d. h. ein Gemisch verschiedener chemischer oder biologischer Spezies darstellen, für die sich im Allgemeinen keine Diskontinuitätsflächen ergeben. So lassen sich stoff-, bewegungs- und energiespezifische Eigenschaften des Mehrphasen-Mehrkomponentensystems in einem mikroskopischen Volumenelement U definieren und entsprechende Erhaltungssätze formulieren. Dabei wird zwischen extensiven Eigenschaften bzw. Größen – z. B. Masse, Impuls und Energie – und

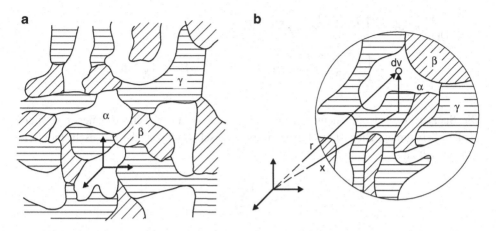

Abb. 6.3 Dreiphasensystem (nach Hassanizadeh und Gray 1979a)

intensiven – z. B. Dichten – unterschieden. Extensive Größen hängen vom Volumen des Kontinuums ab, intensive sind unabhängig davon.

Die Bewegungsvorgänge des Mehrphasensystems sollen auf einen festen Punkt im Raum bezogen werden, d. h. es wird ein ortsfestes Euler-Koordinatensystem verwendet. Die Bilanzierung einer extensiven Eigenschaft wird im Sinne eines kontinuumsmechanischen Ansatzes und unter Verwendung so genannter Transporttheoreme wie folgt ausgeführt. Die Erhaltung der Eigenschaft kann durch folgende Gleichung beschrieben werden

$$\frac{D}{Dt}\int_U \varphi\psi\,dU - \int_U \varphi\,f\,dU = \int_U \varphi P\,dU. \tag{6.1}$$

Dabei bezeichnet

$$\frac{D}{Dt} = \frac{D}{\partial t} + \mathbf{v_i}\cdot\nabla \tag{6.2}$$

die materielle Ableitung und $\mathbf{v_i}$ der Geschwindigkeitsvektor eines Partikels (Spezies i). Weiterhin ist φ die entsprechende Massendichtefunktion, ψ eine intensive thermodynamische Größe, f eine äußere Quelle/Senke und P die interne Nettoproduktion.

Für konservative Größen wie z. B. Masse, Impuls und Energie stellt (6.1) mit $P = 0$ ein allgemeines Erhaltungsprinzip dar. Mit Hilfe des Transporttheorems von Bear (1972) kann (6.1) folgendermaßen geschrieben werden

$$\frac{D}{Dt}\int_U \varphi\psi \ dU = \int_U \left\{ \frac{D(\varphi\psi)}{Dt} + \varphi\psi\nabla\mathbf{v}_i \right\} dU$$

$$= \int_U \left\{ \frac{\partial(\varphi\psi)}{\partial t} + \nabla \cdot (\rho\mathbf{v}_i\psi) \right\} dU - \int_U \varphi\, fU = \int_U \varphi P \ dU. \tag{6.3}$$

Die Spezies- bzw. Komponentengeschwindigkeiten $\mathbf{v}_i$ lassen sich normalerweise nicht explizit bestimmen. Dies ist nur für die mittlere Geschwindigkeit des Gemischs möglich, welche sich zu

$$\mathbf{v} = \frac{1}{\rho}\sum_i \mathbf{v}_i \tag{6.4}$$

ergibt, wobei analog die Dichte ρ des Gemischs definiert werden kann

$$\rho = \sum_i \rho_i. \tag{6.5}$$

Deshalb wird ein impliziter Zusammenhang zwischen den Speziesgeschwindigkeiten $\mathbf{v}_i$ und der Gemischsgeschwindkeit $\mathbf{v}$ in Form von Diffusionsgesetzen hergestellt, und zwar

$$\mathbf{j}_i = -\rho\omega_i(\mathbf{v}_i - \mathbf{v}), \tag{6.6}$$

mit $\omega_i = \rho_i/\rho$ als Konzentrationsmassenfraktion (Massenanteil der Komponente i). Setzt man (6.6) in (6.3) ein, dann erhält man eine allgemeine, mikroskopische Bilanzgleichung der Form

$$\frac{\partial(\rho\psi)}{\partial t} + \nabla \cdot (\rho\mathbf{v}\psi) - \nabla\mathbf{j} - \rho\, f = \rho P. \tag{6.7}$$

Die Allgemeinheit der Gl. (6.7) besteht darin, dass sie für die spezifischen Bilanzausdrücke zur Erhaltung der Masse, des Impulses und der Energie modifizierbar ist (Hassanizadeh und Gray 1979b).

Für die Massenerhaltung einer fluiden Phase z. B. gilt (6.7) mit $\psi = 1$, $\mathbf{j} = 0$, $f = 0$ und $P = 0$,

$$\frac{\partial\rho}{\partial t} + \nabla \cdot (\rho\mathbf{v}) = 0. \tag{6.8}$$

Dies ist gleichbedeutend damit, dass unter den zuvor getroffenen Annahmen für die Massenbilanzen der einzelnen Phasen innere und äußere Quellen oder Senken nicht vorhanden sind, Masse also nicht produziert wird oder verschwindet.

Die Bilanzgleichung (6.1) mit ihren Spezifikationen wurde ausschließlich für ein mikroskopisches Volumenelement hergeleitet, welches sich im Innern einer Phase befindet. An der Phasengrenzfläche zwischen einer Phase α und einer Phase β z. B. gilt nicht mehr (6.7), sondern folgende Erhaltungsbeziehung (Abriola 1984; Prochnow 1981),

$$(\rho_i(\mathbf{w} - \mathbf{v}) + \mathbf{j}_i)|_\alpha \cdot \mathbf{n}^{\alpha\beta} + (\rho_i(\mathbf{w} - \mathbf{v}) + \mathbf{j}_i)|_\beta \cdot \mathbf{n}^{\beta\alpha} = 0, \qquad (6.9)$$

worin $\mathbf{w}$ die Geschwindigkeit der Phasengrenzfläche und $\mathbf{n}^{\alpha\beta}$ der Normalenvektor in der Ausrichtung von Phase α zu Phase β sind. Die rechte Seite von (6.9) ergibt sich zu Null, da die Phasengrenzfläche selbst keine Masse ins System einbringt bzw. daraus entfernt.

Die mikroskopischen Bilanzbeziehungen (6.7) und (6.9) zeichnen sich einerseits dadurch aus, dass sie allgemeingültigen Charakter haben und sowohl auf Phasen- als auch auf Komponentenströmungen anwendbar sind, andererseits bedingt der mikroskopische Maßstab die Nicht-Messbarkeit der in den Gleichungen auftretenden Größen. Nicht messbar heißt hierbei, dass z. B. Größen wie die in den Diffusionstermen auftretenden Komponentengeschwindigkeiten vom physikalischen Standpunkt aus nicht zu ermitteln sind. Außerdem wären derart komplizierte Prozesse in einem Volumenelement von der Größe etwa einer einzelnen Pore auch technisch nicht erfassbar. Messbar und vom praktischen Interesse dagegen sind Mittelwerte, welche für einen materiellen Volumenausschnitt V repräsentativ sind, dessen charakteristische Länge D der Relation

$$l \langle\langle D \langle\langle L \qquad (6.10)$$

genügt, dabei sind l die mikroskopische charakteristische Länge und L die charakteristische Länge der wesentlichen Inhomogenitäten im makroskopischen Maßstab. Unter diesen Voraussetzungen spricht man von V auch als dem repräsentativen Elementarvolumen (REV) (Bear 1979; Hassanizadeh und Gray 1979a). Die Mittelwerte ergeben sich dann aus der Integration der Bilanzgleichungen (6.7) und (6.9) über das REV, wobei neben der Bedingung (6.10) weitere Annahmen erfüllt sein müssen:

- makroskopische und mikroskopische Größen müssen konsistent sein, d. h. die makroskopischen Größen ergeben sich aus der Summe der entsprechenden mikroskopischen Beträge,
- die Definition der makroskopischen Variablen muss mit beobachtbaren, d. h. messbaren Funktionen korrespondieren.

Abbildung 6.3b zeigt das repräsentative Elementarvolumen für ein Dreiphasensystem. Dieses ist unabhängig vom Ort und von der Zeit, d. h. die gemittelten Gleichungen sind unabhängig von der Geometrie des materiellen Volumenausschnittes V, welcher sich aus der Summe der Volumina der einzelnen Phasen zusammensetzt. Diese wiederum sind Funktionen des Ortes und der Zeit. Die Position des Mittelpunkts von V bzgl. des festen

Koordinatensystems wird durch den Vektor **x** gekennzeichnet; **ξ** beschreibt dann die lokale mikroskopische Lage eines Partikels relativ zum Mittelpunkt von V, so dass sich ein allgemeiner Lagevektor **r** berechnet aus

$$\mathbf{r} = \mathbf{x} + \boldsymbol{\xi}. \tag{6.11}$$

Eine so genannte Phasenverteilungsfunktion γ_α (**r**, t) lässt sich definieren als

$$\gamma_\alpha(\mathbf{r}, t) = \begin{cases} 1, & \text{wenn } \mathbf{r} \text{ in der Phase } \alpha \text{ liegt} \\ 0, & \text{sonst,} \end{cases} \tag{6.12}$$

d. h. eine beliebige Größe kann mittels (6.12) einer Phase α als zugehörig bzw. als nicht zugehörig bestimmt werden. Die Überführung dieser auf mikroskopischer Skala abgeleiteten Erhaltungs- und Bilanzbeziehungen auf die makroskopische Ebene, d. h. die Ebene des repräsentativen Elementarvolumens, erfolgt nun durch so genannte Mittelungsoperatoren für das Volumen, die phasenbezogenen lokalen Eigenschaften und die jeweiligen Massen (Hassanizadeh und Gray 1979a, b). Der Volumen-Mittelungsoperator wird z. B. durch folgendes Integral definiert

$$\langle \ldots \rangle_\alpha(\mathbf{x}, t) = \frac{1}{V} \int_V (\ldots) \gamma(\mathbf{x} + \boldsymbol{\xi}, t) dV(\boldsymbol{\xi}), \tag{6.13}$$

der phasenbezogene Mittelungsoperator ist

$$\langle \ldots \rangle^\alpha(\mathbf{x}, t) = \frac{1}{V_\alpha(t)} \int_V (\ldots) \gamma_\alpha(\mathbf{x} + \boldsymbol{\xi}, t) dV(\boldsymbol{\xi}), \tag{6.14}$$

und der Massen-Mittelungsoperator hat die Form

$$(\overline{\ldots})^\alpha(\mathbf{x}, t) = \frac{1}{\rho_a \mathbf{V}} \int_V (\ldots) \rho(\mathbf{x} + \boldsymbol{\xi}, t) \, \gamma_\alpha(\mathbf{x} + \boldsymbol{\xi}, t) \, d\mathbf{V}(\boldsymbol{\xi}). \tag{6.15}$$

Hierbei bedeuten V das Mittelungsvolumen, V_α das phasenbezogene Volumen und dV(ξ) das mikroskopische Differentialvolumen. Zwischen den Mitteln (6.13) und (6.14) besteht der folgende Zusammenhang

$$\langle \ldots \rangle_\alpha = \varepsilon_\alpha \langle \ldots \rangle^\alpha \tag{6.16}$$

mit

$$\varepsilon_\alpha = V_\alpha(x, t)/V \qquad (6.17)$$

als der Volumenfraktion der α-Phase im REV (Verhältnis des Volumenanteils der α-Phase zum Gesamtvolumen des REV). Nur im Falle konstanter mikroskopischer Dichten sind die Volumen- und Massenmittelungsgrößen identisch.

Betrachtet man dann eine phasenbezogene lokale Größe als Summe aus echtem Phasenmittel und einer Fluktuation, dann lässt sich eine makroskopische Bilanzgleichung folgendermaßen schreiben

$$\frac{\partial}{\partial t}\left(\langle\rho\rangle_\alpha\overline{\psi}^\alpha\right) + \nabla\cdot\left(\langle\rho\rangle_\alpha\overline{v}^\alpha\overline{\psi}^\alpha\right) - \nabla\cdot j^\alpha - \langle\rho\rangle_\alpha\left[\overline{f}^\alpha + e^\alpha(\rho\psi) + I^\alpha\right] = \langle\rho_\alpha\rangle\overline{P}^\alpha, \qquad (6.18)$$

mit

$$j^\alpha = \langle j\rangle_\alpha - \langle\rho_\alpha\rangle\overline{v^\alpha\psi^\alpha}^\alpha, \qquad (6.19)$$

als dem mittleren Stromvektor, der den nichtkonvektiven makroskopischen Flux der Größe ψ beschreibt, und

$$e^\alpha(\rho\psi) = \frac{1}{\langle\rho\rangle_\alpha dV}\sum_{\beta\neq\alpha}\int_{dA_{\alpha\beta}}\rho\psi(w - v)\cdot n^{\alpha\beta}\,da, \qquad (6.20)$$

wobei $dA_{\alpha\beta}$ die α-β-Phasengrenzfläche innerhalb des Mittelungsvolumen bedeutet, und $e^\alpha(\rho\psi)$ den Austausch der Größe ψ infolge von Phasenänderungen bedeutet. Der Term I^α ist zu schreiben als

$$I^\alpha = \frac{1}{\langle\rho\rangle_\alpha dV}\sum_{\beta\neq\alpha}\int_{dA_{\alpha\beta}} j^\alpha\cdot n^{\alpha\beta}\,da, \qquad (6.21)$$

und steht für den Massenaustausch zwischen den Phasen α und β infolge eines Phasenüberganges. Die Integration der Grenzflächenbedienung (6.9) liefert dann bei Summation über alle Phasen die makroskopische Gleichung

$$\sum_\alpha\langle\rho\rangle_\alpha[e^\alpha(\rho\psi) + I^\alpha] = 0. \qquad (6.22)$$

Durch Spezifikation der Größen ψ, j, f, I und P in (6.18) lassen sich ähnlich wie bei den mikroskopischen Bilanzgleichungen die makroskopischen Erhaltungsbeziehungen für Masse, Impuls und Energie herleiten (Diersch et al. 1983; Nützmann 1998).

Zur Modellierung von Strömungsportprozessen in den oberflächennahen wasserungesättigten Boden- und Sedimenthorizonten und in den Grundwasserleitern ist es im
Allgemeinen ausreichend, wenn, wie in Abb. 6.3 dargestellt, ein Dreiphasensystem
behandelt wird. Es soll aus einer festen und zwei fluiden Phasen (s. Kap. 3) bestehen,
d. h. für diese sind dann die makroskopischen Massen- und Impulserhaltungsgleichungen
aufzustellen. Dabei ist auf die Besonderheiten der jeweiligen Phasen einzugehen und es
sind die allgemeinen Komponentenmassenerhaltungsgleichungen für jede Spezies im
Dreiphasensystem zu formulieren.

Durch folgende Substitutionen $\overline{\psi}^{\alpha} = 1, \mathbf{j}^{\alpha} = 0, \overline{\mathbf{f}}^{\alpha} = 0, \mathbf{I}^{\alpha} = 0, e^{\alpha}(\rho\psi) = e^{\alpha}(\rho), \overline{\mathbf{P}}^{\alpha} = 0$
und $\langle\rho\rangle_{\alpha} = \varepsilon_{\alpha}\langle\rho\rangle^{\alpha}$, sowie durch Anwendung der Transport- und Mittelungstheoreme
erhält man aus (6.18) die makroskopische Kontinuitätsgleichung für die Phasen

$$\frac{\partial}{\partial t}(\varepsilon_{\alpha}\langle\rho\rangle^{\alpha}) + \nabla \cdot (\varepsilon_{\alpha}\langle\rho\rangle^{\alpha}\langle\mathbf{v}\rangle^{\alpha}) + e^{\alpha}(\rho)\varepsilon_{\alpha}\langle\rho\rangle^{\alpha} = 0. \tag{6.23}$$

Dabei wurden die Fluktuationen der Phasendichten vernachlässigt, weil für die zu
untersuchenden Strömungsprozesse die Phasendichtegradienten im Vergleich zu den
Geschwindigkeitsgradienten äußerst klein sind (Diersch et al. 1983).

Für die fluiden Phasen (nw, w) kann der Term $e^{\alpha}(\rho)$, der das Integral über die
jeweiligen Phasengrenzflächen darstellt, als Quelle/Senke $\langle Q\rangle^{\alpha}$ für die fluide Masse der
α-Phase pro Einheitsvolumen angesehen werden. Er beschreibt beispielsweise den
Massenaustausch infolge Evaporation und kann funktionell von den Phasenmitteln des
Drucks, der Temperatur bzw. der Geschwindigkeit abhängen. Wird weiter angenommen,
dass sich die feste Phase (s) in Ruhe befindet, so gilt das dann auch für die fluid-festen
Grenzflächen, und ein Massentransfer findet nur noch zwischen den fluiden Phasen statt.
Unter diesen Annahmen wird aus (6.23) die Beziehung

$$\frac{\partial \varepsilon_{\alpha}}{\partial t}\langle\rho\rangle^{\alpha} + \varepsilon_{\alpha}\frac{\partial}{\partial t}\langle\rho\rangle^{\alpha} + \nabla \cdot (\varepsilon_{\alpha}\langle\rho\rangle^{\alpha}\langle\mathbf{v}\rangle^{\alpha}) + \varepsilon_{\alpha}\langle\rho\rangle^{\alpha}\langle Q\rangle^{\alpha} = 0. \tag{6.24}$$

Sieht man die Phasendichten $\langle\rho\rangle^{\alpha}$ als Funktionen der Phasendrücke $\langle p\rangle^{\alpha}$ und der so
genannten Lösungsdichte $\langle\rho_i\rangle^{\alpha}$ an, so lassen sich Zustandsgleichungen für die
Phasendichten formulieren und Kompressibilitätskoeffizienten ableiten

$$\langle\rho\rangle^{\alpha} = \langle\rho\rangle_0^{\alpha}[1 + \eta_0(\langle p\rangle^{\alpha} - \langle p\rangle_0^{\alpha}) + \eta_1(\langle\rho_i\rangle^{\alpha} - \langle\rho_i\rangle_0^{\alpha})], \tag{6.25}$$

wobei die mit dem Index 0 versehenen Größen Bezugswerte darstellen, η_0 ist der
Kompressibilitätskoeffezient und η_1 eine Dichteverhältniszahl. Wird die Porosität n des
Mediums entsprechend der Definition (4.1) ebenfalls als eine Funktion der fluiden
Phasendrücke aufgefasst, so kann ihre Änderung in Abhängigkeit von diesen Drücken
mit Hilfe der Konsolidationstheorie beschrieben werden (Bear 1979; Abriola 1984).

Dazu wird der Term der Volumenfraktionsänderung in (6.23) folgendermaßen entwickelt. Mit Einführung einer Phasensättigung S_α gemäß (3.6) ist

$$\varepsilon_\alpha = n \cdot S_\alpha, \quad 0 \le S_\alpha \le 1, \quad \sum_\alpha S_\alpha = 1 \tag{6.26}$$

und somit

$$\frac{\partial \varepsilon_\alpha}{\partial t} = S_\alpha \frac{\partial n}{\partial t} + n \frac{\partial S_\alpha}{\partial t}. \tag{6.27}$$

Für die Ableitung der Porosität ergibt sich nun

$$S_\alpha \frac{\partial n}{\partial t} = S_\alpha \beta_0 \chi \sigma_s \tag{6.28}$$

mit

$$\beta_0 = \text{konst}, \quad \chi = \left(\chi_0 + \langle p \rangle^\alpha \frac{d\chi}{d\langle p \rangle^\alpha} \right), \tag{6.29}$$

wobei $\chi = \chi (S_\alpha)$, $0 \le \chi_0 \le 1$ die phasensättigungsabhängige so genannte Randporosität und σ_s den Koeffizienten der vertikalen Kompressibilität der porösen Matrix darstellen.
Die mit (6.26) eingeführten Phasensättigungen unterliegen – mit Ausnahme der festen Phase – weiteren thermodynamischen Prozessen. Wird angenommen, dass Temperatur- und Dichteeffekte vernachlässigbar klein sind, bleibt die Abhängigkeit der Phasensättigungen von der Druckdifferenz aus Gasdruck und Wasserdruck, den so genannten Kapillardruck, zu formulieren (siehe auch Gl. 3.32)

$$\langle p \rangle^c = \langle p \rangle^{nw} - \langle p \rangle^w = f (S_{nw}, S_w). \tag{6.30}$$

Diese Beziehung ist experimentell nachweisbar und unterliegt einer Hysterese, s. Abschn. 3.2.1. Mit den Gl. (6.23) bis (6.30) sind die makroskopischen Massenerhaltungen der Phasen allgemein beschrieben, so dass jetzt die Spezifizierung für jede einzelne Phase erfolgen kann.
Für die Ableitung der allgemeinen Impulserhaltung der fluiden Phasen sind in (6.18) folgende Substitutionen vorzunehmen, $\mathbf{j}^\alpha = \sigma^\alpha$, , , $e^\alpha (\rho\psi) = e^\alpha (\rho v)$ und (Diersch et al. 1983). Damit entsteht aus (6.18) die makroskopische Bewegungsgleichung in der Form

$$\varepsilon_\alpha \langle \rho \rangle^\alpha \frac{D\overline{v}^\alpha}{Dt} - \nabla \cdot \sigma^\alpha = \varepsilon_\alpha \langle \rho \rangle^\alpha \left[\overline{g}^\alpha + \overline{J}^\alpha_\sigma \right], \qquad (6.31)$$

die weiter zu vereinfachen ist. Unter der Annahme eines linearen Impulsstromes lässt sich aus (6.31) zunächst die Cauchy'sche Impulsgleichung formulieren, die dann unter Anwendung einer Kontinuitätsgleichung des Typs (6.8) zur Navier-Stokes-Gleichung führt. Bei Mehrphasenströmungen in porösen Medien handelt es sich im Allgemeinen um relativ langsame Bewegungen der fluiden Phasen (laminare Strömungen) mit kleinen Reynoldszahlen Re (3.30), so dass man unter weiteren Annahmen wie z. B. gemäßigter thermischer Gradienten, vernachlässigbar kleiner Abweichungen der Phasendrücke von ihren Mitteln auf den Phasengrenzflächen, schwach anisotroper und inhomogener Medien, ruhender poröser Medien, stetiger Phasenübergangsprozesse die bekannte Darcy-Gleichung als Impulserhaltungsbeziehung der fluiden Phasen erhält (Bear 1972),

$$\langle v \rangle^\alpha + \frac{k^\alpha}{\varepsilon_\alpha \langle \mu \rangle^\alpha} \left[\nabla \langle p \rangle^\alpha + \langle \rho \rangle^\alpha \nabla \langle \Omega \rangle^\alpha \right] = 0, \qquad (6.32)$$

mit Ω als Ausdruck der potentiellen Energie pro Einheitsmasse und k^α als symmetrischen Permeabilitätstensor. Gleichung (6.32) stellt die allgemein gebräuchliche Form der makroskopischen Impulserhaltung fluider Phasen im porösen Medium dar und wird für den praktischen Gebrauch als gültig im Bereich Re ≤ 10 angenommen (Marsily 1986).

Die hergeleiteten allgemeinen makroskopischen Erhaltungsgleichungen für Masse und Impuls (Gl. 6.24 bis 6.32) stellen ein System mit hohem Verkopplungsgrad dar, welches eine Vielzahl von Parametern enthält. Für die praktische Modellierung ist eine Vereinfachung der Gleichungen unumgänglich, um einerseits die Messbarkeit der unabhängigen Variablen und die experimentelle Bestimmung der Koeffizienten zu sichern, und andererseits die mathematische Lösbarkeit zu ermöglichen.

Die Kontinuitätsgleichung (6.18) lautet für die feste Phase ($\alpha = s$) unter der Voraussetzung, dass für diese keine inneren Produktions- bzw. Abbauprozesse stattfinden

$$\frac{\partial}{\partial t} (\varepsilon_s \rho^s) + (\varepsilon_s \rho^s v^s) = 0. \qquad (6.33)$$

Der Einfachheit halber werden ab jetzt die Symbole zur Kennzeichnung von Phasenmittelungen vernachlässigt und die einfachere Komponentenschreibweise verwendet. Wird weiter davon ausgegangen, dass das poröse Medium deformierbar sein kann, nicht aber die einzelnen Partikel der verschiedenen Kornfraktionen, so reduziert sich (6.33) zu

$$\frac{\partial \varepsilon_s}{\partial t} = - \varepsilon_s \, v^s. \tag{6.34}$$

Bezeichnet man mit $\varepsilon = \varepsilon_{nw} + \varepsilon_w$ die Gesamtfraktion der Hohlräume, so folgt aus (6.27) $\varepsilon_s = (1-\varepsilon)$ und aus (6.34) ergibt sich

$$\frac{\partial \varepsilon}{\partial t} = \cdot(1 - \varepsilon)^s v^s. \tag{6.35}$$

Diese Gleichung ist ein Ausdruck für die zeitlichen Änderungen des Porenvolumens. Wird angenommen, dass in einem porösen Medium unter isothermen Bedingungen Deformationen nur durch Spannungen zwischen den einzelnen Partikeln hervorgerufen werden können (diese sind in lateraler Ausrichtung zu vernachlässigen, die vertikalen Spannungen können durch Volumendeformationen erklärt werden), dann führt das auf den Ausdruck der Matrix-Kompressibilität, definiert durch den Koeffizienten

$$\sigma_s = -\frac{1}{V_T} \frac{dV_T}{d\sigma'}, \tag{6.36}$$

mit V_T als so genanntes *bulk volume* des porösen Mediums (d. h. das Gesamtvolumen der Partikel) und σ' als interpartikuläre Spannung. Da die interpartikulären Spannungen im Wesentlichen nur von den fluiden Phasen bzw. deren Drücken beeinflusst werden, und das Partikel- bzw. Kornvolumen unverändert bleibt, kann σ_s auch folgendermaßen geschrieben werden

$$\sigma_s = -\frac{1}{\varepsilon_s} \frac{d\varepsilon_s}{d\overline{p}}, \tag{6.37}$$

wobei ein mittlerer Fluiddruck in den Poren ist. Im Allgemeinen ist σ_s weder konstant noch eine eindeutige Funktion des auf das poröse Material ausgeübten mittleren Druckes der Fluide. Der jeweils aktuelle Wert hängt von der Vorgeschichte der Kompressibilität, der Porenraumgeometrie und der Sedimentart ab. Für kleine Schwankungen des Porenvolumens kann angenommen werden, dass das Medium elastisch reagiert, d. h. die Funktion (6.37) stellt eine Gerade mit σ_s als Proportionalitätsfaktor dar (Abriola 1984).

Für die im Folgenden zu behandelnden Transportvorgänge in den oberflächennahen Horizonten können diese Deformationen jedoch vernachlässigt werden, d. h. der elastische Fall ist anzunehmen. Die zeitliche Ableitung in (6.35) wird mit Hilfe des Matrixkompressibilitätskoeffizienten folgendermaßen geschrieben

$$\frac{\partial \varepsilon_s}{\partial t} = \frac{d\varepsilon_s}{d\overline{p}} \frac{\partial \overline{p}}{\partial t} = -\varepsilon_s \sigma_s \frac{\partial \overline{p}}{\partial t}, \tag{6.38}$$

und ist später in die Formulierung der fluiden Massenerhaltungsgleichungen einzubeziehen. Alle anderen mit der Geschwindigkeit v^s verknüpften Terme verschwinden aufgrund der bei der Ableitung der makroskopischen Bewegungs- und Stofftransportgleichungen getroffenen Voraussetzungen von der Stabilität und relativen Unveränderlichkeit der Feststoffphase, d. h. $\mathbf{v}^s \cong 0$.

Die Kontinuitätsgleichungen für die Wasser- und die Luftphase ergeben sich in ebenfalls vereinfachter Schreibweise zu

$$\frac{\partial}{\partial t}(\varepsilon_s \rho^{\alpha}) + \nabla(\varepsilon_{\alpha} \rho^{\alpha} \mathbf{v}^{\alpha}) + \varepsilon_{\alpha} \rho^{\alpha} Q^{\alpha} = 0, \tag{6.39}$$

mit $\alpha = nw,w$, und die mittlere fluide Phasengeschwindigkeit v^{α} kann mit Hilfe der Darcy-Gleichung (6.32) ausgedrückt werden, wobei eine lineare Relation zwischen Phasenpermeabilität und Sättigungsgrad vorausgesetzt wird (siehe Abschn. 3.3.3). Mittels dieser Relation kann die erweiterte Darcy-Gleichung nun in der folgenden Form geschrieben werden

$$\mathbf{v}^{\alpha} = -\frac{\mathbf{k} \; k_{r\alpha}(s_{\alpha})}{\varepsilon_{\alpha}\mu^{\alpha}} [p^{\alpha} + \rho^{\alpha} g \; z], \tag{6.40}$$

und man erhält durch Einsetzen von (6.40) in (6.39) erhält man schließlich die folgende Gleichung

$$\frac{\partial}{\partial t}(\varepsilon_{\alpha} \rho^{\alpha}) - \text{div}\left\{\frac{\mathbf{k} k_{r\alpha}(S_{\alpha})}{\mu^{\alpha}}[\nabla p^{\alpha} + \rho^{\alpha} g \nabla z]\right\} + \varepsilon_{\alpha} \rho^{\alpha} Q^{\alpha} = 0, \tag{6.41}$$

welche die zeitliche und räumliche Bewegung der beiden fluiden Phasen im porösen Medium einschließlich der fluid-fluiden Phasenübergänge beschreibt. Gegenüber den vollständigen Erhaltungs- bzw. Bilanzgleichungen sind hier die folgenden Annahmen eingegangen:

- Strömung ist als 2-Phasen-System darstellbar,
- Gültigkeit der BOUSSINESQ-Approximation für die Dichte der flüssigen Phase,
- Vernachlässigung der Korngerüstdeformation,
- Druckinvarianz der fluiden Phasen,
- Gültigkeit des NEWTONschen Viskositätsgesetzes für die fluiden Phasen,
- Gleitphänomene entlang der festen Phase seien ausgeschlossen,

- Annahme laminarer und isothermer Strömung (Vernachlässigung lokaler und konvektiver Beschleunigungsterme in den fluiden Strömungsgleichungen, Re ≤ 1, identische Phasentemperaturen),
- Phasenübergangsprozesse (fluid-fluid) sind durch Transferkoeffizienten beschreibbar, Geschwindigkeitsfluktuationen entlang der Phasengrenzfläche werden vernachlässigt,
- Vorliegen gemäßigter Volumenfraktionsänderungen, d. h. gemäßigter Lösungsdichte- und Druckgradienten,
- Vernachlässigung der Gradienten der dynamischen Viskosität der fluiden Phasen,
- Fluidmassenquellen/senken sind als äußere Randbedingungen beschreibbar,

Weitere Vereinfachungen sind im Abschn. 3.3.3 ausführlicher beschrieben, welche letztendlich zur gebräuchlichen Richards-Gleichung (3.44) führen, mit Hilfe derer ungesättigte Strömungen praktisch modelliert werden können (Nützmann 1983; Diersch 1998; Voss and Provost 2002; Simunek et al. 2007).

6.4   Numerische Lösungsmethoden

Die zuvor abgeleiteten hydrodynamischen Grundgleichungen für Strömungen in ungesättigten porösen Medien (siehe auch Kap. 3) sind ihrer mathematischen Struktur nach nichtlineare partielle Differentialgleichungen, die Koeffizienten in den Gleichungen sind Funktionen der jeweiligen Unbekannten selbst. Ihre Lösung in geschlossener Form, d. h. als analytische Funktion bzgl. des Raumes und der Zeit, ist nur in seltenen Fällen möglich, sie gelingt für spezielle Anfangs- und Randbedingungen bzw. entsprechende funktionelle Beziehungen für die Koeffizienten. Carslaw und Jaeger (1959) und Bruggeman (1999) geben solche analytischen Lösungen für die nichtlineare Strömungs- bzw. die ihr sehr ähnliche Wärmeleitungsgleichung an. Der Nutzen solcher Lösungen liegt weniger in der Anwendung für praktische Fälle als in der Möglichkeit, die Qualität numerischer Näherungslösungen mit ihrer Hilfe zu testen. Kinzelbach (1992) verweist auf die Nutzung analytischer Lösungen zur Schätzung von für die numerischen Modelle notwendigen Eingabeparametern und zur überschläglichen Berechnung z. B. von Ausbreitungslängen und -zeiten vor der Anwendung komplexer und umfangreicher numerischer Computercodes. Mit Hilfe letzterer können Aufgaben mit zum Teil großer Komplexität im Wesentlichen ohne die oben genannten Einschränkungen gelöst werden.

Die Verfahren dazu unterscheiden sich zwar im Einzelnen, genügen dennoch demselben Grundprinzip: aus den partiellen Differentialgleichungen werden mittels räumlicher und zeitlicher Diskretisierungsmethoden algebraische Gleichungssysteme entwickelt, die direkt oder iterativ gelöst werden können. Als Ergebnis erhält man einen Vektor der Lösungen, z. B. für die Standrohrspiegelhöhe und die Komponenten der Darcy-Geschwindigkeit, die das diskrete Feld dieser Größen darstellen. Je nachdem, ob es sich um stationäre oder instationäre Prozesse handelt, müssen diese diskreten Lösungen einmal oder in den verschiedenen Zeitschichten bis hin zum erwarteten Prozessende berechnet werden.

Zu den Vorteilen dieser Methoden, wie beispielsweise Flexibilität und praktische Anwendbarkeit, gesellen sich allerdings neue Probleme, die Konvergenz und Stabilität der numerischen Verfahren betreffend. Insbesondere bei nichtlinearen Anfangs-Randwertaufgaben wie im hier zu betrachtenden Fall spielen sie eine wichtige Rolle und müssen bei der Auswahl und Entwicklung der Lösungstechniken berücksichtigt werden.

Die wichtigsten numerischen Modellmethoden sind die Finite-Differenzen-, die Finite-Elemente- und die Finite-Volumen-Verfahren (Huyakorn und Pinder 1983; Kinzelbach und Rausch 1995; Helmig 1997). Moderne Entwicklungen versuchen die Vorteile der von verschiedenen mathematischen Ansätzen ausgehenden Verfahren miteinander zu verbinden, und damit werden die Grenzen zwischen den klassischen Näherungsmethoden fließend. In den folgenden Abschnitten sollen die Finite-Differenzen und Finite-Element-Methode in ihren Grundzügen dargestellt werden. Eine ausführliche Beschreibung der Finiten-Volumen-Methoden findet sich in Patankar (1980) und Ferziger und Peric (1996).

In den folgenden Abschnitten sollen beide Methoden in ihren Grundzügen dargestellt und anschließend als Beispiel ein einfaches Finite-Elemente-Verfahren zur Lösung der nichtlinearen Gleichungen für Strömungen in ungesättigten porösen Medien der Gestalt

$$\left(C_r(\theta) + S_w S_s^*\right)\frac{\partial h}{\partial t} - \frac{\partial}{\partial x_i}\left(K_{ij}k_r(\theta)\frac{\partial h}{\partial x_j}\right) + Q = 0, \qquad (6.42)$$

$$v_i = -K_{ij}k_r(\theta)\frac{\partial h}{\partial x_j}, \qquad (6.43)$$

angewendet werden. Unter Verwendung der Summenkonvention, $i, j = 1,3$, beschreiben die Gl. (6.42) und (6.43) die Strömung im dreidimensionalen Raum, die numerischen Methoden werden aber der Übersichtlichkeit wegen nachfolgend nur für den räumlich eindimensionalen Fall demonstriert.

6.4.1 Finite-Differenzen-Methode (FDM)

Die Idee der klassischen Methoden endlicher Differenzen besteht darin, die in partiellen Differentialgleichungen auftretenden Differentialquotienten (zumeist erste und zweite Ableitungen) einer stetigen Funktion u(x) mit Hilfe von Differenzenquotienten zu approximieren. Dazu ist die x-Achse durch eine endliche Anzahl von Punkten x_n, $n = 1,2,\ldots, N$ zu diskretisieren, die entsprechenden Funktionswerte seien $u(x_n) = u_n$, der Abstand der Punkte sei zunächst konstant, d. h. $x_{n+1} - x_n = \Delta x$. Das Schema ist in der Abb. 6.4 dargestellt.

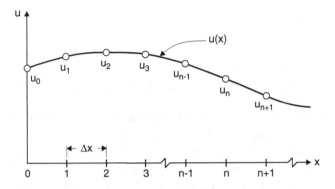

Abb. 6.4 Finite-Differenzen-Diskretisierung einer stetigen Funktion u(x) bzgl. x (äquidistante Einteilung)

Eine Taylor-Entwicklung für u(x) am Punkt $n\Delta x$ ist dann

$$u((n+1)\Delta x) \equiv u_{n+1}$$

$$= u_n + \Delta x \frac{\partial u}{\partial x}\Big|_{n\Delta x} + \frac{(\Delta x)^2}{2!} \frac{\partial^2 u}{\partial x^2}\Big|_{n\Delta x} + \frac{(\Delta x)^3}{3!} \frac{\partial^3 u}{\partial x^3}\Big|_{n\Delta x} + \dots \quad (6.44)$$

und

$$u((n-1)\Delta x) \equiv u_{n-1}$$

$$= u_n - \Delta x \frac{\partial u}{\partial x}\Big|_{n\Delta x} + \frac{(\Delta x)^2}{2!} \frac{\partial^2 u}{\partial x^2}\Big|_{n\Delta x} - \frac{(\Delta x)^3}{3!} \frac{\partial^3 u}{\partial x^3}\Big|_{n\Delta x} + \dots \quad (6.45)$$

und die Approximation der ersten Ableitung $\partial u/\partial x$ ergibt sich aus einfacher Umformung von (6.44) und (6.45 zu

$$\frac{\partial u}{\partial x}\Big|_{n\Delta x} = \frac{u_{n+1} - u_n}{\Delta x} - \frac{\Delta x}{2!} \frac{\partial^2 u}{\partial x^2}\Big|_{n\Delta x} - \frac{(\Delta x)^3}{3!} \frac{\partial^3 u}{\partial x^3}\Big|_{n\Delta x} - \dots \quad (6.46)$$

bzw.

$$\frac{\partial u}{\partial x}\Big|_{n\Delta x} = \frac{u_n - u_{n-1}}{\Delta x} - \frac{\Delta x}{2!} \frac{\partial^2 u}{\partial x^2}\Big|_{n\Delta x} - \frac{(\Delta x)^3}{3!} \frac{\partial^3 u}{\partial x^3}\Big|_{n\Delta x} + \dots \quad (6.47)$$

Nach der Richtung der Diskretisierungspunkte x_{n-1}, x_n, x_{n+1} ... werden die Differenzenquotienten (6.46) als Vorwärts- und (6.47) als Rückwärtsdifferenz bezeichnet. Bricht man die Reihenentwicklung in beiden Fällen nach dem ersten Glied ab, so bleibt ein sog. Rest- oder Abbruchfehler der Größenordnung Δx. Man formuliert das folgendermaßen

$$\frac{\partial u}{\partial x}\bigg|_{n\Delta x} = \frac{u_{n+1} - u_n}{\Delta x} - 0(\Delta x), \tag{6.48}$$

$$\frac{\partial u}{\partial x}\bigg|_{n\Delta x} = \frac{u_n - u_{n-1}}{\Delta x} - 0(\Delta x), \tag{6.49}$$

dabei bedeutet $0(\Delta x)$, dass der durch den Abbruch entstandene Fehler kleiner als das Produkt $\delta \Delta x$ für genügend kleine Δx ist, δ sei eine Konstante.

Eine größere Genauigkeit, d. h. einen geringeren Abbruchfehler bei gleichem Δx, erreicht man mittels Approximation durch die so genannte Zentraldifferenz. Dabei werden die Gl. (6.46) und (6.47) addiert und das Ergebnis durch zwei dividiert,

$$\frac{\partial u}{\partial x}\bigg|_{n\Delta x} = \frac{u_{n+1} - u_{n-1}}{2\Delta x} - \frac{(\Delta x)^2}{3!}\frac{\partial^3 u}{\partial x^3}\bigg|_{n\Delta x} = \frac{u_{n+1} - u_{n-1}}{2\Delta x} + 0\left(\Delta x^2\right). \tag{6.50}$$

Die in Gl. (6.42) auftretenden Differentialquotienten zweiter Ordnung können ebenso näherungsweise berechnet werden,

$$\begin{aligned}
\frac{\partial^2 u}{\partial x^2}\bigg|_{n\Delta x} &= \frac{u_{n+1} - 2u_n + u_{n-1}}{(\Delta x)^2} - \frac{(\Delta x)^2}{4!}\frac{\partial^4 u}{\partial x^4}\bigg|_{n\Delta x} - \cdots \\
&= \frac{u_{n+1} - 2u_n + u_{n-1}}{(\Delta x)^2} + 0\left(\Delta x^2\right).
\end{aligned} \tag{6.51}$$

In gleicher Weise wie die ersten Ableitungen von u bzgl. x angenähert werden, lassen sich auch die Zeitableitungen approximieren. Dazu wird die Zeitachse in eine endliche Zahl von Zeitschritten Δt diskretisiert (diese können äquidistant sein, oder aber sich von Schritt zu Schritt unterscheiden), und der Differentialquotient $\partial u/\partial t$ ist entsprechend (6.46) bzw. (6.47) zu bilden.

Des Weiteren sind die in den Strömungsgleichungen vorhandenen ortsabhängigen Koeffizienten in die Approximation einzubeziehen. Solche Koeffizienten sind z. B. die gesättigte hydraulische Leitfähigkeit, die an jedem diskreten Punkt x_n andere Werte annehmen können (inhomogener Aquifer). Enthält ein Ableitungsterm zweiter Ordnung einen solchen räumlichen Koeffizienten $a(x)$, so kann bei konstanter Schrittweite Δx die entsprechende Approximation lauten

$$\frac{\partial}{\partial x}\left[a(x)\frac{\partial u}{\partial x}\right]\bigg|_{n\Delta x} = \frac{1}{\Delta x}\left[a\left(x_{n+1/2}\right)\left(\frac{u_{n+1} - u_n}{\Delta x}\right) - a\left(x_{n-1/2}\right)\left(\frac{u_n - u_{n-1}}{\Delta x}\right)\right], \tag{6.52}$$

mit

$$a\left(x_{n\pm1/2}\right) = \frac{1}{2}\left(a(x_n) + a\left(x_{n\pm1}\right)\right). \tag{6.53}$$

Bei dieser Differenzenformel wird das arithmetische Mittel der jeweiligen Koeffizientenwerte an den diskreten Punkten x_{n-1}, x_n und x_{n+1} verwendet. Am Beispiel der hydraulischen Leitfähigkeit kann gezeigt werden, dass diese Art der Mittelwertbildung nur bei sich sehr wenig ändernden Werten von Punkt zu Punkt anwendbar ist (Zaradny 1993). In allgemeinen Fall von sprunghaften (d. h. unstetigen) Änderungen der Materialeigenschaften von einem Diskretisierungspunkt zum anderen sind das harmonische bzw. das geometrische Mittel zu verwenden. Das harmonische Mittel wäre bei äquidistanter Diskretisierung wie folgt auszudrücken

$$a\left(x_{n\pm1/2}\right) = \frac{2a(x_n) \cdot a\left(x_{n\pm1}\right)}{a(x_n) + a\left(x_{n\pm1}\right)}, \tag{6.54}$$

und entsprechend in (6.52) zu ersetzen. Es ist in jedem Falle anzuwenden, wenn die Diskretisierung so erfolgt, dass die Knotenpunkte u_n mittig in den Differenzenabschnitten angeordnet sind (Huyakorn und Pinder 1983).

Die Diskretisierung der eindimensionalen Strömungsgleichung (6.42) mit Hilfe der oben beschriebenen klassischen Differenzenapproximationen ist dann in folgenden Schritten durchzuführen: Die nichtlinearen Koeffizienten $C_r(\theta)$ und $K_r(\theta)$ werden bzgl. t zum Zeitpunkt $t + \Delta t/2$ betrachtet, d. h. sie müssen in geeigneter Weise vorausextrapoliert werden. Verschiedene Methoden dazu werden später bei den Finite-Element-Verfahren diskutiert. Auf diese Weise wird die Gleichung linearisiert. Nimmt man isotrope Verhältnisse an, dann lassen sich nun die Koeffizienten der Gleichung vereinfacht als Funktionen von x schreiben

$$\left(C_r(\theta) + S_w S_s^*\right) \cong \left(\left.C_r(\theta)\right|_{t+\Delta t/2} + \frac{\theta}{n}S_s^*\right)\Big|_{n\Delta x} = c(x)|_{n\Delta x}, \tag{6.55}$$

und

$$K_{ij}k_r(\theta) \cong \left(\left.Kk_r(\theta)\right|_{t+\Delta t/2}\right)\Big|_{n\Delta x} = K(x)|_{n\Delta x}. \tag{6.56}$$

Verwendet man dann für die Zeitableitung eine Vorwärtsdifferenz gemäß (6.46) und approximiert die zweite Ableitung nach (6.52) und (6.53), dann ist die Differenzenapproximation von (6.42)

$$C(x_n)\frac{h_n^{t+\Delta t} - h_n^t}{\Delta t} = \frac{1}{\Delta x}\left[\frac{2K(x_n)\cdot K(x_{n+1})}{K(x_n)+K(x_{n+1})}\cdot\frac{h_{n+1}-h_n}{\Delta x} - \frac{2K(x_n)\cdot K(x_{n-1})}{K(x_n)+K(x_{n-1})}\cdot\frac{h_n-h_{n+1}}{\Delta x}\right],$$
$$(6.57)$$

wobei der Einfachheit halber $Q = 0$ gesetzt wurde. Schreibt man die harmonischen Mittel (6.54) folgendermaßen

$$K^+(x_n) = \frac{2K(x_n)\cdot K(x_{n+1})}{K(x_n)+K(x_{n+1})}, \qquad (6.58a)$$

$$K^-(x_n) = \frac{2K(x_n)\cdot K(x_{n-1})}{K(x_n)+K(x_{n-1})}, \qquad (6.58b)$$

und formt die Gl. (6.57) um, so ergibt sich daraus

$$\frac{\Delta x}{\Delta t}C(x_n)\{h_n^{t+\Delta t} - h_n^t\} = \left(\frac{K^+(x_n)}{\Delta x}\right)h_{n+1} + \left(-\frac{K^+(x_n)+K^-(x_n)}{\Delta x}\right)h_n$$
$$+ \left(\frac{K^-(x_n)}{\Delta x}\right)h_{n-1}, \qquad (6.59)$$

wobei die h_{n+1}, h_n und h_{n-1} auf der rechten Seite ebenfalls dem neuen Zeitschritt $t + \Delta t$ zuzuordnen sind.

Zum Abschluss lässt sich diese Differenzengleichung in eine Matrixform bringen, so dass ein lineares Gleichungssystem entsteht,

$$[A]\{h\} = \{f\}, \qquad (6.60)$$

worin der Vektor $\{h\}$ die Lösung zum Zeitpunkt $t + \Delta t$ bedeutet, die Matrix $[A]$ hat die Form

$$[A] = \begin{bmatrix} a_1 & b_1 & & & \\ c_2 & a_2 & b_2 & & \\ & c_3 & a_3 & b_3 & \\ & & & & b_{N-1} \\ & & & c_N & a_N \end{bmatrix}, \qquad (6.60a)$$

mit den Elementen

$$a_1 = \frac{2}{\Delta x}\left(\frac{K(x_1) \cdot K(x_2)}{K(x_1) + K(x_2)}\right) + \frac{\Delta x}{\Delta t}C(x_1),$$ (6.60b)

$$b_1 = -\frac{2}{\Delta x}\left(\frac{K(x_1) \cdot K(x_2)}{K(x_1) + K(x_2)}\right),$$ (6.60c)

$$a_i = \frac{2}{\Delta x}\left(\frac{K(x_i) \cdot K(x_{i+1})}{K(x_i) + K(x_{i+1})}\right) + \left(\frac{K(x_i) \cdot K(x_{i-1})}{K(x_i) + K(x_{i-1})}\right)\frac{\Delta x}{\Delta t}C(x_1),$$ (6.60d)

$$b_i = -\frac{2}{\Delta x}\left(\frac{K(x_i) \cdot K(x_{i+1})}{K(x_i) + K(x_{i+1})}\right), \quad i = 2, \ldots, N - 1$$ (6.60e)

$$c_i = -\frac{2}{\Delta x}\left(\frac{K(x_i) \cdot K(x_{i-1})}{K(x_i) + K(x_{i-1})}\right),$$ (6.60f)

$$a_N = \frac{2}{\Delta x}\left(\frac{K(x_N) \cdot K(x_{N-1})}{K(x_N) + K(x_{N-1})}\right) + \frac{\Delta x}{\Delta t}C(x_N),$$ (6.60g)

$$c_N = -\frac{2}{\Delta x}\left(\frac{K(x_N) \cdot K(x_{N-1})}{K(x_N) + K(x_{N-1})}\right),$$ (6.60h)

und die rechte Seite {f} genügt dem Bildungsgesetz

$$f_i = \left(\frac{\Delta x}{\Delta t}C(x_i)\right) \cdot h_i^t, \quad i = 1, 2, \ldots, N.$$ (6.60i)

In ähnlicher Form findet man eine solche Differenzenapproximation z. B. bei van Genuchten (1978), wobei statt des harmonischen das arithmetische Mittel benutzt wird. Die Matrix [A] weist eine so genannte tridiagonale Form auf, d. h. sie besteht nur aus der Hauptdiagonalen und den beiden Nebendiagonalen. Für Gleichungssysteme mit solchen Matrizen sind effektive Speicher- und Lösungsverfahren entwickelt worden, die sich insbesondere bei einer wiederholten iterativen Lösung des Systems als vorteilhaft erweisen (Istok 1989).

6.4.2 Finite-Element-Methode (FEM)

Im Gegensatz zu den Differenzenverfahren in ihrer klassischen Form setzen die FEM nicht direkt an der partiellen Differentialgleichung an, sondern sie gehen von entsprechenden Variationsfunktionalen bzw. Integralformulierungen aus. Das zu betrachtende räumliche Gebiet wird mit Hilfe der finiten Elemente – Linien (1D), Flächen wie z. B. Dreieck, Rechteck (2D), Kuben mit verschiedener Grundfläche (3D) – diskretisiert, und die Approximation der zu bestimmenden Größen erfolgt durch Linearkombination so genannter Basisfunktionen, welche systematisch auf den diskreten Elementen erzeugt werden. Da diese Funktionen auch von der Form dieser Elemente abhängen, werden sie auch als Formfunktionen bezeichnet. Sie müssen bestimmten Stetigkeitsbedingungen innerhalb der Elemente und auf den Rändern genügen, sowie die an das Problem gestellten Randbedingungen erfüllen. Zur Demonstration dieser Methoden wird eine partielle Differentialgleichung in Operatorschreibweise betrachtet

$$L(u) = b \quad \text{in} \quad \Omega, \tag{6.61}$$

L sei dabei ein linearer Differentialoperator bzgl. x und t, die gesuchte Funktion sei $u(x,t)$, mit Ω wird das räumliche Gebiet bezeichnet, in dem eine Lösung gesucht wird. Unter bestimmten Voraussetzungen lässt sich eine zu (6.61) äquivalente Form in Gestalt eines Variationsfunktionals I finden, und bei der Lösung der Extremwertaufgabe $\partial I/\partial u = 0$ auch die Lösung der Differentialgleichung (6.61). Diese Idee liegt auch den Finite-Element-Methoden zugrunde, und zu den am häufigsten angewendeten Verfahren bei der Simulation von Strömung und Transport in porösen Medien zählen die Methoden der gewichteten Residuen, insbesondere die Galerkin-Methode (Huyakorn und Pinder 1983). Geht man wieder von der Gl. (6.61) aus, dann wird im ersten Schritt die räumliche Diskretisierung des Gebietes Ω mit der anschließenden näherungsweisen Darstellung der Funktion u durch eine Reihe der Form

$$u(x, t) \cong \hat{u} = \sum_{I=1}^{n} N_I(x)u_I(t), \tag{6.62}$$

vorgenommen, in der n die Anzahl aller Knotenpunkte bedeutet. Die Basisfunktionen $N_I(x)$ sind linear unabhängig und sollen so konstruiert werden, dass die Näherung (6.62) den Randbedingungen genügt. Da diese Gleichung nur eine Approximation von u ist, wird mittels dieser Beziehung auch die Gl. (6.61) nur näherungsweise erfüllt, d. h. es ist

$$L(\hat{u}) - b = r, \tag{6.63}$$

wobei r einen von Null verschiedenen Rest (Residuum) bezeichnet. Die Methode der gewichteten Residuen bestimmt die Näherungslösung û nun in der Weise, dass eine Menge linear unabhängiger Gewichtsfunktionen W_I gesucht werden, die das Residuum minimieren, also soll gelten

$$\int\limits_{\Omega} W_I r \; dx = \int\limits_{\Omega} W_I (L(\hat{u}) - b) dx = 0, \quad I = 1, 2, \ldots, n \tag{6.64}$$

Wird in Gl. (6.64) $\hat{u}$ durch die Reihe (6.62) ersetzt, so entsteht nach der Festlegung der Gewichtsfunktionen W_I und Ausführung der Integration wiederum ein Gleichungssystem, dessen Lösung die Koeffizienten $u_I(t)$ darstellen. Bei der Galerkin-Methode sind die Gewichts- und Basisfunktionen identisch, d. h. $W_I = N_I$. Die entsprechende Integralform lautet dann

$$\int\limits_{\Omega} N_I r \; dx = \int\limits_{\Omega} N_I (L(\hat{u}) - f) dx = 0, \quad I = 1, 2, \ldots, n. \tag{6.65}$$

Der wesentliche Gedanke der FEM besteht nun in der systematischen Generierung der Basis- und Gewichtsfunktionen in Abhängigkeit von der jeweiligen räumlichen Diskretisierung. Für diese werden ohne Beschränkung der Allgemeinheit folgende Annahmen getroffen:

(i) Das Gebiet Ω kann so diskretisiert werden, dass die finiten Elemente entweder einen gemeinsamen Randabschnitt (im eindimensionalen Fall ein Knotenpunkt, im 2-D Fall eine Linie und im 3-D Fall eine Fläche) haben oder getrennt liegen,

(ii) der Rand Γ des Gebietes sei vollständig mit Hilfe der Elemente diskretisiert, und

(iii) $\displaystyle\sum_{e=1}^{m} \Omega^e = \Omega.$

Auf den Elementen Ω^e ist die Funktion u durch eine Reihe zu approximieren

$$\hat{u} = \sum_{I=1}^{N^e} N_I^e(x) u_I(t), \tag{6.66}$$

wobei die N_I^e die so genannten lokalen, d. h. nur auf dem jeweiligen Element gültigen Basisfunktionen sind, N^e ist die Anzahl der Knotenpunkte des jeweiligen Elements, und u_I die zu bestimmenden Koeffizienten. Es ist also

$$N_I^e = \begin{cases} N_I(x), & x \; \varepsilon \; \Omega^e \\ 0 & \text{sonst} \end{cases} . \tag{6.67}$$

Bei der Summation über alle m Elemente gemäß

$$I = \sum_{e=1}^{m} I^e, \tag{6.68}$$

gehen diese lokalen in die globalen Basisfunktionen über,

$$\{N_J(x)\} = \sum_{e=1}^{m} \{N_I^e(x)\}, \quad J = 1, 2, \ldots, n. \tag{6.69}$$

Setzt man nun für die allgemeine Operatorgleichung (6.61) die Strömungsgleichung (6.42) in etwas vereinfachter Form ein (alle vor den Ableitungen von h stehenden Koeffizienten sind konstant und haben den Wert 1), so erhält man die parabolische Differentialgleichung für h

$$\frac{\partial h}{\partial t} - \frac{\partial^2 h}{\partial x^2} + Q = 0, \tag{6.70}$$

mit den entsprechenden Anfangs- und Randbedingungen. Die Anwendung der Galerkin-Methode liefert dann

$$\int_{\Omega} N_I \left[\frac{\partial \hat{h}}{\partial t} - \frac{\partial^2 \hat{h}}{\partial x^2} - Q \right] dx = 0, \quad I = 1, 2, \ldots, n, \tag{6.71}$$

und wird $\hat{h}$ analog nach Formel (6.66) approximiert, ergibt sich daraus

$$\hat{h} = \sum_{I=1}^{N^e} N_I^e(x) h_I(t). \tag{6.72}$$

Eingesetzt in (6.71) erhält man

$$\int_{\Omega} N_I \left(\sum_{J=1}^{n} N_J \frac{\partial h_J}{\partial t} \right) dx - \int N_I \left(\sum_{J=1}^{n} \frac{\partial^2 N_J}{\partial x^2} h_J \right) dx$$
$$- \int_{\Omega} N_I Q \ dx = 0, \quad I, J = 1, 1, \ldots, n, \tag{6.73}$$

eine Gleichung, in der die Basisfunktionen in den zweiten Ableitungen vorkommen, d. h. stärkeren Stetigkeitsanforderungen unterliegen. Wird deshalb der zweite Term in (6.73) mit Hilfe des Greenschen Integralsatzes umgeformt erhält man die Gleichung

$$\int_\Omega N_I \left(\sum_{J=1}^n N_J \frac{\partial h_J}{\partial t} \right) dx + \int_\Omega \frac{\partial N_I}{\partial x} \left(\sum_{J=1}^n \frac{\partial N_J}{\partial x} h_J \right) dx$$

$$-\int_\Gamma \left(\frac{\partial h}{\partial \vec{n}} \right) N_I dx - \int_\Omega N_I Q \; dx = 0, \quad I = 1, 2, \ldots, n, \tag{6.74}$$

in der nur noch die ersten Ableitungen der Basisfunktionen vorkommen. Gleichzeitig werden aufgrund dieser Umformung mit dem dritten Term der Gleichung Randbedingungen 2. Art approximiert, der Fall natürlicher Randbedingungen ist – im integralen Sinne – somit automatisch erfüllt.

Die Gl. (6.74) stellt ein System gewöhnlicher Differentialgleichungen dar, welches nach Berechnung der Integralausdrücke und nach einer Diskretisierung der Variablen h nach der Zeit in ein algebraisches Gleichungssystem überführt werden kann. Die dabei entstehenden Matrizen sind ebenfalls schwach besetzt und weisen eine Bandstruktur auf. Dieser Vorteil, der sich insbesondere auf die rechentechnische Lösung des Gleichungssystems auswirkt, steht neben einer Reihe anderer Vorteile der Verfahren der gewichteten Residuen, z. B. Flexibilität der Gebietsapproximation und der näherungsweisen Darstellung differentieller (natürlicher) Randbedingungen durch ein Integral ohne differentiellen Anteil.

Die nächsten Schritte zeigen die Finite-Element Diskretisierung der vollständigen nichtlinearen Strömungsgleichung (6.42) nach einer linearen Galerkin-Methode. Die folgenden Abbildungen stellen die Basisfunktionen und den Zusammenhang zwischen lokalen, d. h. für ein finites Element Ω^e, und globalen Basisfunktionen, d. h. für das Gebiet Ω gültige dar.

Eine lineare Funktion $\hat{h}$ auf dem Element Ω^e, s. Abb. 6.5a, hat die Form

$$\hat{h}(x) = a_1 + a_2 x, \tag{6.75}$$

wobei a_1 und a_2 Konstanten sind. Diese sind so zu bestimmen, dass an den diskreten Knotenpunkten x_1 und x_2 gilt: $\hat{h}(x_1) = h_1$, $\hat{h}(x_2) = h_2$.

Daraus folgt die Matrixgleichung

$$\left\{ \begin{array}{c} h_1 \\ h_2 \end{array} \right\} = \left[\begin{array}{cc} 1 & x_1 \\ 1 & x_2 \end{array} \right] \left\{ \begin{array}{c} a_1 \\ a_2 \end{array} \right\}, \tag{6.76}$$

und ihre Auflösung nach den Unbekannten a_1 und a_2 liefert die Beziehung

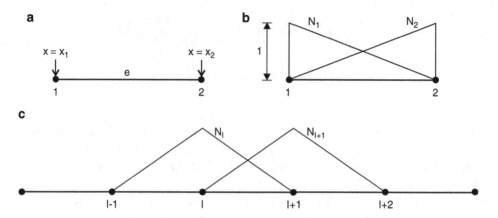

Abb. 6.5 Eindimensionales Element und lineare Basisfunktion $N_I(x)$: (**a**) lineares 1D-Element (**b**) lokale Basisfunktionen (**c**) globale Basisfunktionen

$$\left\{ \begin{array}{c} a_1 \\ a_2 \end{array} \right\} = \frac{1}{L_\Delta} \left[\begin{array}{cc} x_2 & -x_1 \\ -1 & 1 \end{array} \right] \left\{ \begin{array}{c} h_1 \\ h_2 \end{array} \right\}, \qquad (6.77)$$

mit $L_\Delta = x_2 - x_1$. Die Näherungsfunktion $\hat{h}(x)$ aus (6.75) kann damit so geschrieben werden

$$\hat{h}(x) = \frac{1}{L_\Delta}(x_2 - x) \cdot h_1 + \frac{1}{L_\Delta}(x - x_1) \cdot h_2, \qquad (6.78)$$

oder mit

$$N_1^e = \frac{1}{L_\Delta}(x_2 - x), \quad N_2^e = \frac{1}{L_\Delta}(x - x_1), \quad x_1 \leq x \leq x_2$$
$$\hat{h}(x) = N_1^e h_1 + N_2^e h_2. \qquad (6.79)$$

Diese Basisfunktionen N_I^e, $I = 1,2$ für ein lineares Element sind in der Abb. 6.5b dargestellt. Bei der Summation über die Elemente nach (6.69) gewinnt man die globalen Basisfunktionen zu

$$N_I = \left\{ \begin{array}{ll} (x - x_{I-1})/(x_I - x_{I-1}), & x_{I-1} \leq x \leq x_I \\ (x_{I+1} - x)/(x_{I+1} - x_I), & x_I \leq x \leq x_{I+1} \end{array} \right. \qquad (6.80)$$

wie sie in der Abb. 6.5c zu sehen sind. In analoger Weise lassen sich auch finite Elemente höherer Ordnung (quadratisch, kubisch) entwickeln (s. Huyakorn und Pinder 1983) und deren Basisfunktionen berechnen.

Im nächsten Schritt wird die Variable Standrohrspiegelhöhe folgendermaßen approximiert

$$h(x,t) \cong \hat{h} = \sum_{I=1}^{n} N_I(x) h_I(t).$$ (6.81)

Da in der Strömungsgleichung (6.42) die Koeffizienten C_r, S_w und k_r Funktionen von h bzw. θ sind, müssen sie ebenfalls mit Hilfe der Basisfunktionen approximiert werden,

$$C_r(x,t) \cong \hat{C}_r = \sum_{I=1}^{n} N_I(x) C_{rI}(t),$$ (6.82a)

$$S_w(x,t) \cong \hat{S}_w = \sum_{I=1}^{n} N_I(x) S_{wI}(t),$$ (6.82b)

$$k_r(x,t) \cong \hat{k}_r = \sum_{I=1}^{n} N_I(x) k_{rI}(t).$$ (6.82c)

Die Anfangsbedingungen für h(x,t) können im gesamten Gebiet konstant oder aber auch ortsabhängig sein, d. h. es ist

$$h(x,0) = h_0(x), \quad 0 \leq x \leq L,$$ (6.83a)

L sei die Länge des Gebietes Ω.

Randbedingungen für die ungesättigt-gesättigte Strömungsgleichung können allgemein in Ausdrücken der Standrohrspiegelhöhe, ihrer Ableitung, oder als Linearkombination beider vorgegeben werden. In dieser Reihenfolge werden sie auch als Dirichlet-, Neumann- und Cauchy-Bedingungen bzw. als Randbedingungen 1., 2. und 3. Art bezeichnet.

An der Geländeoberkante eines Vertikalprofils (x = 0) lauten diese Bedingungen dann

$$h(0,t) = h_0(t),$$ (6.83b)

$$-K_S k_r \frac{\partial h}{\partial x} = q_0(t),$$ (6.83c)

$$-K_S k_r \frac{\partial h}{\partial x} = \lambda_0(t)(h_0 - h) = q_0(t).$$ (6.83d)

Mit der Dirichlet-Bedingung (6.83b) werden die Standrohrspiegelhöhe bzw. Saugspannung am Punkt $x = 0$ vorgegeben, womit z. B. beim Überstauen einer Fläche die Wasserspiegelhöhe modelliert werden kann. Die Bedingungen (6.83c) und (6.83d) stellen dagegen Flussraten dar, mit denen Infiltration und Evaporation beschreibbar sind. Die Cauchysche Randbedingung (6.83d) ist z. B. dann anwendbar, wenn mit der Infiltration eine Verdichtung der obersten Bodenschicht einsetzt (Kolmation), der zeitabhängige Parameter λ_0 wird als Kolmationsparameter bezeichnet.

Am unteren Rand des Profils modifizieren sich diese Bedingungen zu

$$h(L, t) = h_L(t), \tag{6.83e}$$

$$-K_S k_r \frac{\partial h}{\partial x} = q_L(t), \tag{6.83f}$$

wobei mittels (6.83e) die Lage der freien Wasseroberfläche (Grundwasserspiegel) und mittels (6.83f) ein freier, gravitativer Ausfluss aus dem Profil modelliert werden können.

Die Galerkin-FE-Gleichungen lauten nun

$$
\begin{aligned}
\int_\Omega L(\hat{h}) N_I dx &= \int_\Omega N_I N_J \left(\hat{C}_r + \hat{S}_w S_s^* \right) \frac{\partial h_J}{\partial t} d\Omega \\
&+ \int_\Omega \frac{\partial N_I}{\partial x} \frac{\partial N_J}{\partial x} \left(K_S \hat{k}_r \right) h_J + \int_{\Gamma_3} N_I N_J \lambda_{\Gamma_3} h_J d\Gamma \\
&- \int_{\Gamma_2} N_I q_{\Gamma_2} d\Gamma - \int_{\Gamma_3} N_I \lambda_{\Gamma_3} h_{\Gamma_3} d\Gamma + \int N_I Q dx = 0,
\end{aligned}
\tag{6.84}
$$

wobei die Randintegrale über Γ_3 aus den Bedingungen (6.83d) hervorgehen. Ein wesentlicher Vorteil der Finite-Element Methoden besteht gerade darin, dass man die Matrizen und Vektoren in (6.84) auf lokaler Ebene, d. h. pro Element berechnen kann und durch die Aufsummierung der Beiträge das Gesamtsystem auf einfache Weise erhält. Aus (6.84) entsteht so die Matrix-Gleichung

$$[A]\{\hat{h}\} + [C]\left\{ \frac{\partial \hat{h}}{\partial t} \right\} = \{F\}, \tag{6.85}$$

mit

$$[A_{IJ}] = \sum_e \left\{ \int_{\Omega^e} (K_S \hat{k}_r) \frac{\partial N_I}{\partial x} \frac{\partial N_J}{\partial x} dx + \int_{\Gamma_3^e} N_I N_J \lambda_{\Gamma_3} d\Gamma_3 \right\}, \qquad (6.85a)$$

$$[C_{IJ}] = \sum_e \left\{ \int_{\Omega^e} (\hat{C}_r + \hat{S}_w S_s^*) N_I N_J dx \right\}, \qquad (6.85b)$$

$$\{F_I\} = \sum_e \left\{ -\int_{\Omega^e} N_I Q \; dx + \int_{\Gamma_2^e} N_I q_{\Gamma_2} d\Gamma + \int_{\Gamma_3^e} N_I \lambda_{\Gamma_3} h_{\Gamma_3} d\Gamma \right\}. \qquad (6.85c)$$

Die Berechnung der Integrale ist für den eindimensionalen Fall und lineare Form- bzw. Basisfunktionen analytisch möglich. Für Elemente höherer Ordnung und mehrdimensionale Probleme erfolgt dies mit Hilfe numerischer Integrationsverfahren (Nützmann 1986).

Für die Matrix A gilt dann

$$[A_{IJ}] = \sum_e \left[A_{ij}^e \right], \qquad (6.86a)$$

mit den jeweiligen Elementematrizen

$$\left[A_{ij}^e \right] = \int_{x_1}^{x_2} \left\{ K_S^e (k_{r1} N_1^e + k_{r2} N_2^e) \frac{\partial N_i^e}{\partial x} \frac{\partial N_j^e}{\partial x} \right\} dx + \int_{\Gamma_3^e} N_i^e N_j^e \lambda_{\Gamma_3} d\Gamma, \qquad (6.86b)$$

mit x_1 sei die Koordinate der ersten, mit x_2 die des zweiten Knotenpunkts des linearen Elements Ω^e bezeichnet, es gelte $i,j = 1,2$. Wird von einer äquidistanten Diskretisierung ausgegangen, d. h. die Knotenpunktabstände sind konstant, $\Delta x = x_{I+1}-x_I = $ const. für $I = 1,...,n-1$, so berechnen sich die Integrale zu

$$\left[A_{ij}^e \right] = \frac{1}{2\Delta x} \begin{bmatrix} K_s^e(k_{r1} + k_{r2}) & -K_s^e(k_{r1} + k_{r2}) \\ -K_s^e(k_{r1} + k_{r2}) & K_s^e(k_{r1} + k_{r2}) \end{bmatrix} + \begin{bmatrix} \lambda_{\Gamma_3}^1 \\ \lambda_{\Gamma_3}^2 \end{bmatrix}, \qquad (6.87)$$

wobei die k_{ri}, $i = 1,2$, die Knotenwerte der relativen Leitfähigkeit im jeweiligen finiten Element Ω^e darstellen.

Ebenso können die Elementematrizen C^e und die Vektoren der rechten Seite berechnet werden,

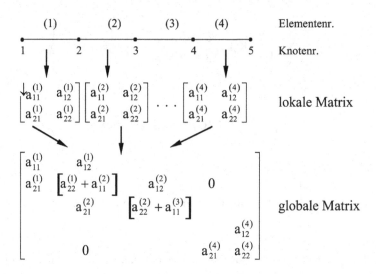

Abb. 6.6 Zusammenhang zwischen lokaler und globaler Elementematrix

$$
\left[C_{ij}^e\right] = \frac{\Delta x}{12}
\begin{bmatrix}
3C_{r1} + C_{r2} + S_s^e(3S_{w1} + S_{w2}) & C_{r1} + C_{r2} + S_s^e(S_{w1} + S_{w2}) \\
C_{r1} + C_{r2} + S_s^e(S_{w1} + S_{w2}) & C_{r1} + 3C_{r2} + S_s^e(S_{w1} + 3S_{w2})
\end{bmatrix}
\tag{6.88}
$$

und

$$
\left\{F_j^e\right\} = -\frac{\Delta x}{6}
\begin{pmatrix} 2Q_1 + Q_2 \\ Q_1 + 2Q_2 \end{pmatrix}
+ \begin{pmatrix} q_{\Gamma_2}^1 \\ q_{\Gamma_2}^2 \end{pmatrix}
+ \begin{pmatrix} \lambda_{\Gamma_3} h_{\Gamma_3}^1 \\ \lambda_{\Gamma_3} h_{\Gamma_3}^2 \end{pmatrix}.
\tag{6.89}
$$

Die Aufsummierung aller Elementematrizen erfolgt entsprechend der Abb. 6.6 und führt zum Gleichungssystem (6.89a) mit den globalen Matrizen

$$
[A] =
\begin{bmatrix}
a_1 & b_1 & & & \\
c_2 & a_2 & b_2 & & \\
& c_3 & a_3 & b_3 & \\
& & & & b_{n-1} \\
& & & c_n & a_n
\end{bmatrix},
\tag{6.90}
$$

mit den Elementen

$$a_1 = \frac{1}{2\Delta x} K_s^1 (k_{r1} + k_{r2}) + \lambda_{\Gamma_3}^1, \tag{6.90a}$$

$$b_1 = \frac{1}{2\Delta x} K_s^1 (k_{r1} + k_{r2}) = c_2, \tag{6.90b}$$

$$a_i = \frac{1}{2\Delta x} \left[K_s^{i-1} k_{ri-1} + \left(K_s^{i-1} + K_s^i \right) k_{ri} + K_s^i k_{ri+1} \right], \quad i = 2, \ldots, n-1, \tag{6.90c}$$

$$b_i = -\frac{1}{2\Delta x} K_s^1 (k_{ri} + k_{ri+1}) = c_{i+1}, \tag{6.90d}$$

$$a_n = \frac{1}{2\Delta x} K_s^{n-1} (k_{rn-1} + k_{rn}) + \lambda_{\Gamma_3}^n, \tag{6.90e}$$

$$[C] = \begin{bmatrix} d_1 & e_1 & & & \\ f_2 & d_2 & e_2 & & \\ & f_3 & d_3 & e_3 & \\ & & & & e_{n-1} \\ & & & f_n & d_n \end{bmatrix}, \tag{6.91}$$

mit den Elementen

$$d_1 = \frac{\Delta x}{12} \left[3C_{r1} + C_{r2} + S_s^1 (3S_{w1} + S_{w2}) \right], \tag{6.91a}$$

$$e_1 = \frac{\Delta x}{12} \left[C_{r1} + C_{r2} + S_s^1 (S_{w1} + S_{w2}) \right] = f_2, \tag{6.91b}$$

$$d_i = \frac{\Delta x}{12} \left[C_{ri-1} + 6C_{ri} + C_{ri+1} + S_{wi-1} S_s^{i-1} + S_{wi} \left(3S_s^{i-1} + 3S_s^i \right) + S_{wi+1} S_s^i \right], \\ i = 2, \ldots, n-1, \tag{6.95c}$$

$$e_i = \frac{\Delta x}{12} \left[C_{ri} + C_{ri+1} + S_s^1 (S_{wi} + S_{wi+1}) \right] = f_{i+1}, \tag{6.91d}$$

$$d_n = \frac{\Delta x}{12} \left[C_{rn-1} + 3C_{n2} + S_s^{n-1} (S_{wn-1} + 3S_{wn}) \right], \tag{6.91e}$$

und dem Vektor der rechten Seite

$$\{F\} = (g_i), \tag{6.92}$$

mit

$$g_1 = -\frac{\Delta x}{6}(2Q_1 + Q_2) + q_{\Gamma_1}^1 + \lambda_{\Gamma_3} h_{\Gamma_3}^1, \tag{6.92a}$$

$$g_i = -\frac{\Delta x}{6}(Q_{i-1} + 4Q_i + Q_{i+1}), \quad i = 2, \ldots, n-1, \tag{6.92b}$$

$$g_n = -\frac{\Delta x}{6}(Q_{n-1} + 2Q_n) + q_{\Gamma_1}^n + \lambda_{\Gamma_3} h_{\Gamma_3}^n. \tag{6.92c}$$

Anhand dieser Bildungsvorschriften für die Koeffizienten des Gleichungssystems wird deutlich, dass ebenso wie beim Differenzenverfahren tridiagonale symmetrische Matrizen entstehen. Die bei Differenzenverfahren notwendigen Berechnungen repräsentativer Parameter je Gitterpunkt – siehe (6.53) und (6.54) – sind hier überflüssig, da aufgrund der Art und Weise der Verknüpfungen der finiten Elemente und der linearen Interpolation dieser Parameter im jeweiligen Element ihre aktuellen Werte an den Knotenpunkten korrekt approximiert werden.

Die zeitliche Diskretisierung der Matrixgleichung (6.85) erfolgt mit Hilfe eines gewichteten Ansatzes und liefert das Gleichungssystem

$$\left(\omega[A] + \frac{[C]}{\Delta b_k}\right)\{\hat{h}\}^{k+1} = \left((1-\omega)[A] - \frac{[C]}{\Delta t_k}\right)\{\hat{h}\}^k + \omega\{F\}^{k+1}$$
$$+ (1-\omega)\{F\}^k, \tag{6.93}$$

dabei sei Δt_k der aktuelle Zeitschritt, $\{\hat{h}\}^{k+1}$ die Lösung zum Zeitpunkt t_{k+1}, $\{\hat{h}\}^k$ die Lösung aus dem letzten Zeitschritt zum Zeitpunkt t_k und $0 \leq \omega \leq 1$ der zu wählende Wichtungsfaktor. Die üblichen Wichtungsfaktoren sind dabei: implizites ($\omega = 1$), explizites ($\omega = 0$) und das Crank-Nicholson-Schema ($\omega = 0.5$), wobei sich auch noch weitere Möglichkeiten finden, die zeitlichen Ableitungen $\{\partial\hat{h}/\partial t\}$ zu approximieren.

Bevor das Gleichungssystem (6.93) auf direktem Wege gelöst werden kann, ist daran zu erinnern, dass die Matrix und die rechte Seite außer von der räumlichen und zeitlichen Diskretisierungskonstanten Δx und Δt_k von den Koeffizienten C_r, S_w und K_r abhängen. Diese wiederum sind Funktionen der Lösung $\hat{h}(x, t)$ selbst und somit muss das System (6.93) iterativ zu berechnen. Für den vorliegenden Fall bietet sich das sog. Picard-Iterationsschema – eine Form der Prädiktor-Korrektor-Verfahren – an. Dabei werden die Koeffizienten nach der folgenden Formel voraus extrapoliert,

$$\{\hat{h}\}^{k+1} = \{\hat{h}\}^k + \frac{\Delta t_k}{2\Delta t_{k-1}}\left(\{\hat{h}\}^k - \{\hat{h}\}^{k-1}\right), \tag{6.94}$$

und dann zum Zeitpunkt t_{k+1} „korrigiert"

$$\{\hat{h}\}_{r+1}^{k+1} = (1-\gamma)\{\hat{h}\}_r^{k+1} + \gamma\{\hat{h}\}_r^{k+1}, \tag{6.95}$$

wobei $r+1$, r und r die Indizes der Iterationen innerhalb des Zeitschrittes mit dem Wichtungsfaktor $0 \leq \gamma \leq 1$ darstellen. Dieser Prozess wird in jedem Zeitpunkt Δt_k so lange durchgeführt, bis die aufeinander folgenden Iterationen einem vorzugebenden Fehler- bzw. Abbruchkriterium genügen. So werden die Matrizen des Gleichungssystems (6.93) mit jedem Iterations- und Zeitschritt neu berechnet, während die Abfolge und Struktur des Lösungsverfahrens insgesamt unverändert bleibt. Dieser Rechenaufwand ist für eindimensionale Probleme minimal, bei mehrdimensionalen Problemen insbesondere mit finiten Elementen höherer Ordnung nimmt er jedoch entschieden zu. Abschließend lassen sich aus den Knotenwerten des hydraulischen Potentials h die Komponenten der Darcy-Geschwindigkeit gemäß (6.43) als Grundlage für die Modellierung des Stofftransports berechnen.

6.5 Parameteroptimierung / Inverse Modellierung

Mit Hilfe der in den vorangegangenen Abschnitten abgeleiteten Modelle für ungesättigt/ gesättigte Strömungen als Sonderfall von Mehrphasenströmungen lassen sich nun vielfältige Simulationen durchführen, die von der Wiedergabe von Labor- und Feldversuchen bis hin zur Simulation von Szenarien reichen. Die Güte der Simulationsergebnisse ist neben den durch die numerischen Verfahren hervorgerufenen Approximations- und Rundungsfehler wesentlich von der Bestimmbarkeit der notwendigen Parameter abhängig.

Während man mit dem Begriff Modellverifizierung im Allgemeinen den Vergleich zwischen der numerischen Lösung und einer bei entsprechender Aufgabenstellung existierenden analytischen Lösung bezeichnet, ist die Parameteroptimierung, die auch als inverse Modellierung bezeichnet wird, der Kategorie Modellkalibrierung und -validierung zuzuordnen. Unter Kalibrierung ist dabei das Anpassen des Modells an gemessene Daten durch geeignete Wahl der Parameter zu verstehen, das so genannte ‚Parameter-fitting'. Die Validierung eines Modells dagegen beinhaltet den Vergleich von gemessenen und durch Simulation erzeugten Daten unter der Voraussetzung, dass die Modellparameter unabhängig von den gemessenen Daten bestimmt worden sein müssen. Die Erfassung und Messung aller für das Modell relevanten Parameter ist jedoch häufig mit Fehlern verschiedener Ursache behaftet (Hill 1998).

Zur Kalibrierung von Grundwassermodellen wurden Methoden der inversen Simulation eingesetzt, um räumliche Verteilungen der hydraulischen Leitfähigkeiten zu ermitteln (Anderson und Woessner 1992; Schafmeister 1999). Die Erweiterung derartiger Methoden auch auf ungesättigte Strömungen begann seit den 1980er-Jahren, wobei sie zunächst auf Laborexperimente beschränkt waren und sich erst Jahre später auch auf Feldexperimente ausdehnten (Van Genuchten und Leij 1992; Feddes et al. 1993; van Dam et al. 1994; Bohne 2005).

Betrachtet man die Strömungsgleichung (6.42) als die Formulierung eines in Raum und Zeit kontinuierlichen Feldproblems, so lässt sich mit

$$\mathbf{y}^* = \left(y_1^*, y_2^*, \ldots, y_i^*, \ldots, y_n^*\right)^{\mathrm{T}} \tag{6.96}$$

ein Vektor von Messwerten beschreiben, deren einzelne Elemente y_i^*, $i = 1, 2, \ldots, n$ diskrete Funktionen der Zeit sind. Dies können z. B. Werte der Saugspannung, der Standrohrspiegelhöhe, des Wassergehalts, des Wasserausflusses aus einer Versuchssäule der der Verdunstung sein, aufgezeichnet an räumlich verschiedenen Messpunkten.

Mit Hilfe der numerischen Lösung der Strömungsgleichung und Simulation des beobachteten Prozesses lassen sich die zu den Messdaten entsprechenden Modelldaten

$$\mathbf{y}(\mathbf{a}) = \left(y_1(\mathbf{a}), y_2(\mathbf{a}), \ldots, y_i(\mathbf{a}), \ldots, y_n(\mathbf{a})\right)^{\mathrm{T}} \tag{6.97}$$

erzeugen, wobei $\mathbf{a} = (a_1, a_2, \ldots, a_p)^{\mathrm{T}}$ der Vektor der im Modell benötigten Parameter sei. Da nicht erwartet werden kann, dass die simulierten Werte mit den gemessenen vollständig übereinstimmen, ergibt sich ein Residuum in der Form

$$\mathbf{r}(\mathbf{a}) = \mathbf{y}^* - \mathbf{y}(\mathbf{a}). \tag{6.98}$$

Die Beurteilung der Anpassungsgüte kann auf verschiedene eise erfolgen, bei Verwendung der Methode der gewichteten kleinsten Quadrate führt sie zu folgendem Gütefunktional, was zu minimieren ist

$$\mathbf{0}(\mathbf{a}) = 0.5[\mathbf{y}^* - \mathbf{y}(\mathbf{a})]^{\mathrm{T}} \mathbf{W}[\mathbf{y}^* - \mathbf{y}(\mathbf{a})] + 0.5(\mathbf{a}^* - \mathbf{a})^{\mathrm{T}} \mathbf{V}(\mathbf{a}^* - \mathbf{a}). \tag{6.99}$$

Der Ausdruck $\mathbf{0}(\mathbf{a})$ ist eine Funktion der Parameter $\mathbf{a}$, die $\mathbf{a}^*$ stellen direkte Messungen oder Schätzungen der Parameter dar und $\mathbf{W}$ und $\mathbf{V}$ sind symmetrische Wichtungsmatrizen, die Informationen über Messfehler enthalten können bzw. den Ausgleich unterschiedlicher Wertebereiche der Einzelmessungen bewirken. Im einfachsten Fall, d. h. wenn keine derartige Informationen zur Verfügung stehen, wird $\mathbf{W} = 1$ und $\mathbf{V} = 0$, so dass sich aus (6.98) die bekannte Form der kleinsten Quadrate ergibt

$$\min_{a} \mathbf{0}(\mathbf{a}) = 0.5[\mathbf{y}^* - \mathbf{y}(a)]^T[\mathbf{y}^* - \mathbf{y}(a)] = 0.5\sum_{i=1}^{n}[\mathbf{y}^* - \mathbf{y}(a)]^2 . \qquad (6.00)$$

Sind die Fehler der einzelnen Messungen bekannt und unterschiedlich, nicht aber mitei-nander korreliert, kann aus $\mathbf{W}$ eine Diagonalmatrix gebildet werden, deren Elemente die Kehrwerte der Varianzen darstellen. Genauere Messungen, die eine kleinere Varianz aufweisen, werden so besser angepasst als weniger genaue.

Die Minimierung des Funktionals (6.99) lässt sich mit verschiedenen mathematischen Algorithmen durchführen, welche sich in die Gruppen der Gradientenverfahren, Gau-ß-Newton-Verfahren und Suchverfahren einteilen lassen. Eine wesentliche Schwierigkeit bei der indirekten Parameterbestimmung der ungesättigten hydraulischen Funktionen auf diese Weise besteht in der Tatsache, dass das inverse Problem in vielen Fällen mathema-tisch schlecht konditioniert ist. Das bedeutet, dass entweder die Lösung nicht stabil oder nicht eindeutig ist, oder dass gar keine Lösung existiert. Man erhält also physikalisch unsinnige Werte für die Parameter bzw. das Verfahren wird infolge mangelnder Konver-genz abgebrochen.

Von größerer Bedeutung ist für die praktische Durchführung und Auswertung derartiger Versuche die Frage nach der Identifizierbarkeit des inversen Problems. Diese hängt sowohl von den zugrunde liegenden Parametern als auch von den Messdaten selbst ab. Zwei Parameter sind z. B. gleichzeitig nicht identifizierbar, wenn verschiedene Kombination dieser Größen denselben Modeloutput nach sich ziehen. Ebenfalls nicht identifizierbar ist das Problem, wenn beide Parameter stark miteinander korreliert sind. Dies bedeutet nicht, dass das Modell nicht geeignet wäre, die Messdaten richtig zu reproduzieren, sondern es ist vielmehr ein Hinweis darauf, dass mit Hilfe der vorliegenden Daten nicht alle Parameter genau bestimmbar sind. Deshalb ist es von großer Wichtigkeit, wenn aus der mathematischen Analyse des Problems der Identifizierbarkeit konkrete Bedingungen für die Versuchsdurchführung abgeleitet werden können, um sicherzu-stellen, dass die Messdaten tatsächlich einen Einfluss auf alle gesuchten Parameter ausüben.

Unter der Annahme, dass keine Parametermessungen a priori möglich sind, ist die Wichtungsmatrix $\mathbf{V} = 0$ und der Einfachheit halber wird $\mathbf{W} = 1$ gesetzt. Entwickelt man nun das Funktional (6.99) als eine Taylorreihe, so entstehen die ersten und zweiten Ableitungen in der Form

$$\frac{\partial \mathbf{0}(\mathbf{a})}{\partial a_k} = g_k(\mathbf{a}) = \sum_{i=1}^{n} -\left[\mathbf{y}^* - \mathbf{y}(a) \cdot \left[\frac{\partial \mathbf{y}(a)}{\partial a_k}\right]\right], \quad k = 1, \ldots, p \qquad (6.101)$$

$$\frac{\partial^2 \mathbf{0}(\mathbf{a})}{\partial a_k \partial a_l} = h_{kl}(\mathbf{a}) = \sum_{i=1}^{n} \left\{ -[\mathbf{y}^* - \mathbf{y}(\mathbf{a})] \cdot \left[\frac{\partial^2 \mathbf{y}(\mathbf{a})}{\partial a_k \partial a_l}\right] + \left[\frac{\partial \mathbf{y}(\mathbf{a})}{\partial a_k}\right] \left[\frac{\partial \mathbf{y}(\mathbf{a})}{\partial a_l}\right] \right\},$$ (6.102)

$$k, l = 1, \ldots, p.$$

Während in (6.101) die ersten Ableitungen $\dfrac{\partial \mathbf{y}(\mathbf{a})}{\partial a_k}$ als Sensitivitätsmatrix $\mathbf{X}$ bezeichnet

werden, bilden die zweiten Ableitungen in (6.102) $\dfrac{\partial^2 \mathbf{y}(\mathbf{a})}{\partial a_k \partial a_l}$ sie so genannte Hessische

Matrix $\mathbf{H}$. Aufgrund der Nichtlinearität der Richards-Gleichung bzgl. der Parameter $\mathbf{a}$ muss die Minimierung des Funktionals (6.99) iterativ erfolgen. Mit einer vorzugebenden Anfangsschätzung $\mathbf{a}^0$ wird ein Algorithmus gestartet, der für jeden Iterationsschnitt i die Parameterkorrektor Δa dergestalt berechnet, dass

$$\mathbf{0}\big(\mathbf{a}^i + \Delta \mathbf{a}\big) \leq \mathbf{0}\big(\mathbf{a}^i\big).$$ (6.103)

Diese Iteration wird solange fortgeführt, bis z. B. die folgenden Konvergenzkriterien erfüllt sind,

$$\mathbf{0}\big(\mathbf{a}^{i+1}\big) - \mathbf{0}\big(\mathbf{a}^i\big) \leq \varepsilon_1, \quad \text{oder}$$
$$\Delta \mathbf{a}^i \leq \varepsilon_2,$$ (6.104)

wobei ε_1 und ε_2 vorzugehende kleine Zahlen sind.

Zur Bestimmung der Parameteränderungen $\Delta \mathbf{a}$ mit Hilfe eines Newton-Verfahrens wird zunächst das Residum $\mathbf{r}(\mathbf{a})$ (6.98) durch eine Taylorreihe bis zur zweiten Ableitung angenähert, s. Gl. (6.101) und (6.102). Durch Einsetzen dieser Näherung in das Funktional (6.98) und Umstellen nach $\Delta \mathbf{a}$ erhält man den Ausdruck

$$\Delta \mathbf{a} = -\big(\mathbf{X}^T \mathbf{X} + \mathbf{S}\big)^{-1} \mathbf{X}^T \mathbf{r}(\mathbf{a}).$$ (6.105)

Das volle Newton-Verfahren zeigt für lineare Probleme ein quadratisches Konvergenzverhalten. Eine mögliche Modifikation des obigen Schemas für nicht-lineare Probleme wäre das Gauß-Newton-Verfahren, und entsprechende Vergleiche zeigen, dass diese Annahme ausreichend ist, solange die Residuenvektoren klein genug sind, d. h. die Schätzungen dicht genug an der Lösung liegen. Trifft das nicht zu, so reagiert das Gauß-Newton-Verfahren mit schlechter oder fehlender Konvergenz. Das deshalb vielfach verwendete Levenberg-Marquardt-Schema stellt eine Art Interpolation zwischen dem Gauß-Newton-Verfahren und der Gradientenmethode dar. In ihm wird die Hessische Matrix $\mathbf{H}$ approximiert durch

$$H \cong X^T X + \lambda \ D^T D, \qquad\qquad (6.106)$$

wobei D eine Diagonalmatrix und λ eine positive skalare Größe sind. Die Elemente von D werden oft gleich der Norm der entsprechenden Spalten der Sensitivitätsmatrix gesetzt und ändern sich dadurch im Laufe der Iteration. D stellt somit eine Skalierungsmatrix dar, durch die die unterschiedlichen Größen der Ableitungen nach den einzelnen Parametern, die in X auftreten, berücksichtigt werden. Der Faktor λ dient der Steuerung des Verfahrens. Ist λ groß, so ergibt sich nach (6.106) ein Schritt in die Richtung der größten Steigung, ist λ dagegen klein, so beschreibt die Gleichung im Wesentlichen das Gauß-Newton-Schema. Mit Hilfe dieser Beeinflussung erweist sich das Levenberg-Marquardt-Schema als besonders flexibel, da es die Vorteile beider Verfahren ausnutzen kann (Press et al. 1989).

Das so konzipierte Verfahren ist robust und hat gute Konvergenzeigenschaften. Dennoch zeigt es sich, dass für Parameteridentifikationsprobleme bei ungesättigten Strömungs- und Transportprozessen aufgrund der Nichtlinearität der Gleichungen viele für lineare Aufgaben gezeigte Lösungseigenschaften nicht einfach übertragbar sind. Da z. B. zur Berechnung der Hessischen Matrix die Ableitungen numerisch ermittelt werden müssen, können sich Approximationsfehler aus der direkten Lösung auch auf das Optimierungsverfahren auswirken und zu mangelnder Konvergenz führen. Für eine stabile Optimierung mit dem Levenberg-Marquardt-Schema ist deshalb auch die Wahl der Startparameter a^0 von besonderer Bedeutung. Deshalb hat es sich als vorteilhaft erwiesen, diese Startwerte zunächst durch einfache Schätzverfahren zu ermitteln, um dann die eigentliche Parameteroptimierung auf die oben beschriebene Weise durchzuführen (Nützmann et al. 1998).

6.6 Modellketten für die hydrologische Klimafolgenforschung

Die Frage nach der zukünftigen Entwicklung des Wasserhaushalts in einem Flussgebiet hängt in vielfältiger Weise direkt oder indirekt vom Klima und damit auch von dem erwarteten, zum Teil durch menschliche Aktivitäten verursachten Klimawandel ab (IPCC 2007). Die Veränderung des Wasserhaushalts in einem Einzugsgebiet hat zwei Aspekte: Einerseits muss die beobachtete Entwicklung in der Vergangenheit analysiert werden, andererseits sind mögliche Szenarien einer zukünftigen Entwicklung mit Hilfe von geeigneten Simulationsverfahren in die Zukunft zu projizieren.

Der erste Ansatz ist verhältnismäßig einfach. Auf der Basis der statistischen Analyse der gemessenen historischen Zeitreihen wird das zukünftige Geschehen unter verschiedenen idealisierenden Annahmen (z. B. Annahme der Stationarität der statistischen Eigenschaften der verwendeten Zeitreihen, Annahme der Fortsetzung eines beobachteten Trends etc.) extrapoliert. Bei stärkeren Änderungen der Randbedingungen (Klima, Demographie, Landnutzung etc.) muß dieser Ansatz erweitert werden. Dies geschieht mit Hilfe einer Kette von Szenarioannahmen und aufeinander aufbauender, vergleichsweise komplexer Simulationsmodelle. Auf diese Weise können regional differenzierte Aussagen abgeleitet werden.

Die wichtige hydrologische Größe hierbei ist der Abfluss bzw. der Wasserstand. Ebenso werden flussmorphologische Prozesse beeinflusst, die sich über eine Veränderung der Flusssohle wiederum auf den Wasserstand auswirken können. Die hydrometerologischen Größen Niederschlag und potentielle Verdunstung sowie die bodennahe Lufttemperatur steuern wesentlich die Abflussdynamik. Letztere bestimmt den Aggregatszustand des Niederschlages (fest, flüssig) sowie den Auf- und Abbau der Schneedecke. Zudem beeinflusst die Temperatur den Aggregatszustand des Bodenwassers der obersten Bodenschichten (flüssig, gefroren), was Rückwirkungen auf die Abflussbildung über die Höhe des s. g. Direktabflusses oder der Füllung des Bodenwasserspeichers nach sich zieht. Damit werden sowohl das Hochwasser- als auch das Niedrigwassergeschehen beeinflusst. Schließlich kontrolliert die Lufttemperatur die Bildung und den Abbau von Treibeis und geschlossenen Eisdecken auf den Seen, und den frei fließenden und stauregelten Flüssen.

Die Kenntnis der genannten Klimavariablen in Form von vieljährigen klimatischen Mittelwerten, Extremwertstatistiken sowie als Zeitreihen beobachteter Werte und Mehrtagesvorhersagen stellt in Verbindung mit der hydrologischen Modellierung für viele wasserwirtschaftliche Planungen und Entscheidungsprozesse die wichtigste Grundlage dar. Für mittel- und langfristige Planungen wurde dabei bisher davon ausgegangen, dass die aus den Beobachtungsreihen abgeleiteten Statistiken auch für die Zukunft, d. h. zumindest für die nächsten zehn bis fünfzig Jahre gelten.

Die moderne Klimafolgenforschung hat es ermöglicht, menschliche Ursachen für Klimaänderungen auszumachen und denkbare Änderungen wichtiger Klimakenngrößen in Form von Zukunftsprojektionen und -szenarien zu entwerfen. Nach dem lange der

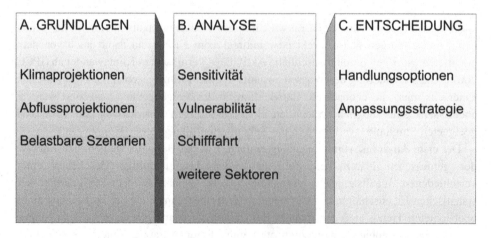

Abb. 6.7 Schema der „Drei Säulen der Entscheidungsfindung" zu einer Anpassungsstrategie

Klimaschutz, d. h. der Schutz des Klimas „vor dem Menschen", im Vordergrund stand, wird die Anpassungsfrage immer dringlicher d. h. Schutz des Menschen vor den Auswirkungen eines möglichen Klimawandels. Dabei gilt es sowohl die Risikolage durch unwünschbare Klimawirkungen als auch die Verhältnismäßigkeit vorgeschlagener Maßnahmen oder von noch zu entwickelnden Strategien zu untersuchen. Beispielhaft für die Klimafolgenforschung zur Anpassung sei hier das Forschungsprogramm KLIWAS des BMVI genannt (BfG 2015). Der Gegenstand des KLIWAS Forschungsprogramms „Auswirkungen des Klimawandels auf Wasserstraßen und Schifffahrt in Deutschland" war die zukünftige Wasserführung der großen Flüsse in Mitteleuropa. Neben einer einheitlichen Vorgehensweise bei der Erstellung der Projektionen für die verschiedenen Stromgebiete müssen auch die Unsicherheiten der verschiedenen zur Berechnung derartiger Projektionen erforderlichen Modelle und Verfahren bestimmt werden.

In Anlehnung an die Terminologie des IPCC (2007) wird der Begriff Projektion in dem Sinne verwendet, dass es sich hierbei zunächst noch um unbewertete Modellergebnisse, d. h. aus Modellen und Modellketten abgeleitete Werte des zukünftigen Klima- und Abflussverlaufes handelt.

Dagegen stellt ein Szenario eine kohärente in sich konsistente und plausible Beschreibung, eines möglichen zukünftigen Zustandes dar. Es ist demnach keine Vorhersage, sondern jedes Szenario ist ein alternatives Bild, wie sich die Zukunft gestalten könnte. Parry (2000) beschreibt die Szenariotechnik als ein Hilfsmittel im Dialog zwischen Wissenschaft und Entscheidungsträger, die dazu dient, die mehr bekannten Aspekte und die weniger bekannten Aspekte in eine Serie von Zukunftsbildern zu organisieren. Der Zweck von Szenarien ist es also nicht die Zukunft vorauszusagen, sondern eine Bandbreite möglicher zukünftiger Entwicklungen aufzuzeigen.

Globale Emissionsszenarien und Klimaprojektionen
Aussagen über die zukünftige Klimaentwicklung setzen zunächst Annahmen über die zukünftige Entwicklung der Emission der s. g. Treibhausgase voraus. Da diese zum Teil durch das zukünftige menschlichen Handeln bestimmt sein werden, gleichwohl die sozioökonomische, demographische und technologische Entwicklung der Gesellschaft sich jedoch einer Vorhersage oder Prognose entzieht müssen Szenarien für die zukünftige Entwicklung der Treibhausgasemissionen auf Basis abgestimmter Annahmen zukünftig möglich erscheinender Entwicklungspfade festgelegt werden. Als Beispiel können die SRES Szenarien (Nakicenovicz et al. 2000) angeführt werden. Da die Klimasimulationen sehr aufwändig sind hat man sich für den vierten IPCC Report (IPCC 2007) schließlich auf die drei „Marker"-Szenarien B1 („moderat"), A1B (mittel) und A2 („extrem") beschränkt (IPCC 2007). Diese wurden weltweit von allen Forschungsgruppen als Eingangsgröße in die komplexen globalen Klimamodelle verwendet. Für regionale Klimastudien erfolgt häufig aus pragmatischen Gründen eine weitere Beschränkung, wobei man sich oft auf das „mittlere" A1B Szenario beschränkte.

Bei der Auswertung werden aus Gründen der Vergleichbarkeit oft die Mittelwerte der Zeitperioden 1971 bis 2000 (Referenzklima, Ist-Klima) und die Szenariohorizonte 2021 bis 2050 sowie 2071 bis 2100 betrachtet. In einigen Veröffentlichungen werden jedoch auch andere Zeiträume für das Referenzklima sowie die 20iger 50iger und 80iger Jahre des 21. Jahrhunderts betrachtet, wobei die Zuordnung der Mittelungszeiträume verschieden sein kann.

Regionale Projektionen

Für die regionalen Projektionen wird eine Kette von aufeinander aufbauenden Simulationsmodellen

– globale Klimamodelle (GCMs)
– regionale Klimamodelle (RCMs)
– Modelle des Wasserhaushalts, des Niederschlag-Abflussgeschehens
– Modelle des Wellenablauf
– Modelle des Sedimenttransports, der Güte und der ökologischen Systeme) erstellt.

Der Aufbau der Modellketten ist auch notwendig, weil die Auflösung der globalen Klimamodelle nur räumlich grob aufgelöste Werte für Temperatur und Niederschlag liefert. Damit sind selbst für die großen Flusseinzugsgebiete keine differenzierten Aussagen zu treffen. Auf jeder Stufe der Modellkette gibt es mehrere bis zu einer Vielzahl von Modellen, die teilweise sehr unterschiedliche Projektionen hervorbringen. Beim Durchlaufen der Modellkette ergibt sich damit eine Auffächerung von Unsicherheiten, die in Abb. 6.8 schematisch dargestellt sind.

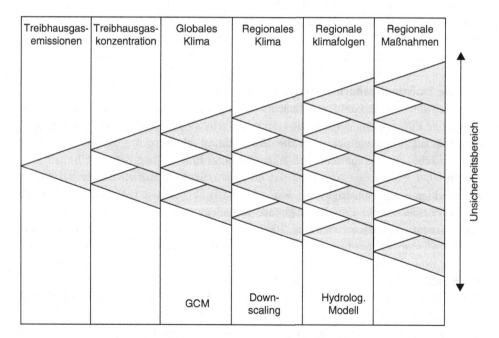

Abb. 6.8 Unsicherheiten bei der Modellierung regionaler Klimafolgen (nach Viner 2002)

Die Abschätzung der Klima- und der Abflussprojektionen hat somit einen inne wohnenden Unsicherheitsbereich. Zur Eingrenzung dieses Unsicherheitsbereichs werden Klimamodellläufe mit verschiedenen Modellen und/oder mit einem Modell zu verschiedenen, aber als gleichwahrscheinlich anzusehenden realistischen Annahmen zu berechnen. Die Modellergebnisse liegen dann in Form eines oder mehrerer so genannter Ensembles vor. Bei geeigneter Auswertung lassen sich auf diese Weise Bandbreiten für eine zukünftige Entwicklung erzielen (Maurer et al. 2011). Das Ergebnis eines derartigen Szenarios ist dann nicht mehr ein Zahlenwert sondern eine Spanne der prozentualen Abweichung z. B. des vieljährigen Mittelwertes des Abflusses bezogen auf einen Referenzzeitraum. Es ist zu betonen, daß das Ergebnis einer einzelnen Modellkette oder gar eines einzelnen Modellbausteins für sich genommen keine Aussagekraft für eine zukünftige Entwicklung besitzt.

Literatur

Abdou H.M. and M. Flury (2004): Simulation of water flow and solute transport in free-drainage lysimeters and field soils with heterogeneous structures. European Journal of Soil Sciences 55 (2), 229–241.

Abesser C., Wagener Th. and G. Nützmann (Eds.) (2008): Groundwater-Surface Water Interaction – Process Understanding, Conceptualization and Modelling. IAHS Publ. 321, Wallingford, UK, 214 pp.

Abesser C., Nützmann G., Bloeschl G. and E. Laksmanan (Eds.) (2011): Conceptual and Modeling Studies of Integrated Groundwater, Surface Water and Ecological Systems. IAHS Publication 345, IAHS Press Wallingford UK, 274 pp.

Abriola L. (1984): Multiphase migration of organic compounds in a porous medium. Lecture Notes in Engineering, Nr. 8, Springer Verlag Heidelberg, 232 S.

Adler M. und Kleeberg H. B. (2005): Akustische Doppler Geräte (ADCPs) in der Hydrometrie: Möglichkeiten und Perspektiven einer innovativen Technik. Beiträge zum Seminar am 28. und 29. September 2005 in Koblenz

Adler M. (2014): Der Einsatz von ADCP-Messtechnik im gewässerkundlichen Routinemessdienst, DWA Hennef

Anderson M.G. and W.W. Woessner (1992): Applied Groundwater Modelling. Academic Press.

Anderson M. P. 2005. Heat as a ground water tracer. Ground Water 43 (6), 951–968.

Bachmair S., Weiler M. and G. Nützmann (2009): Controls of land use and soil structure on water movement: lessons for pollutant transfer through the unsaturated zone. Journal of Hydrology 369: 241–252.

Barjenbruch U. (2001): Untersuchung "innovativer" Sensorik zur gewässerkundlichen Erfassung von Wasserständen oberirdischer Gewässer. BfG-1276, Koblenz

Barlow J.R.B. and R.H. Coupe (2009): Use of heat to estimate streambed fluxes during extreme hydrologic events. Water Resources Research Vol. 45, W01403, doi:10.1029/2007WR006121.

Baumgartner A. und H.-J- Liebscher (1990): Allgemeine Hydrologie – Quantitative Hydrologie. In: Lehrbuch der Hydrologie Bd. 1. Gebr. Borntraeger Berlin Stuttgart, 673 S.

Bear J. (1972): Dynamics of fluids in porous media. Elsevier, New York.

Bear J. (1979): Hydraulics of groundwater. McGraw Hill, New York.

Bear J. and A. Verruijt (1987): Modeling groundwater flow and pollution. Kluwer, Dordrecht.

Bear J. (1993): Modelling of flow and contaminants in the subsoil with emphasis on the unsaturated soil. IHE/igwmc short course, 28.6.-2.7.93, Delft.

Becker A. und P. Serban (1990): Hydrological models for water resources system design and operation. WMO Operational Hydrological Report No. 34, WMO No. 740, Genf, 80 S.

© Springer Fachmedien Wiesbaden 2016
G. Nützmann, H. Moser, *Elemente einer analytischen Hydrologie*,
DOI 10.1007/978-3-658-00311-1

Bencala K.E. (2000): Hyporheic zone hydrological processes. Hydrological Processes 14, 2797–2798.

Belz et al. (2014): Das Hochwasserextrem des Jahres 2013 in Deutschland: Dokumentation und Analyse. BfG Mitteilung Nr. 31, Koblenz, ISBN 978-3-940247-11-7

Berger F. (1955): Die Dichte natürlicher Wässer und die Konzentrationsstabilität in Seen. Arch. Hydrobiol. Suppl., 22, p. 286–294.

Beven K.J. and P. Germann (1982): Macropores and water flow in soils. Water Resources Research 18: 1311–1325.

Beyer W. (1964): Zur Bestimmung der Wasserdurchlässigkeit von Kiesen und Sanden aus der Kornverteilungskurve. Wasserwirtschaft-Wassertechnik, 14, 165–168.

BfG (2015): KLIWAS Auswirkungen des Klimawandels auf Wasserstraßen und Schifffahrt -Entwicklung von Anpassungsoptionen. Synthesebericht für Entscheidungsträger. KLIWAS-57/2015. DOI: 10.5675/KLIWAS_57/2015_Synthese

BMU (Hrsg.) (2001): Hydrologischer Atlas von Deutschland. BfG Koblenz

Bierkens M. F. P., Dolman, A. J. and P. A. Troch (eds.) (2008): Climate and the hydrological cycle. IAHS Press, Wallingford, 343 pp.

Biswas A. K. (1970): History of Hydrology. North-Holland Publishing Company Amsterdam – London, 336 S.

Blöschl G., Sivapalan M., Wagener Th., Viglione A., Savenije H. (2013): Runoff prediction in ungauged basins. Cambridge University Press.

Boehrer B. and M. Schultze (2008): Stratification of lakes. Reviews of Geophysics, RG2005, 1–27.

Boersma L. (1965): Field measurement of hydraulic conductivity below a water table. In: C.A. Black (Ed.) Methods of soil analysis, Part I. American Society of Agronomy, 222–233.

Bohne K. (2005): An Introduction into Soil Hydrology. Catena Verlag Reiskirchen, 231 S.

Bork H.-R., Bork H., Dalchow C., Piorr H.-P., Schatz T. and A. Schröder (1998): Landschaftsentwicklung in Mitteleuropa. Verlag Klett-Perthes, Gotha, 328 pp.

Boulton A.J. (2007): Hyporheic rehabilitation in rivers: restoring vertical connectivity. Freshwater Biology 52, 632–650.

Boussinesq J. (1877): Essai sur la théorie des eaux courantes. Mém. Acad. Sci. Inst. France, 23 (1) 252–260.

Bouwer H. and R.D. Jackson (1973): Determining soil properties. In: J. van Schilfgaarde (Ed.) Drainage for Agriculture, American Society of Agronomy, 611–762.

Breil P., Grimm N.B. and P. Vervier (2007): Surface water – Groundwater exchange processes and fluvial ecosystem function – an analysis of temporal and spatial scale dependency. In: Wood, P. J., Hannah, D.M. and J.P. Sadler (Eds.) Hydroecology and Ecohydrology: Past, Present and Future. Wiley, 93–111.

Briggs M.A., Gooseff M.N., Arp C.D. and M.A. Baker (2009): A method for estimating surface transient storage parameters for streams with concurrent hyporheic storage. Water Resources Research, 45, W00D27, doi:10.1029/2008WR006959.

Brooks R.H. and A.T Corey (1963): Hydraulic properties of porous media and their relationship to drainage design. American Society of Agricultural Engineering, paper no. 63, 214 pp.

Bruggeman G.A. (1999): Analytical solutions of geohydrological problems. Elsevier, Amsterdam, 959 pp.

Brunke M. and T. Gonser (1997): The ecological significance of exchange processes between rivers and ground water. Freshwater Biology 37: 1–33.

Brusseau M.L. (1991): Cooperative sorption of organic chemicals in systems composed of low organic carbon aquifer material. Environmental Science and Technology 25(10), 1747–1752.

Brutsaert W. (2005): Hydrology – an introduction. Cambridge University Press, New York, 598pp.

Buffington J.M. and D. Tonina (2009): Hyporheic exchange in Mountain Rivers II: effects of channel morphology on mechanics, scales, and rates of exchange. Geography Compass 3 doi:10.1111/j.1749-8198.2009.00225.

Burkert U., Ginzel G., Babenzien H.D. and R. Koschel (2004): The hydrogeology of a catchment area and an artificially divided dystrophic lake – consequences of limnology of Lake Fuchskuhle. Biogeochemistry 71, 225–246.

Busch K.-F. und L. Luckner (1972): Geohydraulik. Dtsch. Verlag f. Grundstoffindustrie, Leipzig.

Cardenas M.B., Wilson J.L. and V.A. Zlotnik (2004): Impact of heterogeneity, bed forms and stream curvature on subchannel hyporheic exchange. Water Resources Research 40, W08307, doi:10.1029/2004WR003008.

Cardenas M.B. and J.L. Wilson (2007): Dunes, turbulent eddies, and interfacial exchange with permeable sediments. Water Resources Research 43, W08412, doi:10.1029/2006WR005787.

Carslaw H.S. and J.C. Jaeger (1959): Conduction of heat in solids. Oxford and Clarendon Press, London.

Chiang W.-H., Kinzelbach, W., Rausch, R. (1998): Aquifer Simulation Model for Windows, with CD-ROM, ISBN: 3443010393, Borntraeger, Berlin Stuttgart.

Chiang W.-H. (2005): 3D-Groundwater Modeling with PMWIN – A Simulation System for Modelling Groundwater Flow and Transport Processes.- 2nd ed., Springer, Heidelberg, 398 S.

CHR-KHR (1978): Le bassin du Rhin. Monographie Hydrologique. Den Haag ISBN 90-12017-75-0

CHR-KHR (1993): Der Rhein unter der Einwirkung des Menschen: Ausbau, Schiffahrt, Wasserwirtschaft, Bericht Nr. I-11, Lelystad, ISBN 90-70980-17-7

CHR-KHR (2009): Erosion, Transport and Deposition of Sediment – Case Study Rhine, Report no II-20, Lelystad, ISBN 978-90-70980-34-4

Conant B., Cherry J.A. and R.W. Gilham (2004): A PCE groundwater plume discharging to a river: influence of streambed and near-river zone on contaminant distributions. Journal of Contaminant Hydrology 73, 249–279.

Council of the European Community (CEC) (2000): Directive 200/60/EC of the European Parliament and of the Council of 23 October2000 establishing a framework for Community action in the field of water policy. Official Journal of the European Communities, L327/1.

Dagan G. (1989): Flow and transport in porous formations. Springer, Heidelberg, 465 pp.

Dassargues A. (ed.) (2000): Tracers and modelling in hydrogeology. IAHS Publication no. 262, IAHS press, Wallingford, 571 pp.

Davis R. B. (1882): On the classification of lake basins. Proc. Boston. Soc. Nat. Hist. 21:315–381.

Diersch H.-J., Nützmann G. und H. Scholz (1983): Modellierung und numerische Simulation geohydrodynamischer Transportprozesse: 1. Theorie. Technische Mechanik, 5, 44–58.

Diersch H.-J.G. (1998): Reference Manual FEFLOW – Interactive Graphics-based Finite Element Simulation System for Subsurface Flow and Transport Processes, v. 4.9, URL: http://www.wasy.de. Berlin, WASY GmbH, 293 S.

DIN (Deutsches Institut für Normung e.V.) (1992): Hydrologie, Nr. 4049, Teil 1 – Grundbegriffe.

DIN (Deutsches Institut für Normung e.V.) (1994): Hydrologie, Nr. 4049, Teil 3 – Begriffe zur quantitativen Hydrologie.

DIN (Deutsches Institut für Normung e.V.) (1996): Wasserwesen, Nr. 211, Begriffe, Normen, Beuth-Verlag, Berlin.

Dingman S.L. (2008): Physical Hydrology, Second Edition (reissued), Waveland Press Inc. 646 pp.

Dirksen C. (1999): Soil physics measurements. Catena Verlag, Reiskirchen, 154 pp.

DKKV (Hrsg. 2015): Das Hochwasser im Juni 2013: Bewährungsprobe für das Hochwasserrisikomanagement in Deutschland. DKKV-Schriftenreihe Nr. 53, Bonn

Doherty J. (2005): PEST—Model-Independent Parameter Estimation. User Manual. 5th ed., Watermark Numerical Computing. www.sspa.com (accessed January 11, 2006).

Dokulil M., Hamm A. und J.-G. Kohl (Hg.) (2001): Ökologie und Schutz von Seen. UTB für Wissenschaft, Facultas, Wien, 499 S.

Domenico P.A. and Schwartz F.W. (1990): Physical and Chemical Hydrogeology. John Wiley & Sons, New York. 824 pp.

Dooge, J.C.I. (1973): Linear Theory of Hydrologic Systems. Agricultural Research Service, Techn. Bulletin Nr. 1468, U.S. Department of Agriculture.

Dooge J.C.I. (2004): Background to modern hydrology. The Basis of Civilization – Water Science? IAHS 286, 3–12.

Driescher E. (2003): Veränderungen an Gewässern Brandenburgs in historischer Zeit. – Landesumweltamt Brandenburg (Hg.) Studien und Tagungsberichte 47, 144 S.

Dyck S. (1976): Angewandte Hydrologie. Verlag für Bauwesen, Stuttgart, Berlin.

Dyck S. und G. Peschke (1995): Grundlagen der Hydrologie. Verlag für Bauwesen Berlin, 388 S.

DVWK (1996): Ermittlung der Verdunstung von Land- und Wasserflächen, Merkblätter zur Wasserwirtschaft Nr. 238.

DWA (2013): Wechselwirkungen zwischen Grund- und Oberflächengewässern, Themenheft T2 / 2013, 157 S.

Elliott C.R.N., Dunbar M. J., Gowing I. and M.C. Acreman (1999): A habitat assessment approach to the management of groundwater dominated rivers. Hydrological Processes 13, 459–475.

Ellis J.B. (1999): Impacts of Urban Growth on Surface Water and Groundwater Quality. International Association of Hydrological Sciences, Wallingford, Oxfordshire, pp. 1–437.

Endlicher W., Jendritzky G., Fischer J. and J. Redlich (2006): Heat Waves, Urban Climate and Human Health. In: Wang W., Krafft T., Kraas F. (Eds.): Global Change, Urbanization and Health, pp. 103–114, Beijing, China Meteorological Press.

Feddes R.A., Kowalik P.J. and H. Zaradny (1978): Simulation of field water use and crop yield. Simulation Monogr., Pudoc, 189 pp.

Feddes R.A., Hoff H., Bruen M., Dawson T., de Rosnay P., Dirmeyer P., Jackson R.B., Kabat P., Kleidon A., Lilly A. and A.J. Pitman (2001): Modelling root water uptake in hydrological and climate models. Bulletin of the American Meteorological Society 82(12), 2797–2809.

Feddes R.A., de Rooij G.H., van Dam J.C., Kabat P., Droogers P. and J.N.M. Stricker (1993): Estimation of regional effective soil hydraulic parameters by inverse modeling. In: Russo, D and G. Dagan (Eds.). Water flow and solute transport in soils. Adv. Series in Agricult. Sci, Vol. 20, Springer-Verlag, 306pp.

Ferziger J.M. and M. Peric (1996): Computational Methods for Fluid Dynamics, Springer, Heidelberg.

Findlay S. (1995): Importance of surface-subsurface exchange in stream ecosystems: The hyporheic zone. Limnology and Oceanography 40(1), 159–164.

Fleckenstein J.H., Neumann C., Volze N. and Beer, J. (2009): Raumzeitmuster des See-Grundwasser-Austausches in einem sauren Tagebaurestsee, Grundwasser, 14(3), 207–217.

Flühler H., Durner W. and M. Flury (1996): Lateral solute mixing processes – A key for understanding field-scale transport of water and solutes. Geoderma, 70: 165–183.

Forel D. A. (1901): Handbuch der Seenkunde, Engelhorn, Stuttgart.

Fowler A. (2011): Mathematical Geoscience, Springer, London, 883 pp.

Freeze R.A. and J.A. Cherry (1979): Groundwater. Prentice Hall, Englewood-Cliffs, 604 pp.

Fritz B. (2002): Untersuchungen zur Uferfiltration unter verschiedenen wasserwirtschaftlichen, hydrogeologischen und hydraulischen Bedingungen. Dissertation, Freie Universität Berlin, Berlin, 203 pp.

Garbrecht G. (1985): Wasser: Vorrat, Bedarf und Nutzung in Geschichte und Gegenwart. Rowohlt, Hamburg, 279 S.

Gavich I.K., A.A. Lucheva and S.M. Semionova-Erofeeva (1985): Sbornik zadach po obscej gidro-geologii, Moscow, Nedra.

Gelbrecht J. (Ed.) (1996): Stoffeinträge in Oberflächengewässer und Stoffumsetzungsprozesse in Fließgewässern im Einzugsgebiet der Unteren Spree als Grundlage für Sanierungskonzepte. IGB-Berichte Heft 2, 148 S.

Geller W. et al. (Hrsgb.) (1998): Gewässerschutz im Einzugsgebiet der Elbe. B. G. Teubner Stuttgart, Leipzig. 440 S.

Genuchten M. Th. van (1978): Mass transport in saturated-unsaturated media: one-dimensional solutions. Rep. 78-WR-11, Water Res. Progr., Dept. Civil Eng., Princeton Univ., 118 pp.

Germer S., Kaiser K., Mauersberger R., Stüve P., Timmermann T., Ben, O. und R. F. Hüttl (2010): Sinkende Seespiegel in Nordostdeutschland: Vielzahl hydrologischer Spezialfälle oder Gruppen von ähnlichen Seesystemen? In: Kaiser, K. et al. (Hg.) Aktuelle Probleme im Wasserhaushalt von Nordostdeutschland. Scientific Technical Report 10/10, GeoForschungsZentrum Potsdam, 40–48.

Germer S., Kaiser K., Bens O. and R. Hüttl (2011): Water balance changes and responses of ecosystems and society in the Berlin-Brandenburg region/Germany – a review. Die Erde 142 (1/2), im Druck.

Gerten D., Lucht W., Schaphoff S., Cramer W., Hickler T. and Wagner, W. (2005): Hydrologic resilience of the terrestrial biosphere. Geophysical Research Letters, 32, L21408.

Ginzel G. (1999): Hydrogeologische Untersuchungen im Einzugsgebiet des Stechlin und Nehmitzsees. Berichte des IGB, Heft 8.

Gollnitz W.D. (2002): Infiltration rate variability and research needs. In: Ray C., Melin G. and R.B. Linsky (Eds.) (2002): Riverbank filtration – improving source-water quality. Kluwer Academic Publ. Dordrecht, Netherlands, 281–290.

Gunduz O. and M.M. Aral (2005): River networks and groundwater flow: a simultaneous solution of a coupled system. Journal of Hydrology 301, 216–234.

Grabs G. und H. Moser (2015): Translating policies into actions: the case of the Elbe River. Water Policy 17 (2015) 114–132, doi: 10.2166/wp.2015.006, IWA Publishing London

Green W.H. and G.A. Ampt (1911): Studies on soil physics: 1. Flow of air and water through soils. Journal Agric. Science 4: 1–24.

Grüneberg B., Ostendorp W., Leßmann D., Wauer G. und B. Nixdorf (2009): Restaurierung von Seen und Renaturierung von Seeufern. In: Zerbe, S. und G. Wiegleb (Hg.) Renaturierung von Ökosystemen in Mitteleuropa. Spektrum Akademischer Verlag, 125–151.

Häfner F., Sames D. und H.-D. Voigt (1992): Wärme- und Stofftransport – Mathematische Methoden. Springer Verlag, Berlin – Heidelberg – New York. 626 S.

Hamm A. (2001): Belastung von Seen In: Dokulil, M., Hamm, A. und J.-G. Kohl (Hg.) Ökologie und Schutz von Seen. UTB für Wissenschaft, Facultas, Wien, 229–250.

Harbaugh A.W., Banta E.R., Hill M.C. and M.G. McDonald (2000): MODFLOW-2000, The U.S. Geological Survey modular ground-water model. User guide to modularization concepts and the groundwater flow process. U. S. Geological Survey. Open-file report 00–92. 121 pp.

Harding M. (1993): Redgrave and Lopham Fens, East Anglia, England – a case study of change in flora and fauna due to groundwater abstraction. Biological Conservation 66: 35–45.

Hartge K. H. und R. Horn (1992): Die physikalische Untersuchung von Böden, Enke Verlag, Stuttgart.

Harvey J.W. and B.J. Wagner (2000): Quantifying hydrologic interactions between streams and their subsurface hyporheic zones. In: Jones, B.J. and P.J. Mulholland (Eds.): Streams and Ground Waters. Academic Press, San Diego, 3–44.

Hasch B. und B. Jessel (2004): Umsetzung der Wasserrahmenrichtlinie in Flussauen. Naturschutz und Landschaftsplanung 36 (8), 229–236.

Hassanizadeh S.M. and W.G. Gray (1979a): General conservation aquations for multiphase systems: 1. Averaging procedure. Adv. Water Resour. 2, 131–144.

Hassanizadeh S.M. and W.G. Gray (1979b): General conservation equations for multiphase systems: 2. Mass, Momenta, Energy and Entropy Equations. Adv. Water Resour. 2, 191–203

Hayashi M. and D.O. Rosenberry (2002): Effects of groundwater exchange on the hydrology and ecology of surface water. Ground Water 40(3):309–316.

Heath R. C. (1988): Einführung in die Grundwasserhydrologie. R. Oldenbourg Verlag München Wien, 164 S.

Hellmann H. (1999): Qualitative Hydrologie. – In: Lehrbuch der Hydrologie Bd. 2. Gebr.

Helmig R. (1997): Multiphase flow and transport processes in the subsurface: a contribution to the modelling of hydrosystems. Springer, Heidelberg, 367 S.

Hendriks M. R. (2010): Introduction into Physical Hydrology. Oxford University Press, 331 pp.

Herrmann R. (1977): Einführung in die Hydrologie. B. G. Teubner Stuttgart, 151 S.

Herzig A. und M. Dokulil (2001): Neusiedler See – ein Steppensee in Europa. In: Dokulil, M., Hamm, A. und J.-G. Kohl (Hg.) Ökologie und Schutz von Seen. UTB für Wissenschaft, Facultas, Wien, 401–415.

Hester E.T. and M.W. Doyle (2008): In-stream geomorphic structures as drivers of hyporheic exchange. Water Resources Research 44, W03417, doi:10.1029/2006WR005810.

Hester E.T. and M.N. Gooseff (2010): Moving beyond the banks: hyporheic restoration is fundamental to restoring ecological services and functions of streams. Environmental Sciences and Technology, 44, 1521–1525.

Hill M.C. (1998): Methods and guidelines for effective model calibration. USGS Water-Resources Investigations Report 98–4005. Reston, Virginia: USGS.

Hiscock K.M. and T. Grischek (2002): Attenuation of groundwater pollution by bank filtration. Journal of Hydrology, 266, 139–144.

Hölting B. (1996): Hydrogeologie: Einführung in die allgemeine und angewandte Hydrogeologie. – 5. Aufl., Enke, Stuttgart Borntraeger, Berlin-Stuttgart.

Holzbecher E. (2001): The dynamics of subsurface water divides – watersheds of Lake Stechlin and neighbouring lakes. Hydrological Processes 15, 2297–2304.

Hornberger G. J., Raffensberger J. P., Wiberg P. L. and K. N. Eshleman (1998): Elements of Physical Hydrology, The Johns Hopkins Press, London, 302 pp.

Hötzel H. and A. Werner (Eds.) (1992): Tracer Hydrology. Balkema, Rotterdam, 464 pp.

Hüttel M., Røy H., Precht E. and S. Ehrenhauss (2003): Hydrodynamical impact on biogeochemical processes in aquatic sediments. Hydrobiologia 494: 231–236.

Hupfer M. (2001): Seesedimente In: Dokulil, M., Hamm, A. und J.-G. Kohl (Hg.) Ökologie und Schutz von Seen. UTB für Wissenschaft, Facultas, Wien, 206–226.

Hupfer M. und A. Kleeberg (2005): Zustand und Belastung limnischer Ökosysteme – Warnsignale einer sich verändernden Umwelt? In: Lozán, J. L. et al., Warnsignal Klima: Genug Wasser für alle? Wissenschaftliche Fakten, Hamburg, 115–121.

Hupfer M. und B. Nixdorf (2011): Zustand und Entwicklung von Seen in Berlin und Brandenburg. Berlin-Brandenburgische Akademie der Wissenschaften, Interdisziplinäre Arbeitsgruppe Globale Wandel – regionale Entwicklung, 59 S.

Hutchinson G. E. (1957): A Treatise on Limnology. Volume 1: Geography, Physics and Chemistry. John Wiley & Sons, London. 1015 pp.

Hutter K. (1993): Waves and oscillations in the ocean and in lakes. In: Hutter, K. (ed.), Continuum mechanics in environmental sciences and geophysics. Springer Verlag, Wien, 79–240.

Huwe B. (1992): Deterministische und stochastische Ansätze zur Modellierung des Stickstoffhaushalts landwirtschaftlich genutzter Flächen auf unterschiedlichem Skalenniveau. Mitt. Inst. f. Wasserbau, Universität Stuttgart, Heft 77, 385 pp.

Huyakorn P.S. and G.F. Pinder (1983): Computational Methods in Subsurface Flow. Academic Press, Orlando, 473 pp.

Hynes H.B.N. (1974): Further studies on the distribution of stream animals within the substratum. Limnology and Oceanography 21:912–914.

IKSE (2014): Sedimentmanagementkonzept der Internationalen Kommission zum Schutz der Elbe. IKSE Magdeburg

Imberger J. and P. F. Hamblin (1982): Dynamics of lakes, reservoirs, and cooling ponds. Ann. Rev. Fluid. Mech. 14: 153–187.

Ingebritsen S.E., Sanford W.E. and Neuzil, C.E. (2006): Groundwater in Geologic Processes. Cambridge University Press, New York. 536 pp.

IPCC (2007): Zusammenfassung für politische Entscheidungsträger. In: Klimaänderung 2007: Wissenschaftliche Grundlagen, Beitrag der Arbeitsgruppe I zum Vierten Sachstandsbericht des Zwischenstaatlichen Ausschusses für Klimaänderung (IPCC), Solomon, S., D. Qin, M. Manning, Z. Chen, M. Marquis, K.B. Averyt, M.Tignor und H.L. Miller, Eds., Cambridge University Press, Cambridge, United Kingdom und New York, NY, USA. Deutsche Übersetzung durch ProClim-, österreichisches Umweltbundesamt, deutsche IPCC-Koordinationsstelle, Bern/Wien/Berlin.

Istok J. (1989): Groundwater modelling by the Finite Element Method. AGU Water Res. Mon. 13, 282 pp.

Jahn D. (1998): Das Gewässersystem von Spree, Dahme und Havel. In: Senatsverwaltung für Stadtentwicklung, Umweltschutz und Technologie, Dokumentation zum Symposium zur Nach- haltigkeit im Wasserwesen in der Mitte Europas, Berlin, 17.-19.06.1998, 31–36.

Jackson B.M., Browne C.A., Butler A.P., Peach D., Wade A.J. and H.S. Wheater (2008): Nitrate transport in Chalk catchments: monitoring, modelling and policy implications. Environmental Sciences and Policy 11, 125–135.

Jöhnk K. (2001): 1-D hydrodynamische Prozesse in der Limnophysik. Turbulenz, Meromixis, Sauerstoff. Habilitationsschrift, Limnophysics Report 1, University of Amsterdam, 235 pp.

Jones B.J. and P.J. Mulholland (Eds.) (2000): Streams and Ground Waters. Academic Press, San Diego, 425 pp.

Juschus O. und H. Albert (2010): Sinkende See- und Grundwasserstände im Naturschutzgebiet „Luchseemoor" (Spreewald, Brandenburg). In: Kaiser, K. et al. (Hg.) Aktuelle Probleme im Wasserhaushalt von Nordostdeutschland. Scientific Technical Report 10/10, GeoForschungs- Zentrum Potsdam, 86–92.

Käss W. (1992): Geohydrologische Markierungstechniken. – In: Lehrbuch der Hydrogeologie Bd. 9, Gebr. Borntraeger, Berlin-Stuttgart.

Kaiser K., Libra J., Merz B., Bens O. und R. F. Hüttl (Hg.) (2010): Aktuelle Probleme im Wasserhaushalt von Nordostdeutschland. Scientific Technical Report 10/10, GeoForschungs- Zentrum Potsdam.

Kalbus E., Reinstorf F., M. Schirmer (2006): Measuring methods for surface water – groundwater interactions: a review. Hydrol. Earth Syst. Sci. 10: 873–887.

Kendall C. and J.J. McDonnell (2000): Isotope tracers in catchment hydrology. Elsevier, Amster- dam, 839 pp.

Kinzelbach W. und R. Rausch (1995): Grundwassermodellierung. Eine Einführung mit Übungen, Gebrüder Bornträger, Berlin, 283 S.

Kinzelbach W. (1992): Numerische Methoden zur Modellierung des Transports von Schadstoffen im Grundwasser. 2. Auflage, Oldenburg Verlag, München, 343 S.

Kirchhefer S. (1973): Abflußmodelle für kleine, unbebaute Einzugsgebiete. Mitt. Leichtweiß- Institut für Wasserbau, TU Braunschweig Heft, 39.

Kirillin G., Engelhardt C., Golosov S. and T. Hintze (2009): Basin-scale internal waves in the bottom boundary layer of ice-covered Lake Müggelsee, Germany. Aquatic Ecology 43:641–651.

Kirk S. and A.W. Herbert (2002): Assessing the impact of groundwater abstractions on river flows. In: Hiscock K.M., Rivett M.O. and R.M. Davison (Eds.): Sustainable Groundwater Development, Geological Society Special Publications, Vol. 193, 211–233.

Klein M. (1998): Der Abwasserbeseitigungsplan Berlins. In: Senatsverwaltung für Stadtentwicklung, Umweltschutz und Technologie, Dokumentation zum Symposium zur Nachhaltigkeit im Wasserwesen in der Mitte Europas, Berlin, 17.-19.06.1998, 11–17.

Klotz D. (2004): Untersuchungen zur Sickerwasserprognose in Lysimetern. GSF-Bericht 02/04, Neuherberg, 281 S.

Köhler J., Gelbrecht J. und M. Pusch (Hg.) (2002): Die Spree – Zustand, Probleme, Entwicklungsmöglichkeiten. Schweizerbart, Stuttgart, 384 S.

Kolditz O. (2002): Computational Methods in Environmental Fluid Mechanics. Springer, Heidelberg, 378 S.

Konold W. (2007): Die wasserabhängigen Landökosysteme. Gibt es gemeinsame Strategien zu deren Schutz und Erhalt? Hydrologie und Wasserwirtschaft, 51, 257–266.

Koschel R. (1998): Seen des Stechlinseegebietes: Leitbilder einer Landschaft. In: Koschel, R., Fleckenstein, M. und R. Dalchow (Hg.) Leitbilder eines integrierten Seen- und Landschaftsschutzes, Stechlin-Forum 1998, WWF Deutschland, 53–62.

Koss V. (1993): Zur Modellierung der Metalladsorption im natürlichen Sediment-Grundwasser-System. Habil.-Schrift, TU Berlin – Fachbereich Umwelttechnik, Verlag Köster, Berlin.

Krabbenhoft D.P., Bowser C.J., Anderson M.P. and J.W. Valley (1990): Estimating groundwater exchange with lakes 1. The stable isotope mass balance method. Water Resources Research, 26, 2445–2453.

Kresser W. (1984): Die Entwicklung der Hydrologie zur Wissenschaft des 20. Jahrhunderts. Tagung Geschichte der Hydrologie – Koblenz, 11.–12. Mai 1984, Bundesanstalt für Gewässerkunde Koblenz, Besondere Mitteilungen zum Deutschen Gewässerkundlichen Jahrbuch, Nr. 45, 37–60.

Kutilek M. and D.R. Nielsen (1994): Soil Hydrology. Cremlingen – Destect, Catena-Verlag.

Kompetenzzentrum Wasser Berlin (KWB) (2007): NASRI-Natural and Artificial Systems for Recharge and Infiltration. Final Report (unpublished).

LaBaugh J. W., Winter T.C., Rosenberry D.O., Schuster, P.F., Reddy, M.M. and G.R. Aiken (1997): Hydrological and chemical estimates of the water balance of a closed-basin lake in north-central Minnesota. Water Resources Research 33:2799–2812.

Länderarbeitsgemeinschaft Wasser LAWA (2005): Nachhaltiger, vorbeugender Hochwasserschutz durch schonende Flächenbewirtschaftung und die Wiederherstellung von Bach- und Flussauen – Projekt 08.03, Büro für Umweltbewertung und Geoökologie, 34 S.

Länderarbeitsgemeinschaft Wasser LAWA (2014): Nationales Hochwasserschutzprogramm Kriterien und Bewertungsmaßstäbe für die Identifikation und Priorisierung von wirksamen Maßnahmen sowie ein Vorschlag für die Liste der prioritären Maßnahmen zur Verbesserung des präventiven Hochwasserschutzes Download LAWA-Homepage http://lawa.de/documents/ NHWSP_Bericht_Priorisierung_14_10_20_c93.pdf

Länderarbeitsgemeinschaft Wasser LAWA (2016): Leitfaden zur Hydrometrie des Bundes und der Länder, in Vorbereitung.

Landesumweltamt Brandenburg (LUA) (1997): Entstehung und Ablauf des Oderhochwassers im Sommer 1997, Zwischenbericht vom 28.08.1997. Fachbeiträge des Landesumweltamtes. Gewässerschutz und Wasserwirtschaft. 24 S.

Landgraf L. und A. Krone (2002): Wege zur Verbesserung des Landschaftswasserhaushaltes in Brandenburg. GWF Wasser Abwasser 143, 435–444.

Lautz L.K. and D.I. Siegel (2006): Modelling surface and ground water mixing in the hyporheic zone using MODFLOW and MT3D. Advances in Water Resources 29, 1618–1633.

Lewandowski J. and G. Nützmann (2008): Surface water – groundwater interactions: hydrological and biogeochemical processes at the lowland River Spree (Germany). In: Abesser C., Wagener Th. and G. Nützmann (Eds.): Groundwater-Surface Water Interaction – Process Understanding, Conceptualization and Modelling. IAHS Publ. 321, 30–38.

Liebscher H.-J. und G. Mendel (2010): Vom empirischen Modellansatz zum komplexen hydrologischen Flussgebietsmodell – Rückblick und Perspektiven. BfG-Mitteilungen 2010, 69 S.

Lin C., Greenwald D. and A. Banin (2003): Temperature dependence of infiltration rate during large scale water recharge into soils. Soil Sci. Soc. Am. J. 67, 487–493.

Lohse K. A., Brooks P.D., McIntosh J.C., Meixner T. and T.E. Huxman (2009): Interactions between biogeochemistry and hydrologic systems. Annu. Rev. Environ. Resour. 34, 65–96.

Lozán J. L., Graßl H., Hupfer P., Menzel L. und C.-D. Schönwiese (Hg.) (2005): Warnsignal Klima: Genug Wasser für alle? Wissenschaftliche Fakten, Hamburg.

Lucht W., Schaphoff S., Erbrecht T., Heyder U. and Cramer, W. (2006): Terrestrial vegetation redistribution and carbon balance under climate change. Carbon Balance and Management 1, 6. doi:10.1186/1750-0680-1-6.

Malcolm J.A., Soulsby C., Youngson A.F. and D.M. Hannah (2005): Catchment-scale controls on groundwater-surface water interactions in the hyporheic zone: implications for salmon embryo survival. River Research and Applications 21, 977–989.

Marsily G. (1986): Quantitative Hydrogeology. Groundwater Hydrology for Engineers. Academic Press.

Mas-Pla J., Montaner R. and J. Sola (1999): Groundwater resources and quality variations caused by gravel mining in coastal streams. Journal of Hydrology 216, 197–213.

Matthess G. (1990): Die Beschaffenheit des Grundwassers. Lehrbuch der Hydrogeologie Bd. 2, 2. Auflage, Gebr. Borntraeger, Berlin-Stuttgart.

Matthess G. und K. Ubell (2003): Allgemeine Hydrogeologie – Grundwasserhaushalt. Lehrbuch der Hydrogeologie Bd. 1, 2. Auflage, Gebr. Borntraeger, Berlin-Stuttgart.

Mauersberger R. (2010): Seespiegelanhebung und Grundwasserstandsanreicherung im Naturschutzgebiet „Uckermärkische Seen" (Brandenburg), In: Kaiser K. et al. (Hg.) Aktuelle Probleme im Wasserhaushalt von Nordostdeutschland. Scientific Technical Report 10/10, GeoForschungsZentrum Potsdam, 140–144.

Maurer T., Nilson E. und Krahe P. (2011): Entwicklung von Szenarien möglicher Auswirkungen des Klimawandels auf Abfluss- und Wasserhaushaltskenngrößen in Deutschland, acatech Materialien Nr. 11, München 2011

McCarthy G.T. (1938): The unit hydrograph and flood routing. Unpublished paper, Conference of the North Atlantic Division, US Corps of Engineers, New London, CN.

Mehlhorn J. (1998): Tracerhydrologische Ansätze in der Niederschlags-Abfluss-Modellierung. Freiburger Schriften zur Hydrologie, Bd. 8, 164 S.

Meltz B. (2011): Quantifzierung des Oberflächen-Grundwasseraustauschs am Freienbrinker Altarm. Master-Arbeit, Humboldt-Universität zu Berlin, Geographisches Institut, 139 S.

Merz C. and A. Pekdeger (2011): Anthropogenic Changes in the Landscape Hydrology of the Berlin-Brandenburg Region. – DIE ERDE 142 (1–2): 21–39.

Meybeck M. (1995): Global distribution of lakes. In: Lerman A., Imboden D. M. and J. R. Gat (eds.), Physics and chemistry of lakes. 2nd ed, Springer Verlag Berlin, 1–35.

Montgomery D.R. and J.M. Buffington (1997): Channel-reach morphology in mountain drainage basins. Geological Society of America Bulletin 109, 596–611.

Morgenschweis G. (2010): Hydrometrie: Theorie und Praxis der Durchflussmessungen in offenen Gerinnen. Springer Verlag Heidelberg, 577 S.

Müller J., Bolte A., Beck W. und S. Anders (1998): Bodenvegetation und Wasserhaushalt von Kiefernforstökosystemen (Pinus sylvestris L.). Verhandlungen der Gesellschaft für Ökologie, Berlin 28 (1998), S. 407–414.

Müller L. (2000): Das Oderbruch und die Flussaue der Oder. Exkursionsmaterial. Institut für Bodenlandschaftsforschung im ZALF (lmueller@zalf.de).

Mull R. und H. Holländer (2002): Grundwasserhydraulik und -hydrologie: Eine Einführung. Springer Berlin Heidelberg, 249 S.

Nakicenovicz N. et al. (2000): Special Report on Emissions Scenarios: A Special Report of Working Group III of the Intergovernmental Panel on Climate Change, Cambridge University Press, Cambridge, U.K. Veröffentlicht online 03.07.2009: http://www.grida.no/climate/ipcc/emission/index.htm

Natkhin M., Steidl J., Dietrich O., Dannowski R. und G. Lischeid (2010): Modellgestützte Analyse der Einflüsse von Veränderungen der Waldwirtschaft und des Klimas auf den Wasserhaushalt von Seen. In: Kaiser, K. et al. (Hg.) Aktuelle Probleme im Wasserhaushalt von Nordostdeutschland. Scientific Technical Report 10/10, GeoForschungsZentrum Potsdam, 167–172.

Nestmann F. und C. Stelzer (2005): Bedeutung der Stauseen für die Wasserversorgung und Stromerzeugung – Ein Überblick. In: Lozán, J. L. et al., Warnsignal Klima: Genug Wasser für alle? Wissenschaftliche Fakten, Hamburg, 105–109.

Nützmann G. (1983): Eine Galerkin-Finite-Element-Methode zur Simulation instationärer zweidimensionaler ungesättigter und gesättigter Wasserströmungen im Boden. Acta Hydrophysica, 28: 37–107.

Nützmann G. (1986): Isoparametric finite element analysis of transient unsaturated/saturated water table flow problems. Acta Hydrophysica, 30, 137–159.

Nützmann G., Thiele M., Maciejewski S. and K. Joswig (1998): Inverse modeling techniques for determining hydraulic properties of coarse-textured porous media by transient outflow methods, Advances in Water Resources, **22** (3), 273–284.

Nützmann G. (1998): Modellierung ungesättigter Transportprozesse in porösen Medien. Habilitationsschrift, TU Berlin, FB Bauingenieurwesen und Angewandte Geowissenschaften, 205 S.

Nützman G., Holzbecher E.and A. Pekdeger (2003): Evaluation of water balance of Lake Stechlin with the help of chloride data. Arch. Hydrobiol. Spec. Issues Advanc. Limnol. 58, 11–23.

Nützmann G., Holzbecher E., Strahl G., Wiese B., Licht E., Knappe A. (2006): Visual CXTFIT – a user-friendly simulation tool for modelling one-dimensional transport, sorption and degradation processes during bank filtration, Proceedings ISMAR 2005.

Nützman G. and S. Mey (2007): Model-based estimation of runoff changes in a small lowland watershed of north-eastern Germany. Journal of Hydrology 334: 467–476.

Nützman G. and J. Lewandowski (2009): Exchange between ground water and surface water at the lowland river Spree (Germany). Grundwasser 14: 195–205.

Nützmann G., Wolter C., Venohr M. and M. Pusch (2011a): Historical patterns of anthropogenic impacts on freshwaters in the region Berlin-Brandenburg (Germany). Die Erde 142(1–2): 41–64.

Nützmann G., Wiegand C., Contardo-Jara V., Hamann E., Burmester V. and K. Gerstenberg (2011b): Contamination of urban surface and ground water resources and impact on aquatic species. In: Endlicher et al. (2011). Perspectives in Urban Ecology. Springer Heidelberg, 43–88.

Nützmann G., Levers, C. and J. Lewandowski (2014): Coupled groundwater flow and heat transport simulation for estimating transient aquifer-stream exchange at the lowland River Spree (Germany). Hydrological Processes, 28, 4078–4090.

O'Kane J. P. (Ed.) (1992): Advances in theoretical hydrology. Elsevier, Amsterdam, 254 pp.

Packman A.I. and K.E. Bencala (2000): Modeling surface-subsurface hydrological interactions. In: J.B. Jones and P. J. Mulholland (eds.) Streams and Ground Waters, pp. 45– 80, Academic, San Diego Calif.

Parry M.L. (Ed.) (2000): Assessment of Potential Effects and Adaptations for Climate Change in Europe: Summary and Conclusions. Jackson Environment Institute, University of East Anglia, Norwich, UK.

Patankar S.V. (1980): Numerical Heat Transfer and Fluid Flow, McGraw-Hill.

Pawlowski J. (1991): Veränderliche Stoffgrößen in der Ähnlichkeitstheorie, Salle+Sauerländer Frankfurt a.M.

Payn R.A., Gooseff M.N., McGlynn C.L., Bencala K.E. and S.M. Wondzell (2009): Channel water balance and exchange with subsurface flow along a mountain headwater stream in Montana, US. Water Resources Research 45, W11427, doi:10.1029/2008WR007644.

Peyrard D., Sauvage S., Vervier P., Sanchez-Perez J.M. and M. Quintard (2008): A coupled vertically integrated model to describe lateral exchange between surface and subsurface in large alluvial floodplains with a fully penetrating river. Hydrological Processes 22, 4257–4273.

Plate E.J. and P. Wengefeld (1979): Exchange processes at the water surface, In Graf, W. H. and C. H. Mortimer (eds.) Hydrodynamics of lakes. Developments in Water Sciences 11, Elsevier, Amsterdam, Oxford, New York, 277–302.

Pollock D.W. (1994): User's guide for MODPATH, version 3, USGS Open file report 94–464.

Press W.H., Flannery B.P., Teukolsky S.A. and W.T. Vetterling (1989): Numerical Recipes, the Art of Scientific Computing, Cambridge University Press, New York.

Prochnow, D. (1981): Mehrbasige Galerkin-Differenzenmethode zur numerischen Auswertung von mehrphasigen Transportprozessen in porösen Feststoffen. Diss. B, TU Karl-Marx-Stadt.

Prudice D.E., Konikow L.F. and E.R. Banta (2004): The new stream flow-routing package (SFR1) to simulate stream-aquifer interaction with MODFLOW 2000. USGS Open-File Report 2004–1041, 104 pp.

Rassam D.W., Pagendam D.E. and H.M. Hunter (2008): Conceptualisation and application of models for groundwater-surface water interactions and nitrate attenuation potential in riparian zones. Environmental Modelling & Software 23, 859–875.

Rawls W.J., Ahuja L.R. and D.L. Brakensiek (1992): Estimating soil hydraulic properties from soils data. In: M.Th. van Genuchten and F.J. Leij (Eds.): Indirect methods for estimating the hydraulic properties of unsaturated soils. Riverside, CA, 329–340.

Ray C., Melin G. and R.B. Linsky (Eds.) (2002): Riverbank filtration – improving source-water quality. Kluwer Academic Publ. Dordrecht, Netherlands, 364 pp.

Richards L.A. (1931): Capillary conduction of liquids trough porous media. Physics, 1, 318–333.

Richter D. (1997): Das Langzeitverhalten von Niederschlag und Verdunstung und dessen Auswirkungen auf den Wasserhaushalt des Stechlinseegebietes. Berichte des Deutschen Wetterdienstes 201, 126 S.

Rössert R. (1976): Grundlagen der Wasserwirtschaft und Gewässerkunde. 2. Aufl. R. Oldenbourg Verlag, München, Wien, 302 S.

Rosemann,H.J., Vedral,J. (1971): Das Kalinin-Miljukov-Verfahren zur Berechnung des Ablaufs von Hochwasserwellen. Schriftenreihe der Bayerischen Landesstelle für Gewässerkunde, München, H. 6.

Rosenberry D. O. and R. H. Morin (2004): Use of an electromagnetic seepage meter to investigate temporal variability in lake seepage. Ground Water 42 (1):68–77.

Rosenberry D. O. and J. W. LaBaugh (2008): Field techniques for estimating water fluxes between surface water and ground water: U.S. Geological Survey Techniques and Methods 4-D2. Reston, Virginia. 128.

Roskosch A., Morad M.R., Khalili A. and J. Lewandowski (2010): Bioirrigation by *Chironomus Plumosus*: advective flow investigated by particle image velocimetry. Journal of the North-American Benthological Society 29(3): 789–802.

Roskosch A. (2011): The influence of macrozoobenthos in lake sediments on hydrodynamic transport processes and biogeochemical impacts. Dissertationsschrift, Geographisches Institut der Humboldt-Universität Berlin, 198 pp.

Roth K., Flühler H., Jury W.A. and J.C. Parker (Eds.) (1990): Field-scale water and solute flux in soils, Birkhäuser Verl., Basel.

Runkel R.L. (1998): One-dimensional transport with inflow and storage (OTIS): a solute transport model for streams and rivers. US Geological Survey Water-Resources Investigation Report 98–4018, 1998. Available: http://co.water.usgs.gov/otis.

Rushton K. (2007): Representation in regional models of saturated river-aquifer interaction for gaining/losing rivers. Journal of Hydrology 334: 262–281.

Russo D. and G. Dagan (Eds.) (1993): Water flow and solute transport in soils. Development and applications. Adv. Series in Agricult. Scienes Vol. 20, Springer Verlag, Berlin.

Salehin M., Packman A.I. and A. Wörman (2003): Comparison of transient storage in vegetated and unvegetated reaches of small agricultural stream in Sweden: seasonal variation and anthropogenic manipulation. Advances in Water Resources 26, 951–964.

Scanlon B.R., Healy R. W. and P. G. Cook (2002): Choosing appropriate techniques for quantifying groundwater recharge. Hydrogeology Journal, 10, 18–39.

Schafmeister M.-Th. (1999): Geostatistik für die hydrogeologische Praxis. Springer.

Scheffer F. und P. Schachtschabel (1998): Lehrbuch der Bodenkunde. – 14. Aufl., Ferd. Enke, Stuttgart.

Schmidt C., Conant Jr. B., Bayer-Raich, and M. Schirmer (2007): Evaluation and field-scale application of an analytical method to quantify groundwater discharge using mapped streambed temperatures. Journal of Hydrology 347: 292–307.

Schubert J. (2002): Hydraulic aspects of riverbank filtration – field studies. Journal of Hydrology 266: 145–161.

Schulla J. and K. Jasper (2007): Model Description WaSiM-ETH (Water balance Simulation Model ETH), 181 pp.

Schwoerbel J. (1999): Einführung in die Limnologie. – 8. Aufl., G. Fischer, Stuttgart, Jena, Lübeck, Ulm.

Selker J. S., Thevenaz L., Huwald H., Mallet A., Luxemburg W., de Giesen N. V., Stejskal M., Zeman J., Westhoff M. and M. B. Parlange (2006): Distributed fiber-optic temperature sensing for hydrologic systems. Water Resources Research 42 (12).

Seyer H. (1982): Siedlung und archäologische Kultur der Germanen im Havel-Spree-Gebiet in den Jahrhunderten vor Beginn u. Z. – Berlin, Akademie Verlag, Schriften zur Ur- und Frühgeschichte **34**: 180 pp.

Simunek J., Sejna M. and M. T. van Genuchten (2007): The HYDRUS software package for simulating two-and three-dimensional movement of water, heat, and multiple solutes in variably saturated media, Version 1.02, Prague, March 2007.

Singh V. P. and D. Frevert (Eds.) (2002a): Mathematical models of small watershed hydrology and applications. Water Resources Publications, LLC, Colorado, USA, 950 pp.

Singh V. P. and D. Frevert (Eds.) (2002b): Mathematical models of large watershed hydrology. Water Resources Publications, LLC, Colorado, USA, 891 pp.

Sorooshian S., Gupta H. V. and J. C. Rodda (Eds.) (1992): Land surface processes in hydrology: trials and tribulations of modelling and measuring. Springer, Berlin, 497 pp.

Sophocleous M. (2002): Interactions between groundwater and surface water: the state of the science. Hydrogeology Journal 10, 52–67.

Strahler A.N. (1957): Quantitative analysis of watershed geomorphology Am. Geophys. Union Trans. **38**: 913–920.

Stumpp C., Nützmann G., Maciejewski S. and P. Maloszewski (2009): A comparative study of a dual tracer experiment in a large lysimeter under atmospheric conditions. Journal of Hydrology 375, 566–577.

Stonestrom D.A. and J. Constantz (2003): Heat as a tool for studying the movement of ground water near streams. U.S. Geological Survey, http://pubs.water.usgs.gov/circ1260, 96 pp.

Suck M. (2008): Grundwasserexfiltration in einen Spree-Altarm. Diplomarbeit, Technische Universität Berlin, Institut für Angewandte Geowissenschaften, 95 S.

Suhodolova T. (2008): Studies of turbulent flow in vegetated river reaches with implications for transport and mixing processes. Dissertationsschrift, Geographisches Institut der Humboldt-Universität Berlin, 201 pp.

Swain E.D. (1994): Implementation and use of direct flow connections in a coupled ground water and surface water model. Ground Water 32(1): 139–144.

Tallaksen L.M. & H.A.J.van Lanen (Eds.) (2004): Hydrological Drought – Processes and Estimation Methods for Streamflow and Groundwater. Developments in Water Sciences 48. Elsevier B.V., The Netherlands.

Tellam J.H. and D.N. Lerner (2009): Management tools for the river-aquifer interface. Hydrological Processes 23, 2267–2274.

Thibodeaux L.J. and J.D. Boyle (1987): Bedform-generated convective transport in bottom sediments. Nature, Vol. 325, 22 January 1987, 341–343.

Thienemann A. (1925): Die Binnengewässer Mitteleuropas. Stuttgart, Schweizerbartsche Verlagsbuchhandlung, 255 S.

Thoms M., Heal K., Bøgh E., Chambel A. and V. Smakhtin (Eds.) (2009): Ecohydrology of Surface and Groundwater dependent Systems: Concepts, Methods and Development. IAHS Publ. 328, Wallingford, UK, 234 pp.

Tindall A.J. and J.R. Kunkel (1999): Unsaturated zone hydrology for scientists and engineers. Prentice Hall, 624 pp.

Tockner K., Robinson TC. and U. Uehlinger (Eds.) (2009): Rivers of Europa. Elsevier Academic Press, Amsterdam, ISBN 978-0-12-369449-2.

Todd D.K. (1959): Ground Water Hydrology, John Wiley & Sons, New York.

Topp C.G. and W.D. Reynolds (1992): Advances in measurement of soil physical properties: Bringing theory into practice. Soil Science Society of America Special Publication No.30, Madison, Wisconsin.

Toride N., Leij F.J., van Genuchten M. Th. (1995): The CXTFIT code for estimating transport parameters from laboratory or field tracer experiments, U.S. Salinity Lab., Agric. Res. Service, US Dep. of Agric., Research Report No. 137, Riverside (CA).

Triska F.J., Duff J.H. and R.J. Avanzino (1993): The role of water exchange between a stream channel and its hyporheic zone in nitrogen cycling at the terrestrial-aquatic interface. Hydrobiologia, 251, 176–184.

Tuovinen J.-P., Barret K. and H. Styre (1994): Transboundary acidifying pollution in Europe: Calculated fields and budgets 1985–93. EMEP/MSC-W Report 1/94.

Ubell K. (1987): Austauschvorgänge zwischen Fluß- und Grundwasser. Dtsch. gewässerkdl. Mitt. 31(4), 119–125.

UGT – Umwelt-Geräte-Technik GmbH (2009): Novel Lysimeter Techniques. 47 pp.

UN/ECE (1993): Manual for Integrated Monitoring, Programm phase 1993–1996, Environmental Report 5, Environment Data Centre, National Board of Waters and the Environment, Helsinki, 1993.

US Army Corps of Engineers (USACE) (2002): HEC-RAS river analysis system user's manual, version 3.1, Institute for Water Resources, Hydrol. Eng. Center, Davis CA.

Vachaud G., Vauclin M., Khanji D. and M. Vakil (1973): Effects of air pressure on water flow in an unsaturated stratified vertical column of soil. Water Resources Research 9: 160–173.

Van Dam J. C., Stricker J. N. M. and P. Droogers (1994): Inverse method to determine soil hydraulic functions from multistep outflow experiments, Soil Sci. Soc. Am. J., 58: 647–652.

Van Genuchten M.Th. and F.J. Leij (Eds.) (1992): Indirect methods for estimating the hydraulic properties of unsaturated soils. Riverside, Ca.

Vietinghoff H. (1995): Beiträge zur Hydrographie und Limnologie ausgewählter Seen in Ostbrandenburg sowie zum Wasserhaushalt stehender Gewässer. Berliner Geographische Arbeiten, Heft 82, 160 S.

Viner D. (2002): A Qualitative Assessment of the Sources of Uncertainty in Climate Change Impacts Assessment Studies: A short discussion paper, Advances in Global Change Research, 10, 139–151.

Vogt T., Hoehn E., Schneider P., Freund A., Schirmer M. and O.A. Cirpka (2010): Fluctuations of electric conductivity as natural tracer for bank filtration in a losing stream. Advances in Water Resources 33, 1296–1308.

Vollenweider R. A. (1976): Advances in defining critical loading levels for phosphorus in lake eutrophication. Mem. Ist. Ital. Idrobiol. 33:53–83.

Vollmer S., de los Santos Ramos F., Daebel H. and G. Kühn (2002): "Micro scale exchange processes between surface and subsurface water", Journal of Hydrology, Vol. 269, 3–10

Vollmer S., Träbing K. and F. Nestmann F. (2009): "Hydraulic exchange processes between surface and subsurface water – determination of spatial and temporal variability", Archiv für Hydrobiologie – Advances in Limnology, Volume 61, S. 45 – 65, ISBN 978-3-510-47063-1

Voss C.I. and A.M. Provost (2002): SUTRA, A model for saturated-unsaturated variable-density ground-water flow with solute or energy transport. U.S. Geological Survey Water-Resources Investigations Report 02-4231. 270 pp. Version: June 2008.

Vrugt J.A, de Wijk M.T., Hopmans J.W. and J. Simunek (2001): One-, two- and three-dimensional root water uptake functions for transient modeling. Water Resources Research 37(10), 2457–2470.

Webb R.H. and S.A. Leake (2006): Ground-water surface-water interactions and long term change in riverine riparian vegetation in the southwestern United States. Journal of Hydrology 320, 302–323.

Weiler M. (2001): Mechanisms controlling macropore flow during infiltration – dye tracer experiments and simulations. PhD thesis, ETH, Zürich Switzerland, 151 pp.

Wetzel R. G. and G. E. Likens (1991): LimnologicalAnalysis. 2nd ed, Springer Verlag, New York, Berlin, Heidelberg, 391 pp.

Whitaker, S. (1973): The transport equations for multiphase systems. Chem. Engin. Sci., 28, 139–147

Wiese B. 2007. Spatially and Temporally Scaled Inverse Hydraulic Modelling, Multi Tracer Transport Modelling and Interaction with Geochemical Processes at a Highly Transient Bank Filtration Site. PhD-Dissertation, Humboldt-University Berlin. Geographical Institute, 230 pp.

Wiese, B., Nützmann, G. 2009. Transient leakage and infiltration characteristics during lake bank filtration. Ground Water 47 (1), 57–68.

Wilson W. E. and J. E. Moore (1998): Glossary of Hydrology. American Hydrological Institute, Alexandria, VA, 248 pp.

Winter T. C. (1981): Uncertainties in estimating the water balance of lakes. Water Resources Bulletin 17:82–115.

Winter T.C, Harvey J.W., Franke O.L. and Alley W.M. (1998): Ground water and surface water – a single resource. USGS circular 1139, Denver, Colorado.

Wittenberg, H. (2002): Aufforstung und Landnutzung – die Veränderung des Wasserhaushalts in der Lüneburger Heide. – In: Wittenberg H. und M. Schöniger (Hrsg.): Wechselwirkungen zwischen Grundwasserleitern und Oberflächengewässern. Beiträge zum Tag der Hydrologie 2002, 20. – 22. März in Suderburg, Lüneburger Heide. – Forum für Hydrologie und Wasserbewirtschaftung 1. – Hennef: 95–100.

Wörman A., Packman A.I., Johansson H. and K. Jonsson (2002): Effect of flow-induced exchange in hyporheic zones on longitudinal transport of solutes in streams and rivers. Water Resources Research 38(1), 10.1029/2001WR000769.

Wood P.J., Hannah D.M. and J.P. Sadler (Eds.) (2007): Hydroecology and Ecohydrology: Past, Present and Future. Wiley, 436 pp.

Wohnlich, S. (1991): Kapillarsperren – Versuche und Modellberechnungen. Schr.-Reihe Angew. Geol. Karlsruhe, 15: 127 S.

WRRL (2001): Richtlinie 2000/60/EG des Europäischen Parlaments und des Rates vom 23. Oktober 2000 zur Schaffung eines Ordnungsrahmens für Maßnahmen der Gemeinschaft im Bereich der Wasserpolitik (Amtsblatt EG L 327 vom 22.12.2000), geändert durch Entscheidung Nr. 2455/2001/EG des Europäischen Parlaments und des Rates vom 20. November 2001 (Amtsblatt EG L 331 vom 15.12.2001).

Wu R.S., Shih D.S, Li M.H. and C.C. Niu (2008): Coupled surface-groundwater models for investigating hydrological processes. Hydrological Processes 22, 1216–1229.

Wüest A. and A. Lorke (2003): Small-scale hydrodynamics in lakes. Ann. Rev. Fluid. Mech. 35: 373–412.

Zaadnoordijk W.J., van den Brink C., van den Akker C. and Chambers J. (2004): Values and functions of groundwater under cities, In: DN Lerner (Ed.) Urban Groundwater Pollution, Balkema Publ., Lisse, 1–28.

Zaradny H. (1993): Groundwater flow in saturated and unsaturated soil. Balkema Publ., Rotterdam.

Zerbe S. und G. Wiegleb (Hg.) (2009): Renaturierung von Ökosystemen in Mitteleuropa. Spektrum Akademischer Verlag, 530 S.

Zhang S., Howard K., Otto C., Ritchie V., Sililo O.T.N. and Appleyard S. (2004): Sources, types, characteristics and investigations of urban groundwater pollutants, In: Lerner DN (Ed.) Urban Groundwater Pollution, Balkema Publ., Lisse, 53–107.

Zheng C. (1990): MT3D – a modular three-dimensional transport model for simulation of advection, dispersion and chemical reactions of contaminants in groundwater systems.

Stichwortverzeichnis

© Springer Fachmedien Wiesbaden 2016
G. Nützmann, H. Moser, *Elemente einer analytischen Hydrologie*,
DOI 10.1007/978-3-658-00311-1

Printed in the United States
By Bookmasters